高等院校数字艺术精品课程系列教材

Flash CS6 核心应用案例教程

第2版

全彩慕课版

袁胜虎 李猛 吴昊 主编 / 董莎莎 陈楠 副主编

人民邮电出版社
北京

图书在版编目（CIP）数据

Flash CS6 核心应用案例教程 ： 全彩慕课版 / 袁胜虎， 李猛， 吴昊主编. -- 2 版. -- 北京 ： 人民邮电出版社， 2024.6

高等院校数字艺术精品课程系列教材

ISBN 978-7-115-64193-9

Ⅰ. ①F… Ⅱ. ①袁… ②李… ③吴… Ⅲ. ①动画制作软件—高等学校—教材 Ⅳ. ①TP317.48

中国国家版本馆 CIP 数据核字(2024)第 070708 号

内容提要

本书全面、系统地介绍 Flash CS6 的基本操作方法和网页动画的制作技巧，具体包括初识 Flash、Flash CS6 基础知识、常用工具、对象与元件、基本动画、高级动画、动作脚本、交互式动画、商业案例等内容。

本书以案例为主线，学生通过案例操作可以快速熟悉软件功能和软件操作技巧；课堂练习和课后习题可以帮助学生提高实际应用能力，学以致用。第 9 章为商业案例，设有 5 个综合设计项目，旨在拓宽学生的 Flash 设计思路，使学生达到实战水平。

本书适合作为高等职业院校数字媒体类专业 Flash 课程的教材，也可作为 Flash 初学者的自学参考书。

◆ 主　　编　袁胜虎　李　猛　吴　昊
　副 主 编　董莎莎　陈　楠
　责任编辑　房　建　王亚娜
　责任印制　王　郁　焦志炜

◆ 人民邮电出版社出版发行　　北京市丰台区成寿寺路 11 号
　邮编　100164　　电子邮件　315@ptpress.com.cn
　网址　https://www.ptpress.com.cn
　北京印匠彩色印刷有限公司印刷

◆ 开本：787×1092　1/16
　印张：13.5　　　　2024 年 6 月第 2 版
　字数：358 千字　　2024 年 6 月北京第 1 次印刷

定价：79.80 元

读者服务热线：(010)81055256　印装质量热线：(010)81055316

反盗版热线：(010)81055315

广告经营许可证：京东市监广登字 20170147 号

Flash

前言

本书全面贯彻党的二十大精神，以社会主义核心价值观为引领，传承中华优秀传统文化，坚定文化自信。为使本书内容更好地体现时代性、把握规律性、富于创造性，编者对本书进行了精心的设计。

如何使用本书

第 1 步　学习精选基础知识，快速上手 Flash。

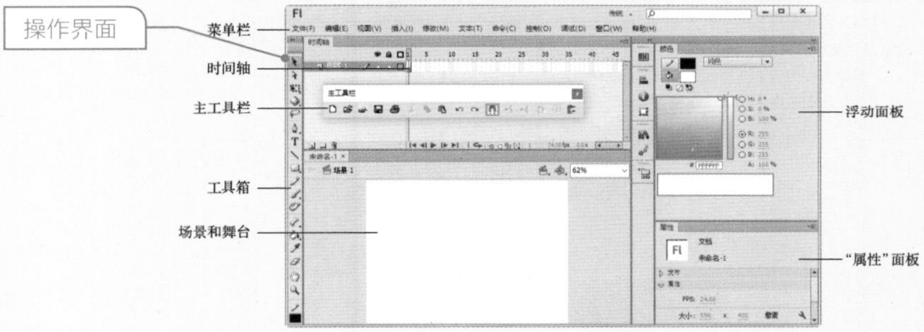

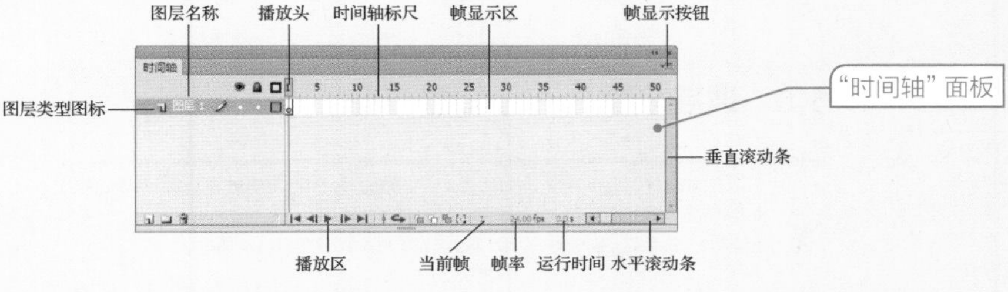

第 2 步　课堂案例 + 软件功能解析，边做边学软件功能，熟悉制作流程。

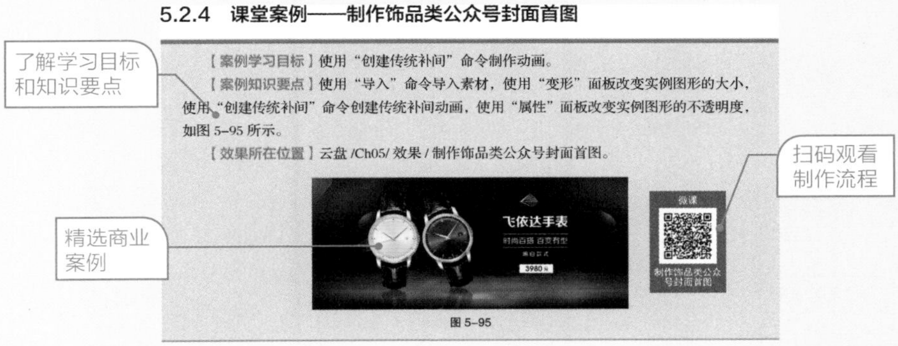
5.2.4　课堂案例——制作饰品类公众号封面首图

【案例学习目标】使用“创建传统补间”命令制作动画。

【案例知识要点】使用“导入”命令导入素材，使用“变形”面板改变实例图形的大小，使用“创建传统补间”命令创建传统补间动画，使用“属性”面板改变实例图形的不透明度，如图 5-95 所示。

【效果所在位置】云盘 /Ch05/ 效果 / 制作饰品类公众号封面首图。

图 5-95

1. 制作图形元件

（1）选择“文件 > 新建”命令，在弹出的“新建文档”对话框中，选择“常规”选项卡中的“ActionScript 3.0”选项，将“宽”选项设为 1175，“高”选项设为 500，单击“确定”按钮，完成文档的创建。按 Ctrl+J 组合键，弹出“文档设置”对话框，将“背景颜色”选项设为黄色（#FFCC00），单击“确定”按钮，完成文档属性的修改。

（2）选择“文件 > 导入 > 导入到库”命令，在弹出的“导入到库”对话框中，选择云盘中的“Ch05 > 素材 > 制作饰品类公众号封面首图 > 01 ~ 04”文件，单击“打开”按钮，文件被导入“库”面板，如图 5-96 所示。

（3）按 Ctrl+F8 组合键，弹出“创建新元件”对话框，在“名称”文本框中输入“手表 1”，在“类型”下拉列表中选择“图形”选项，单击“确定”按钮，新建图形元件“手表 1”，“库”面板如图 5-97 所示。舞台窗口也随之转换为该图形元件的舞台窗口。将“库”面板中的位图“02”拖曳到舞台中，并放置在适当的位置，如图 5-98 所示。

深入学习软件功能和操作技巧

第 3 步 课堂练习 + 课后习题，提高实际应用能力。

5.4 课堂练习——制作房地产广告

【练习知识要点】使用“文本”工具输入广告语，使用“创建传统补间”命令制作传统补间动画，使用“属性”面板改变实例图形的不透明度。

【素材所在位置】云盘 /Ch05/ 素材 / 制作房地产广告 /01 ~ 04。

【效果所在位置】云盘 /Ch05/ 效果 / 制作房地产广告，如图 5-196 所示。

更多商业案例

微课

制作房地产广告

扫码观看制作流程

图 5-196

5.5 课后习题——制作逐帧动画

巩固本章所学知识

【习题知识要点】使用“导入到舞台”命令导入图像序列，使用“时间轴”面板制作逐帧动画。

【素材所在位置】云盘 /Ch07/ 素材 / 制作逐帧动画效果 /01 ~ 15。

【效果所在位置】云盘 /Ch07/ 效果 / 制作逐帧动画效果，如图 5-197 所示。

微课

制作逐帧动画

图 5-197

第 4 步　商业实战，拓宽商业设计思路。

配套资源

- 所有案例的素材文件及最终效果文件。
- 全书 9 章 PPT 课件。
- 教学大纲。
- 配套教案。

登录人邮教育社区（www.ryjiaoyu.com）搜索本书，在本书页面中可免费下载资源。

登录人邮学院网站（www.rymooc.com）或扫描封面上的二维码，使用手机号码完成注册，在首页右上角单击“学习卡”选项，输入封底刮刮卡中的激活码，即可在线观看慕课视频。

教学指导

本书的参考学时为 42 学时，其中实训环节为 14 学时，各章的参考学时参见下面的学时分配表。

章	内　容	学时分配 / 学时	
		讲授	实训
第 1 章	初识 Flash	1	—
第 2 章	Flash CS6 基础知识	2	—
第 3 章	常用工具	4	2

续表

章	内 容	学时分配 / 学时	
		讲授	实训
第 4 章	对象与元件	6	2
第 5 章	基本动画	4	2
第 6 章	高级动画	2	2
第 7 章	动作脚本	2	2
第 8 章	交互式动画	2	2
第 9 章	商业案例	5	2
学时总计		28	14

由于编者水平有限，书中难免存在不足之处，敬请广大读者批评指正。

编者

2024 年 4 月

目录

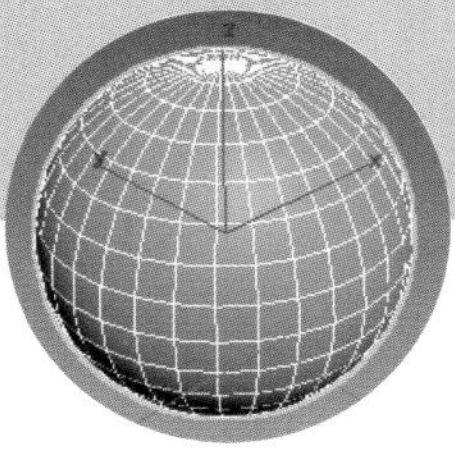

—01—

—02—

—03—

目录

—05—

—06—

—07—

目录

Flash

01

第1章 初识 Flash

本章介绍

在学习 Flash 的具体操作之前，应该先了解 Flash，只有熟悉 Flash 的软件特色，才能更高效地学习和运用 Flash，为后续的深入学习带来便利。本章内容包含 Flash 简介和 Flash 的应用领域。

学习目标

- 了解 Flash 的应用领域。

素养目标

- 提高自学能力。
- 培养对 Flash 设计与制作的兴趣。

第 1 章简介

1.1 Flash 简介

Flash 是由 Adobe 公司开发的一款集动画创作和应用程序开发于一体的创作软件。它包含简单、直观且功能强大的设计工具和命令，不仅可以创建数字动画、交互式 Web 站点，还可以开发包含视频、声音、图形和动画的桌面应用程序以及手机应用程序等，它降低了网页动画和应用程序的设计难度，为专业设计人员和业余爱好者制作动画作品和应用程序提供了很大的帮助，深受动画设计爱好者和网页设计人员的喜爱。

1.2 Flash 的应用领域

随着互联网和 Flash 的发展，Flash 动画技术的应用越来越广泛，Flash 常应用于动画影片制作、广告设计、网站设计、教学设计、游戏设计等领域，下面分别进行介绍。

1.2.1 动画影片制作

Flash 作为动画影片的主要制作软件，可以制作出精美的矢量动画作品。使用 Flash 制作的动画作品造型独特、内涵丰富、表现力强、有趣生动，有很多出色的动画影片就是使用 Flash 制作的，如图 1–1 所示。

图 1–1

1.2.2 广告设计

网络广告因具有覆盖面广、传播方式灵活、互动性强等特点，在传播方面有着非常大的优势，得到了广泛的应用。Flash 中有多种广告模板，包括弹出式广告、告示牌广告、全屏广告、横幅广告等，应用 Flash 可以制作出丰富多样的广告，如图 1–2 所示。

图 1–2

1.2.3 网站设计

为了增强网站的动态效果，提高交互性，以及增强视觉表现力，可以使用 Flash 进行设计与制作，具体包括制作引导页、为 Logo 和 Banner 添加动画效果等，如图 1-3 所示。

图 1-3

1.2.4 教学设计

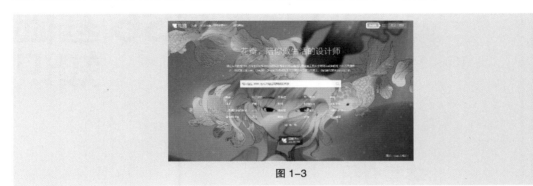

随着教育信息化的不断发展，Flash 在教学设计中得到了广泛的应用。使用 Flash 可以制作标准动画，也可以制作与开发交互式课件。使用 Flash 制作的作品体积小，效果生动，交互性强，如图 1-4 所示。

图 1-4

1.2.5 游戏设计

使用 Flash 制作的游戏，种类丰富、风格新颖、体积较小、互动性强且操作便捷，游戏类型包括益智类、设计类、棋牌类、休闲类等，如图 1-5 所示。

图 1-5

02

第2章

Flash CS6 基础知识

本章介绍

本章详细讲解 Flash CS6 的基础知识、基本操作和影片的测试与输出等内容。读者通过对本章的学习，可对 Flash CS6 有初步了解，熟悉其菜单、工具，并能掌握软件的基本操作方法。

学习目标

- 熟悉 Flash CS6 的操作界面。
- 了解影片的测试与优化。
- 了解影片的输出与优化。

第 2 章简介

技能目标

- 正确认识 Flash CS6 操作界面的各组成部分。
- 掌握新建、打开、保存文件的方法和技巧。

素养目标

- 提高计算机操作水平。
- 培养夯实基础的学习习惯。

2.1 Flash CS6 的操作界面

Flash CS6 的操作界面由以下几部分组成：菜单栏、主工具栏、工具箱、时间轴、场景和舞台、“属性”面板及浮动面板，如图 2-1 所示。下面将一一介绍。

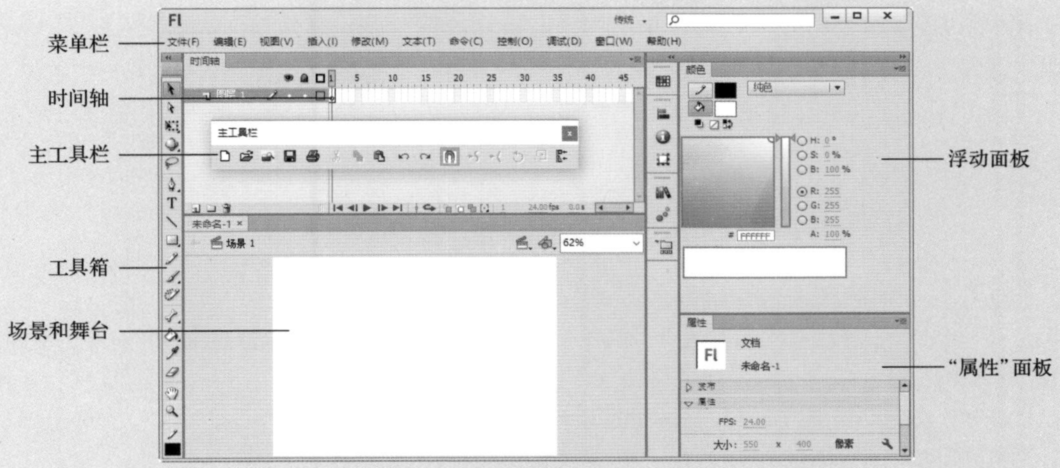

图 2-1

2.1.1 菜单栏

Flash CS6 的菜单栏中依次为“文件”菜单、“编辑”菜单、“视图”菜单、“插入”菜单、“修改”菜单、“文本”菜单、“命令”菜单、“控制”菜单、“调试”菜单、“窗口”菜单及“帮助”菜单，如图 2-2 所示。

图 2-2

“文件”菜单：主要功能是创建、打开、保存、输出动画文件，以及导入外部图形、图像、声音、动画等文件，以便在当前动画中使用。

“编辑”菜单：主要功能是对舞台上的对象以及帧进行选择、复制、粘贴，以及自定义面板、设置参数等。

“视图”菜单：主要功能是进行环境设置。

“插入”菜单：主要功能是向动画中插入对象。

“修改”菜单：主要功能是修改动画中的对象。

“文本”菜单：主要功能是修改文字的外观、对齐方式以及对文字进行拼写检查等。

“命令”菜单：主要功能是保存、查找、运行命令。

“控制”菜单：主要功能是测试播放动画。

“调试”菜单：主要功能是对动画进行调试。

“窗口”菜单：主要功能是控制各功能面板是否显示，以及进行面板的布局设置。

“帮助”菜单：主要功能是提供 Flash CS6 在线帮助信息和支持站点的信息，包括教程和 ActionScript 帮助。

2.1.2 主工具栏

为方便使用，Flash CS6 将一些常用命令以按钮的形式组织在一起，置于操作界面的上方。主工具栏中依次为“新建”按钮、“打开”按钮、“转到 Bridge”按钮、“保存”按钮、“打印”按钮、“剪切”按钮、“复制”按钮、“粘贴”按钮、“撤销”按钮、“重做”按钮、“对齐对象”按钮、“平滑”按钮、“伸直”按钮、“旋转与倾斜”按钮、“缩放”按钮以及“对齐”按钮，如图 2-3 所示。

图 2-3

选择“窗口 > 工具栏 > 主工具栏”命令，可以调出主工具栏，还可以通过拖动鼠标的方式来改变该工具栏的位置。

“新建”按钮：用于新建一个 Flash 文件。

“打开”按钮：用于打开一个已存在的 Flash 文件。

“转到 Bridge”按钮：用于打开文件浏览窗口，从中可以对文件进行浏览和选择。

“保存”按钮：用于保存当前正在编辑的文件，同时不退出编辑状态。

“打印”按钮：用于将当前编辑的内容送至打印机输出。

“剪切”按钮：用于将选中的内容剪切到系统剪贴板中。

“复制”按钮：用于将选中的内容复制到系统剪贴板中。

“粘贴”按钮：用于将剪贴板中的内容粘贴到选定的位置。

“撤销”按钮：用于取消前面的操作。

“重做”按钮：用于还原被取消的操作。

“对齐对象”按钮：单击此按钮将进入贴紧状态，用于在绘图时精确调整对象、准确定位。

“平滑”按钮：用于使曲线或图形的外观更光滑。

“伸直”按钮：用于使曲线或图形的外观更平直。

“旋转与倾斜”按钮：用于改变舞台对象的旋转角度和使其倾斜变形。

“缩放”按钮：用于改变舞台中对象的大小。

“对齐”按钮：用于调整舞台中多个选中对象的对齐方式。

2.1.3 工具箱

工具箱提供了图形绘制和编辑的各种工具，分为“工具”“查看”“颜色”“选项”4 个功能区，如图 2-4 所示。选择“窗口 > 工具”命令，可以调出工具箱。

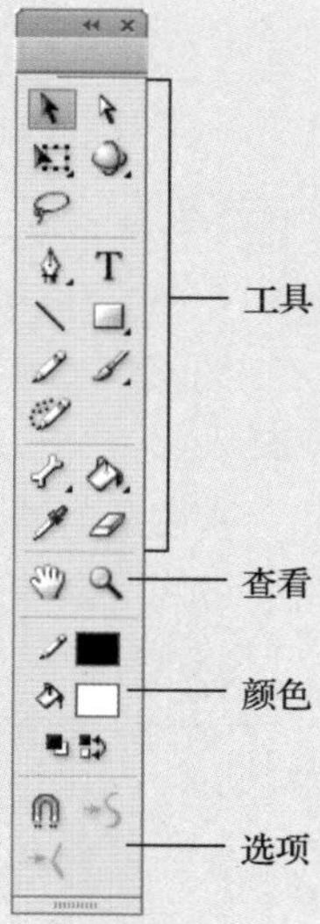

图 2-4

1. “工具”区

提供选择、创建、编辑图形的工具。

“选择”工具：用于选择和移动舞台上的对象，改变对象的大小和形状等。

“部分选取”工具：用于抓取、选择、移动和改变形状路径。

“任意变形”工具：用于对舞台上选定的对象进行缩放、扭曲、旋转变形。

“渐变变形”工具：用于对舞台上选定对象填充渐变色、变形。

“3D 旋转”工具：用于在 3D 空间中旋转影片剪辑实例。使用该工具选择影片剪辑实例后，3D 旋转控件将出现在选定对象上。x 轴为红色，y 轴为绿色，z 轴为蓝色。使用橙色的自由旋转控件可使选定对象同时绕 x 轴和 y 轴旋转。

“3D 平移”工具：用于在 3D 空间中移动影片剪辑实例。使用该工具选择影片剪辑实例后，x、y 和 z 3 个轴将显示在选定对象上。x 轴为红色，y 轴为绿色，z 轴为黑色。应用此工具可以将影片剪辑实例分别沿着 x、y 或 z 轴进行平移。

“套索”工具：用于在舞台上选择不规则的区域或多个对象。

“钢笔”工具：用于绘制直线段和光滑的曲线，调整直线段的长度、角度及曲线曲率等。

“文本”工具：用于创建、编辑字符对象和文本窗体。

“线条”工具：用于绘制直线段。

“矩形”工具：用于绘制矩形矢量色块或图形。

“椭圆”工具：用于绘制椭圆形、圆形矢量色块或图形。

“基本矩形”工具：用于绘制基本矩形，此工具用于绘制图元对象。图元对象是允许用户在“属性”面板中调整其特征的形状。用户可以在创建形状之后，精确地控制形状的大小、边角半径以及其他属性，而无须重新绘制。

“基本椭圆”工具：用于绘制基本椭圆形，此工具用于绘制图元对象。用户可以在创建形状之后，精确地控制形状的开始角度、结束角度、内径以及其他属性，而无须重新绘制。

“多角星形”工具：用于绘制等比例的多边形。

“铅笔”工具：用于绘制任意形状的矢量图形。

“刷子”工具：用于绘制任意形状的色块矢量图形。

“喷涂刷”工具：用于一次性将形状图案“刷”到舞台上。在默认情况下，喷涂刷使用当前选定的填充颜色喷射粒子点。也可以使用“喷涂刷”工具将影片剪辑或图形元件作为图案应用。

“Deco”工具：用于对舞台上的对象选定应用效果。选择“Deco”工具后，可以从“属性”面板中选择要应用的效果样式。

“骨骼”工具：用于向影片剪辑、图形和按钮实例添加 IK 骨骼。

“绑定”工具：用于编辑单个骨骼和形状控制点之间的连接关系。

“颜料桶”工具：用于改变色块的色彩。

“墨水瓶”工具：用于改变矢量线段、曲线、图形边框线的色彩。

“滴管”工具：用于将舞台上的图形的属性赋予当前绘图工具。

“橡皮擦”工具：用于擦除舞台上的图形。

2. “查看”区

这类工具用于改变舞台画面，以便更好地观察其中的对象。

“手形”工具：用于移动舞台画面。

“缩放”工具：用于改变舞台画面的显示比例。

3. “颜色”区

这类工具用于设置图形的笔触颜色和填充颜色。

"笔触颜色"按钮 ：用于选择图形边框和其他线条的颜色。

"填充颜色"按钮 ：用于选择图形要填充的区域的颜色。

"黑白"按钮 ：系统默认的颜色。

"交换颜色"按钮 ：用于将笔触颜色和填充颜色进行交换。

4. "选项"区

不同工具有不同的选项，在"选项"区中可为当前选择的工具进行属性设置。

2.1.4 "时间轴"面板

按照功能的不同，"时间轴"面板分为左右两部分，左侧为层控制区，右侧为时间线控制区，如图 2-5 所示。其中的主要组件是图层、帧和播放头。

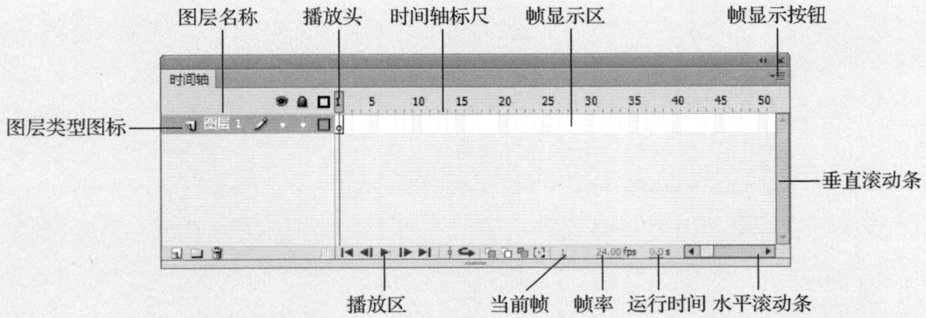

图 2-5

1. 层控制区

层控制区位于"时间轴"面板的左侧。层就像堆叠在一起的多张胶片一样，每层都包含一个显示在舞台中的不同对象。在层控制区中，显示了舞台上正在编辑的作品的所有层的名称、类型、状态，并可以通过工具按钮对层进行操作。

"新建图层"按钮 ：用于增加新层。

"新建文件夹"按钮 ：用于增加新的图层文件夹。

"删除"按钮 ：用于删除选定层。

"显示或隐藏所有图层"按钮 ：用于控制选定层的显示 / 隐藏状态。

"锁定或解除锁定所有图层"按钮 ：用于控制选定层的锁定 / 解锁状态。

"将所有图层显示为轮廓"按钮 ：用于控制选定层的显示图形外框 / 显示图形状态。

2. 时间线控制区

时间线控制区位于"时间轴"面板的右侧，由帧、播放头和多个按钮及信息栏等组成。Flash 文件将时间长度分为帧。每个层中包含的帧都会显示在该层的右侧。"时间轴"面板顶部的时间轴标尺上显示了帧编号。播放头用于指示舞台中当前显示的帧。信息栏中显示了当前帧编号、动画播放速率以及到当前帧为止的运行时间等信息。时间线控制区中各按钮的基本功能如下。

"帧居中"按钮 ：用于将当前帧显示到控制区窗口中间。

"绘图纸外观"按钮 ：用于在时间线上设置一个连续的帧显示区域，该区域内的帧所包含的内容将显示在舞台上。

"绘图纸外观轮廓"按钮 ：用于在时间线上设置一个连续的帧显示区域，除当前帧外，该区域内的帧所包含的内容仅显示图形外框。

“编辑多个帧”按钮：用于在时间线上设置一个连续的帧显示区域，该区域内的帧所包含的内容可同时显示和编辑。

“修改绘图纸标记”按钮：单击该按钮会显示一个多帧显示选项菜单，以定义 2 帧、5 帧或全部帧内容。

2.1.5 场景和舞台

场景是所有动画元素的最大活动空间，如图 2–6 所示。像多幕剧一样，场景可以不止一个。要查看特定场景，可以选择“视图 > 转到”命令，再从子菜单中选择场景的名称。

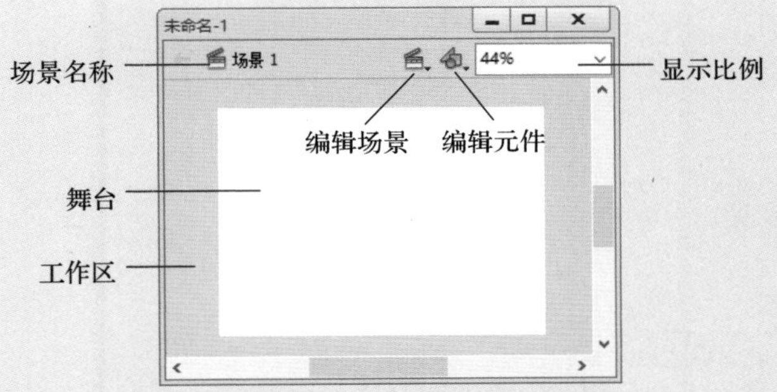

图 2–6

在场景上可以放置和编辑矢量插图、文本框、按钮、导入的位图图形、视频剪辑等对象。场景包括大小、颜色等设置。

在舞台上可以显示网格和标尺，从而帮助制作者准确定位。显示网格的方法是选择“视图 > 网格 > 显示网格”命令，如图 2–7 所示。显示标尺的方法是选择“视图 > 标尺”命令，如图 2–8 所示。

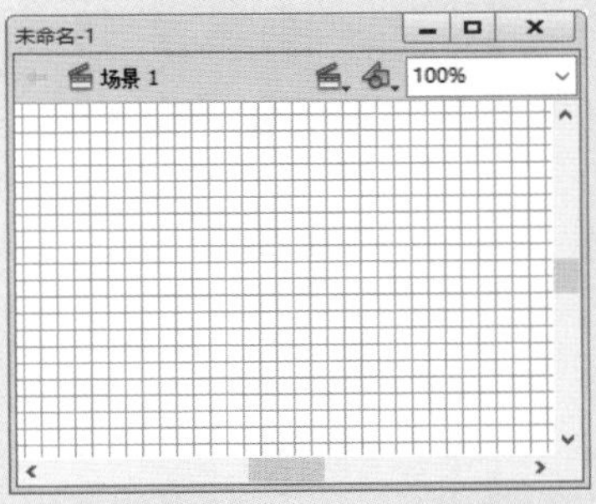

图 2–7

在制作动画时，还常常需要辅助线来作为舞台上不同对象的对齐标准，从标尺上向舞台拖曳鼠标可以产生绿色的辅助线，如图 2–9 所示，它在动画播放时并不显示。不需要辅助线时，从舞台上向标尺方向拖动辅助线可将其删除。还可以通过选择“视图 > 辅助线 > 显示辅助线”命令显示出辅助线；通过选择“视图 > 辅助线 > 编辑辅助线”命令，修改辅助线的颜色等属性。

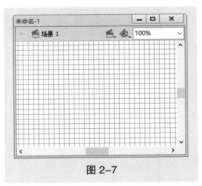

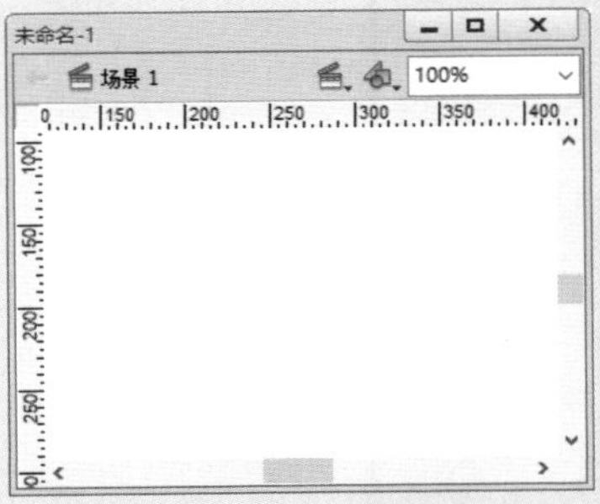

图 2–8

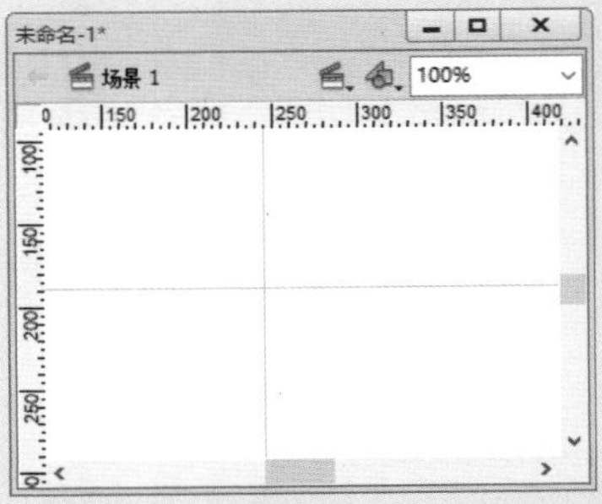

图 2–9

2.1.6 “属性”面板

对于正在使用的工具或资源，使用“属性”面板，可以很容易地查看和更改它们的属性，从而简化作品的创建过程。当选定单个对象时，如文本、元件、形状、位图、视频剪辑、组、帧等，“属性”面板中会显示相应的信息和选项等，如图 2-10 所示。当选定两个或多个不同类型的对象时，“属性”面板如图 2-11 所示。

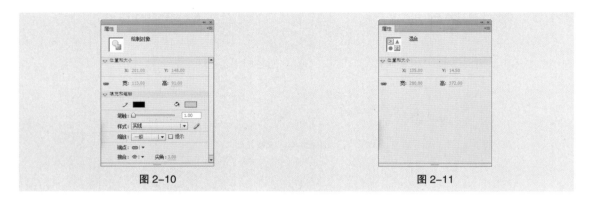

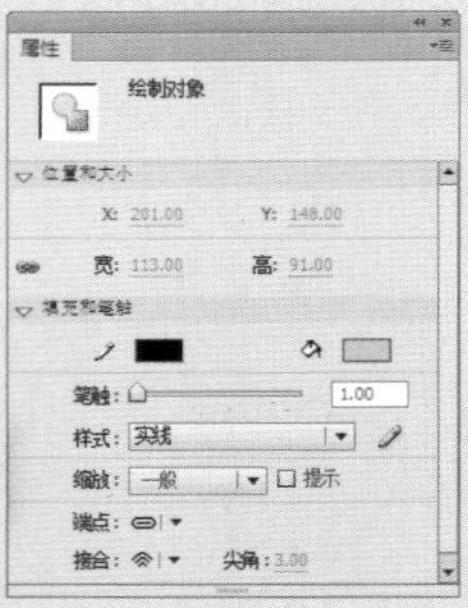

图 2-10

图 2-11

2.1.7 浮动面板

使用此面板可以查看、组合和更改资源。但屏幕的大小有限，为了使工作区尽量大，Flash CS6 提供了许多自定义工作区的方式，如通过“窗口”菜单显示、隐藏面板，还可以通过拖动鼠标的方式来调整面板的大小以及重新组合面板，如图 2-12 与图 2-13 所示。

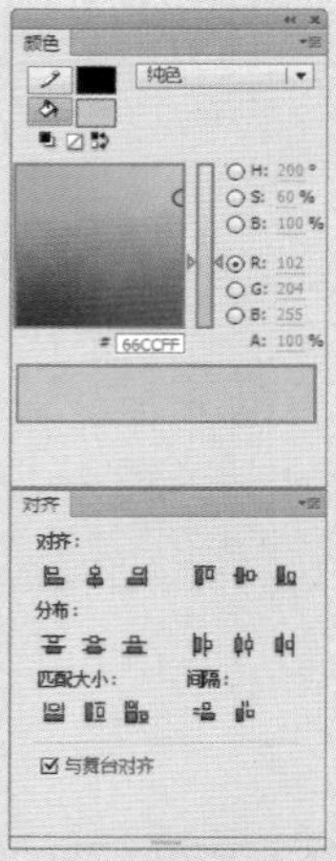

图 2-12

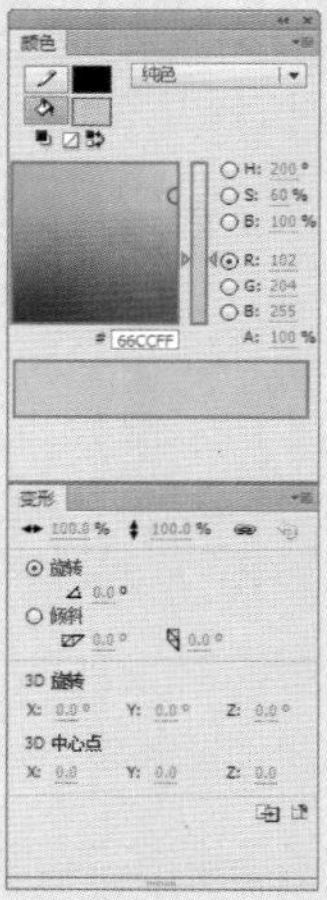

图 2-13

2.2 Flash CS6 的文件操作

2.2.1 新建文件

选择“文件 > 新建”命令，弹出“新建文档”对话框，如图 2-14 所示。在对话框的“类型”列表中可以选择创建文档的类型，在对话框的右侧可以设置文档的大小、帧频及舞台颜色。设置完成后，单击“确定”按钮，即可完成新建文件的操作，如图 2–15 所示。

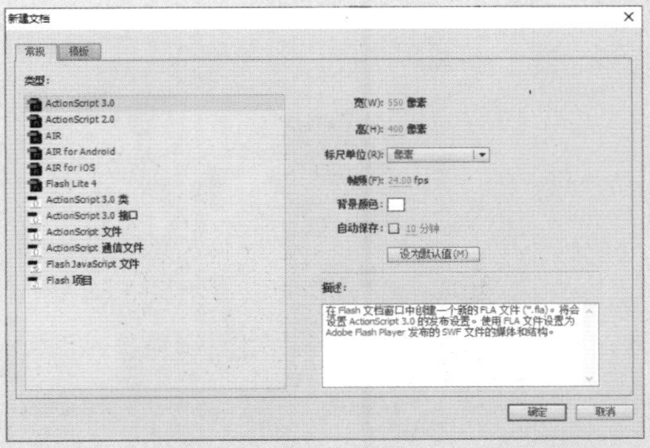

图 2–14

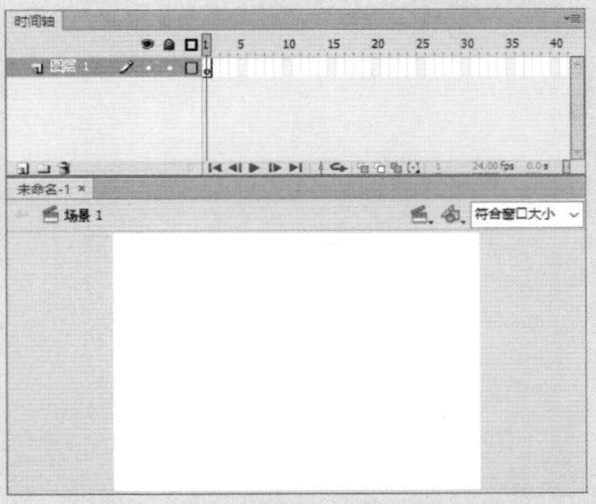

图 2–15

2.2.2 保存文件

编辑和制作完动画后，需要将动画文件保存。

选择“文件 > 保存”或“文件 > 另存为”等命令可以将文件保存在磁盘上，如图 2–16 所示。当设计好作品进行第一次存储时，选择“文件 > 保存”命令，会弹出“另存为”对话框，如图 2–17 所示。在对话框中，输入文件名，选择保存类型和保存路径，单击“保存”按钮，即可将动画保存。

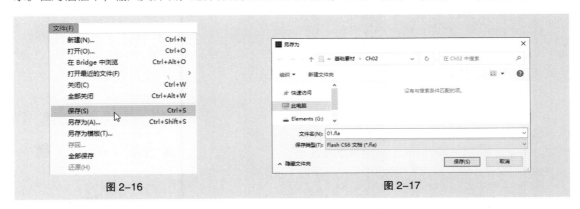

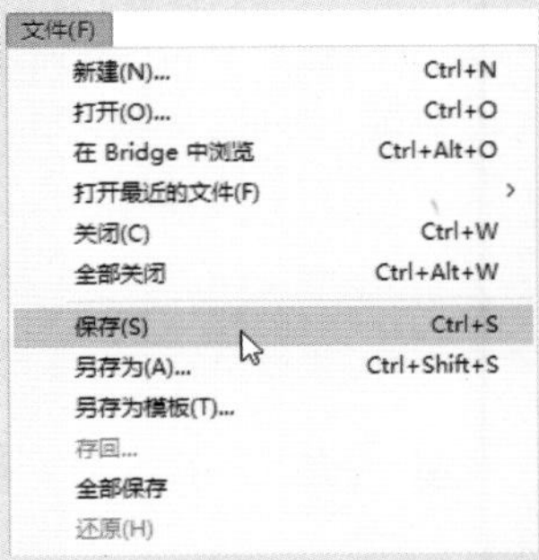

图 2–16

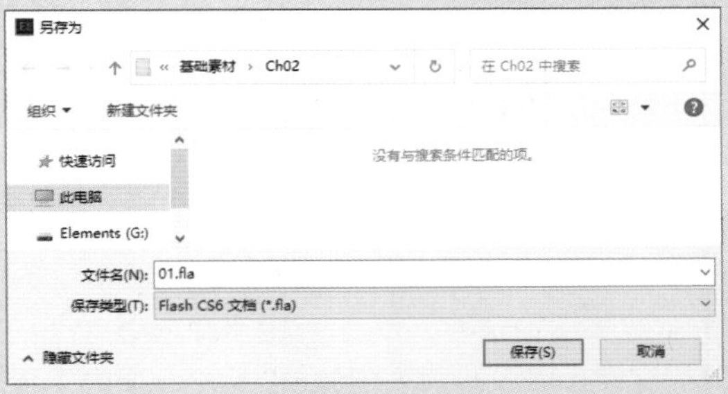

图 2–17

提示 当对已经保存过的动画文件进行各种编辑操作后，选择“文件>保存”命令，将不会弹出“另存为”对话框，计算机直接保留最终确认的结果，并覆盖原始文件。因此，在未确定要放弃原始文件之前，应慎用此命令。

若既要保留修改过的文件，又不想放弃原文件，可以选择“文件 > 另存为”命令，弹出“另存为”对话框。在对话框中，可以为更改过的文件重新命名、选择保存路径、设定保存类型，然后进行保存。

2.2.3 打开文件

如果要修改已有的动画文件，必须先将其打开。

选择“文件 > 打开”命令，弹出“打开”对话框，在对话框中找到需要的文件，如图 2-18 所示。然后单击“打开”按钮，或直接双击文件，即可打开指定的动画文件，如图 2-19 所示。

图 2-18

图 2-19

提示　在“打开”对话框中，也可以一次性打开多个文件，只要在文件列表中将所需的几个文件同时选中，并单击“打开”按钮，系统就会逐个打开这些文件，这样做可避免多次反复调用“打开”对话框。在“打开”对话框中，按住 Ctrl 键的同时单击，可以选择不连续的多个文件；按住 Shift 键的同时单击，可以选择连续的多个文件。

2.2.4 导入文件

Flash CS6 可以导入各种格式的矢量图形、位图及视频文件。矢量文件包括 FreeHand 文件、Adobe Illustrator 文件、EPS 文件和 PDF 文件。位图文件包括 JPG、GIF、PNG、BMP 等。视频格式包括 F4V 和 FLV 等格式的文件。

1. “导入到舞台”命令

（1）导入位图到舞台：当导入位图到舞台后，舞台上将显示出该位图，位图同时被保存在“库”面板中。

选择“文件 > 导入 > 导入到舞台”命令，弹出“导入”对话框，在对话框中选择“云盘 > 基础素材 > Ch02 > 02”文件，如图 2-20 所示。单击“打开”按钮，弹出提示对话框，如图 2-21 所示。

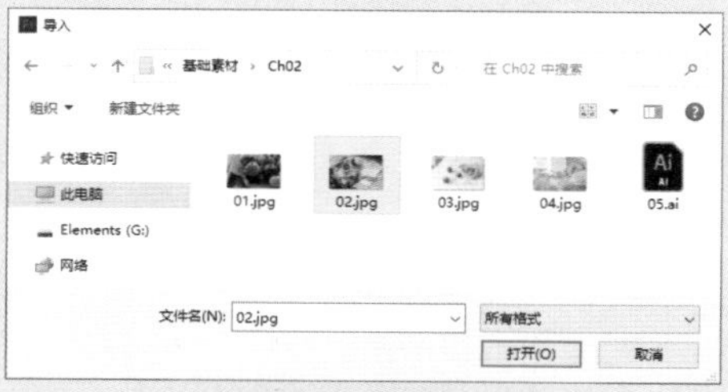

图 2-20

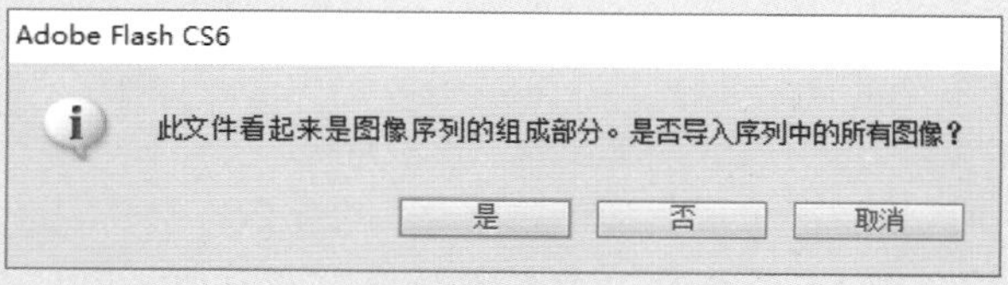

图 2-21

当单击“否”按钮时，选择的位图“02”被导入舞台，舞台、“库”面板和“时间轴”面板分别如图 2-22 ~ 图 2-24 所示。

图 2-22

图 2-23

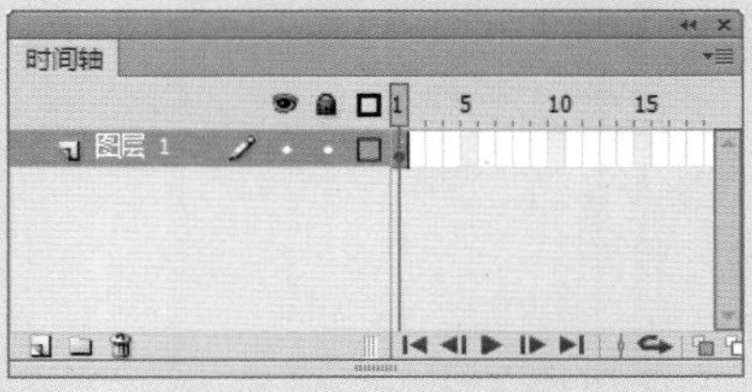

图 2-24

当单击“是”按钮时，位图 02 ~ 04 全部被导入舞台，舞台、“库”面板和“时间轴”面板分别如图 2-25 ~ 图 2-27 所示。

图 2-25

图 2-26

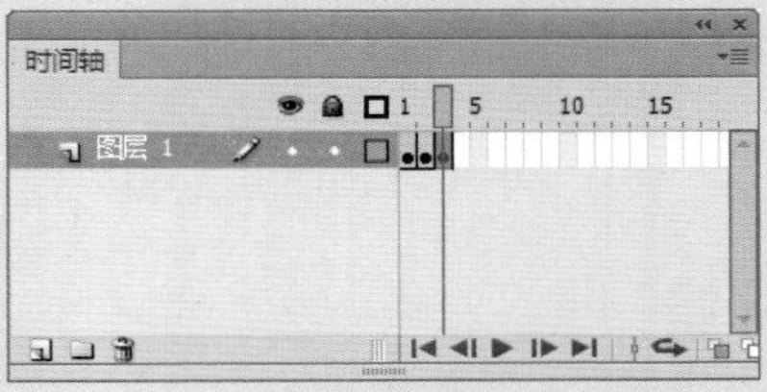

图 2-27

提示 可以用各种方式将多种位图导入 Flash CS6 中，并且可以从 Flash CS6 中启动 Fireworks 或其他外部图像编辑器，从而在这些编辑器中修改导入的位图。可以对导入的位图应用压缩和消除锯齿功能，以控制位图在 Flash CS6 中的大小和外观，还可以将导入的位图作为填充内容应用到其他对象中。

（2）导入矢量图形到舞台：当导入矢量图形到舞台后，舞台上将显示该矢量图形，但矢量图形并不会被保存到“库”面板中。

选择“文件 > 导入 > 导入到舞台”命令，弹出“导入”对话框，在对话框中选择“云盘 > 基础素材 > Ch02 > 05”文件，如图 2-28 所示。单击“打开”按钮，弹出“将‘05.ai’导入到舞台”对话框，如图 2-29 所示。单击“确定”按钮，矢量图形被导入舞台，如图 2-30 所示。此时，查看“库”面板，其中并没有保存矢量图形“05”，如图 2-31 所示。

图 2-28

2.“导入到库”命令

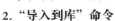

（1）导入位图到“库”面板：当导入位图到“库”面板时，舞台上不会显示该位图。

选择“文件 > 导入 > 导入到库”命令，弹出“导入到库”对话框，在对话框中选择“云盘 > 基

础素材 > Ch02 > 03”文件，如图 2-32 所示。单击“打开”按钮，位图被导入“库”面板，如图 2-33 所示。

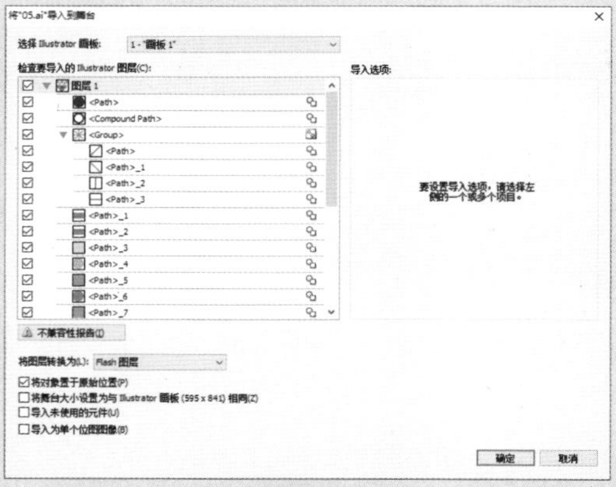

图 2-29

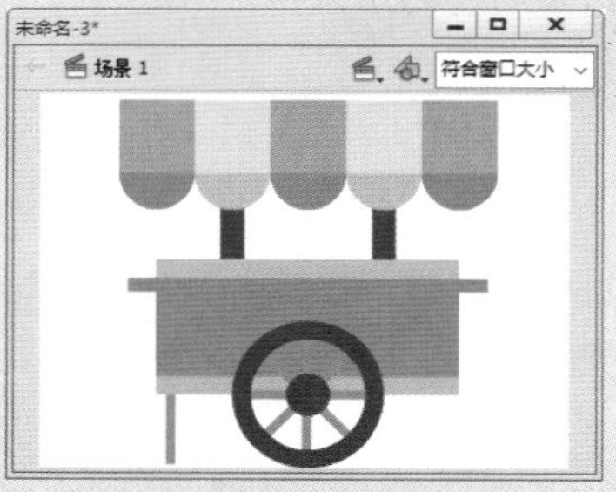

图 2-30

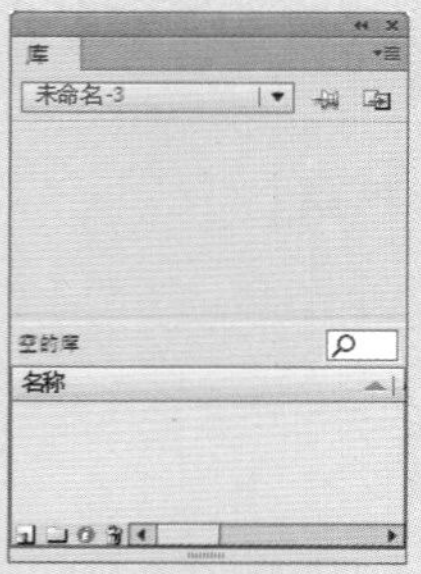

图 2-31

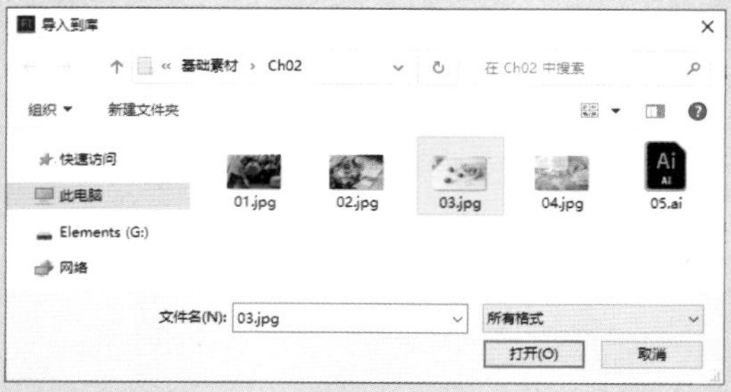

图 2-32

图 2-33

（2）导入矢量图形到“库”面板：当导入矢量图形到“库”面板时，舞台上也不会显示该矢量图形。

选择“文件 > 导入 > 导入到库”命令，弹出“导入到库”对话框，在对话框中选择“云盘 > 基础素材 > Ch02 > 06”文件。单击“打开”按钮，弹出“将‘06.ai’导入到库”对话框，如图 2-34 所示。单击“确定”按钮，矢量图形被导入“库”面板，如图 2-35 所示。

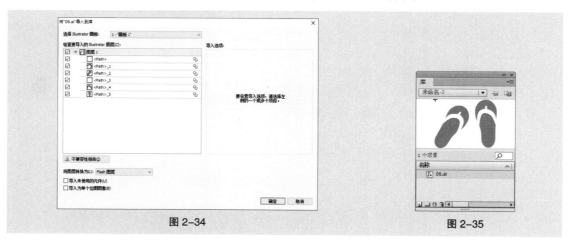

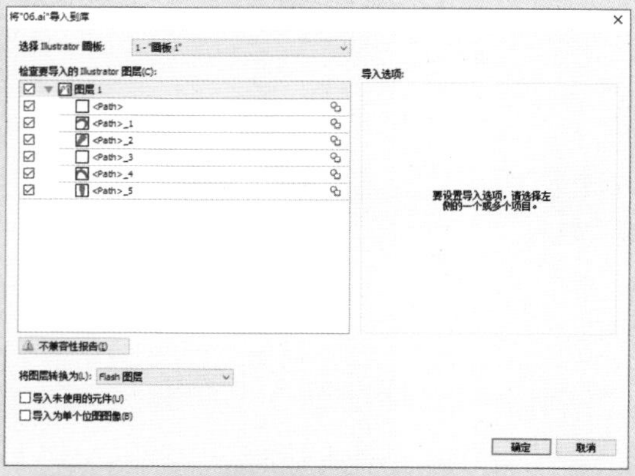

图 2-34

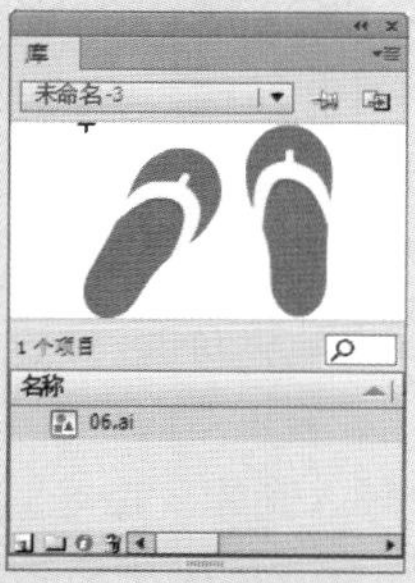

图 2-35

3．以复制粘贴方式导入

可以将其他应用程序或文件中的图像粘贴到 Flash CS6 的舞台中。方法为在其他应用程序或文件中复制图像，选中 Flash CS6 文件，按 Ctrl+V 组合键将复制的图像粘贴，图像将出现在 Flash CS6 的舞台中。

4．"导入视频"命令

Macromedia Flash Video（FLV）文件可以导入或导出带编码音频的静态视频流，适用于通信应用程序。

要导入 FLV 格式的文件，可以选择"文件 > 导入 > 导入视频"命令，弹出"导入视频"对话框，单击"浏览"按钮，弹出"打开"对话框，在对话框中选择"云盘 > 基础素材 > Ch02 > 07"文件，如图 2-36 所示。单击"打开"按钮，返回到"导入视频"对话框，在对话框中选中"在 SWF 中嵌入 FLV 并在时间轴中播放"单选项，如图 2-37 所示，单击"下一步"按钮。

图 2-36

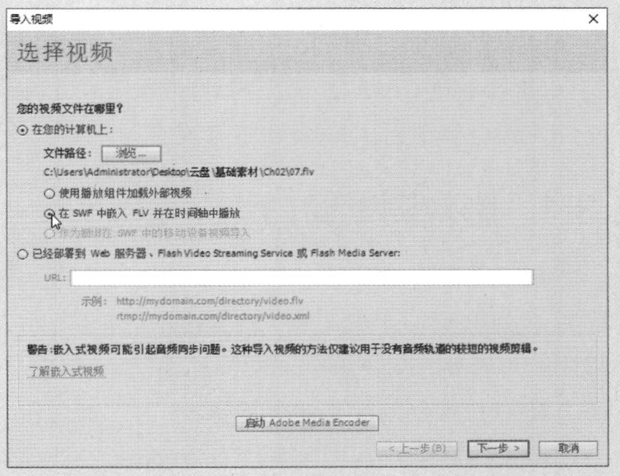

图 2-37

进入"嵌入"界面，如图 2-38 所示。单击"下一步"按钮，进入"完成视频导入"界面，如图 2-39 所示，单击"完成"按钮完成视频的导入。

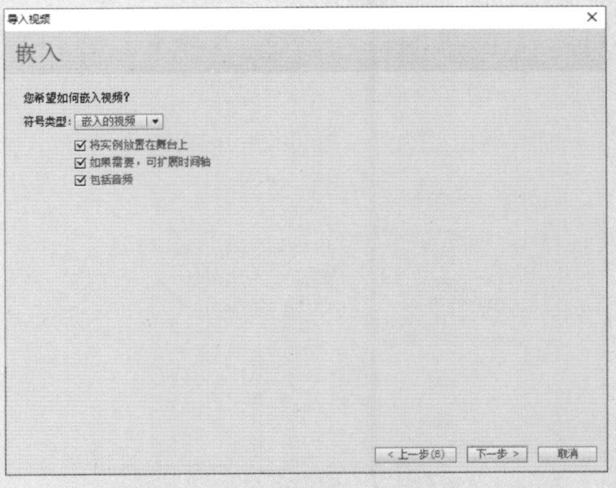

图 2-38

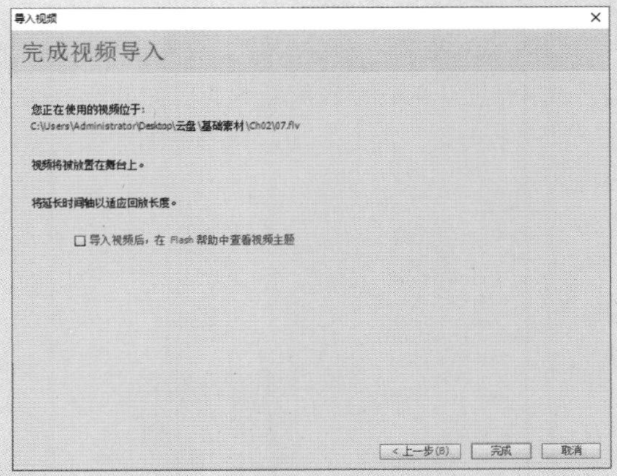

图 2-39

此时，舞台、"时间轴"和"库"面板分别如图 2-40 ~ 图 2-42 所示。

图 2-40

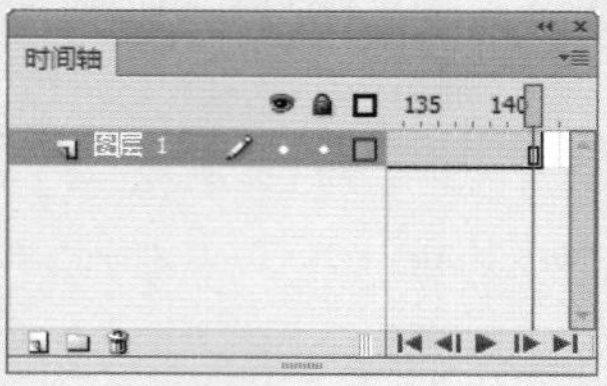

图 2-41

图 2-42

2.3 影片的测试与优化

在动画的设计过程中，经常要测试当前编辑的动画，以便了解作品是否达到预期效果。如果动画要在网络环境中播放，需要考虑动画作品文件的大小，还需要在保证动画作品效果的同时优化动画文件，保证其最好的网络播放效果。

2.3.1 影片测试窗口

选择“控制 > 测试影片 > 测试”命令，进入影片测试窗口。测试窗口上方的菜单栏如图 2-43 所示，其中最常用的是“视图”菜单和“控制”菜单。单击“视图”菜单，其中的命令如图 2-44 所示。

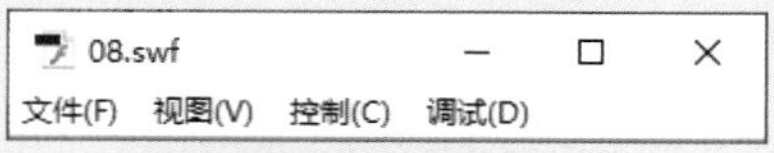

图 2-43

图 2-44

“放大”命令：可以将测试区中的影片放大显示。

“缩小”命令：可以将放大后的影片缩小显示。

“缩放比率”命令：可以将测试区中的影片按照百分比或完全显示的方式进行显示。

“带宽设置”命令：可以打开带宽特性窗口，以观察数据流的情况。

“数据流图表”命令：可以用条形图的形式模拟下载方式，并显示每一帧数据量的大小，如图 2-45 所示。

“帧数图表”命令：可以用条形图的形式显示每一帧数据量的大小，如图 2-46 所示。

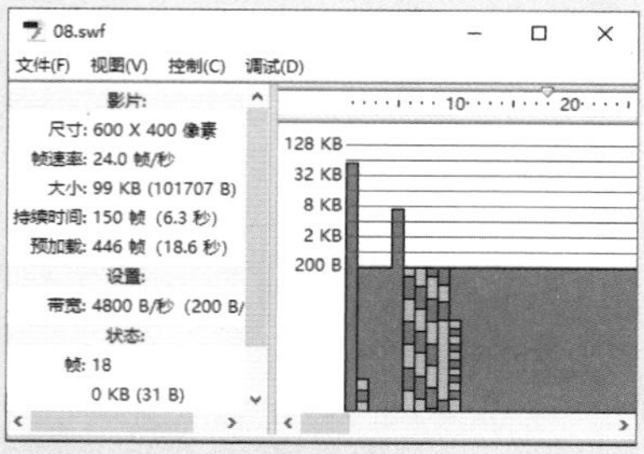

图 2-45

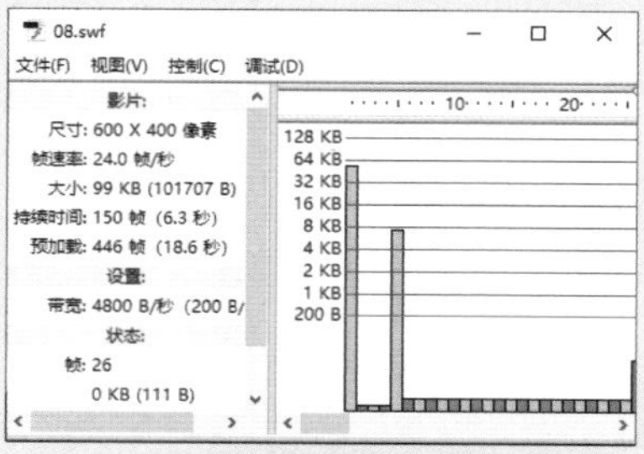

图 2-46

“模拟下载”命令：可以模拟在设定的传输条件下，以数据流方式下载动画的情况。可以通过标尺上绿色的进度条来观察下载情况，如图 2-47 所示。

“下载设置”命令：可以设置模拟的下载条件。可在其子菜单中选择传输速率，也可自定义传输速率。

“品质”命令：可以设置影片测试区中动画显示的效果。

单击“控制”菜单，其中的命令如图 2-48 所示。

“播放”命令：可以播放当前动画。

“后退”命令：回到动画的第 1 帧并停止播放动画。

“循环”命令：可以将动画循环播放。

“前进一帧”命令：可以将动画前进 1 帧显示。

“后退一帧”命令：可以将动画后退 1 帧显示。

“禁用快捷键”命令：可以使查看动画的快捷键都不可用。

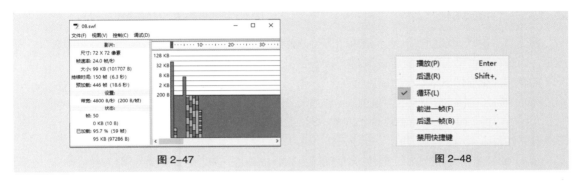

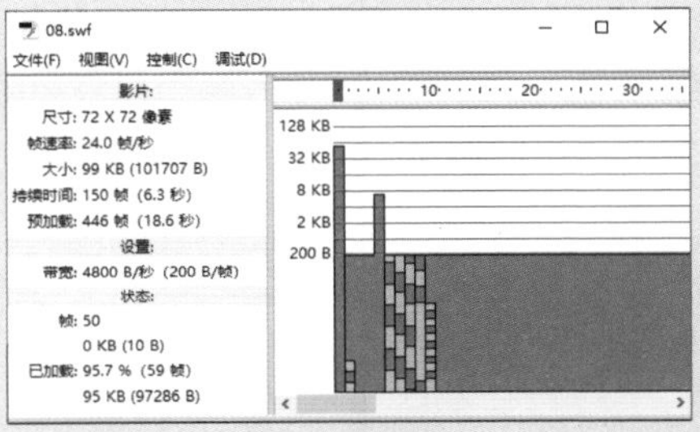

图 2-47

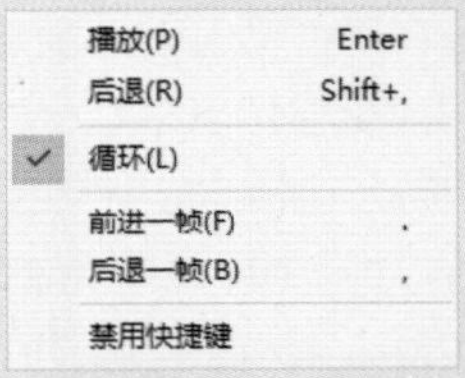

图 2-48

2.3.2 测试影片下载性能

测试影片下载性能，对动画制作来说非常重要。用户可以使用带宽设置，以图形化的方式查看影片的下载性能。要测试影片下载性能，选择“控制 > 测试影片 > 测试”命令，进入影片测试窗口。选择“视图 > 带宽设置”命令，打开带宽特性窗口，如图 2-49 所示。

窗口的左侧显示的是当前动画的信息和播放情况。窗口的右侧显示的是动画影片各帧的数据量。矩形条越高，表示该帧的数据量越大。红色的水平线是动画传输速率的警备线，其位置由传输条件决定。当各帧的矩形条高于红色水平线时，表示在播放该帧时，有可能产生卡顿。

在播放动画时标尺上的指针▽经过某帧，窗口左侧的“帧”选项将显示出当前播放的帧数，如图 2-50 所示。

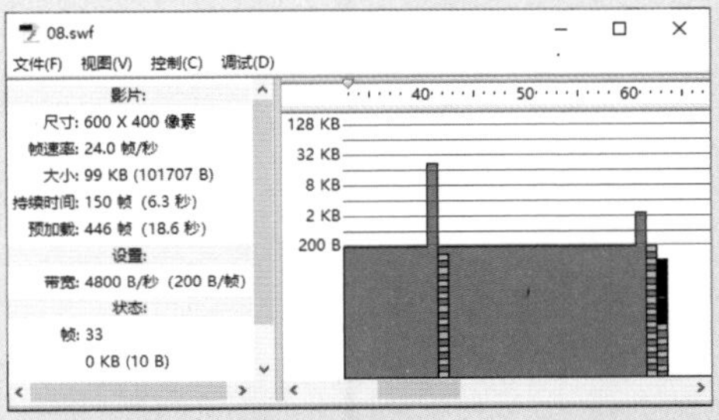

图 2-49

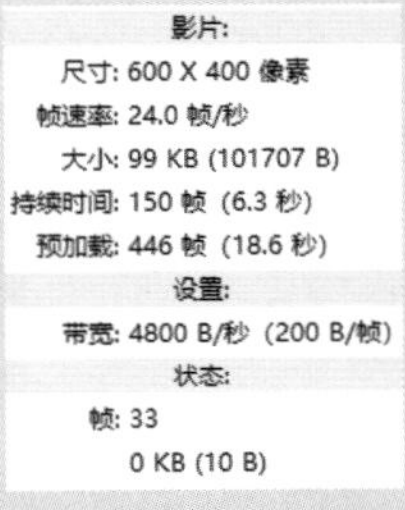

图 2-50

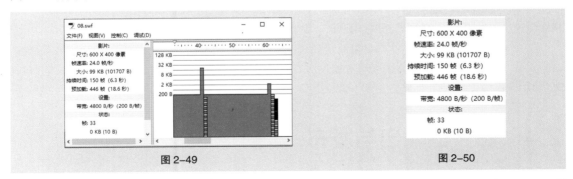

选择“视图 > 模拟下载”命令，窗口左侧的“已加载”选项将显示加载的百分比，如图 2-51 所

示。同时，窗口右侧的标尺上将显示出绿色的进度条，代表加载的速度，如图 2-52 所示。

标尺上的指针表示当前动画播放的位置。当指针赶上加载进度条时，动画就会出现卡顿现象。

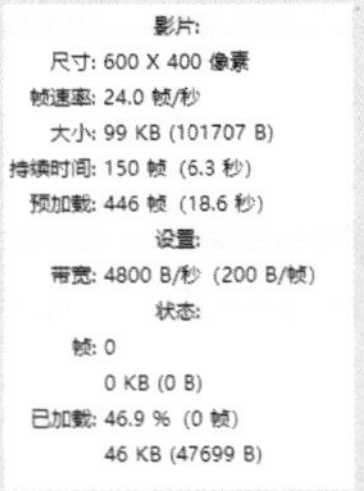

图 2-51

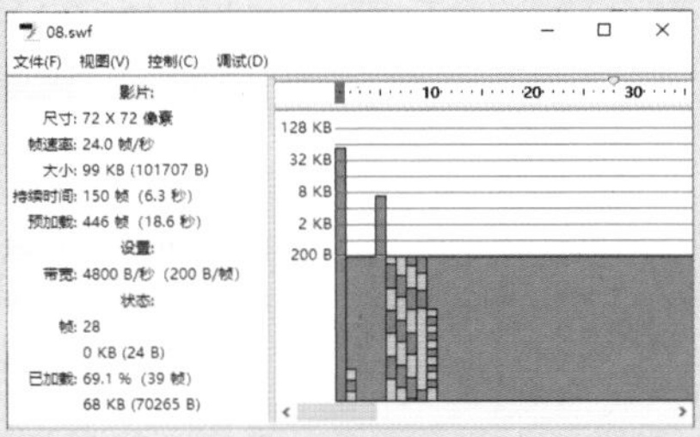

图 2-52

2.3.3 作品优化

动画文件越大，动画在网络上播放时等待时间就越长。虽然动画作品在发布时会自动进行一些优化，但是在制作动画时还要从整体上对动画进行优化，以减少文件量。

动画的优化包括以下几个方面。

（1）将动画中所有相同的对象用同一个符号引用，这样，相同的对象在作品中只会保存一次。

（2）在动画中尽量避免使用逐帧动画，多使用补间动画。因为补间动画中的过渡帧是计算所得，所以其文件量大大小于逐帧动画。

（3）如果使用导入的位图，最好将位图作为背景或静止元素，尽量避免使用位图制作动画元素。

（4）为舞台中多个相对位置固定的对象建组。

（5）尽量用矢量线条代替矢量色块。降低矢量图形的复杂程度，如减少图形的边数或曲线上转折的数量。

（6）尽量不将文字打散成轮廓，尽量少用嵌入字体。

（7）尽量少用渐变色，多使用单色，因为渐变色比单色多占用 50 字节的存储空间。少使用不透明度设置，因为使用不透明度会减慢回放速度。

（8）尽量少用特殊线条，如虚线、点线等，多用实线，实线占用的存储空间小。使用“铅笔”工具绘制的线条比使用“刷子”工具绘制的线条占用的存储空间小。

（9）使用“属性”面板中“颜色”下拉列表中的各个选项设置实例，可以使同一元件的不同实例产生不同的效果。

（10）尽量避免在作品的开始出现停顿。在作品的开始阶段，要在文件量大的帧前面设计一些文件量较小的帧序列，在播放这些帧的同时，预载后面文件量大的内容。

（11）对于动画的音频素材，尽量使用 MP3 格式，因为其占用的存储空间最小，压缩效果最好。

（12）音频引用对象和位图引用对象包含的文件量大，因此，需避免在同一关键帧中同时包含这两种引用对象，否则，可能会出现卡顿。

2.4 影片的输出与发布

动画作品设计完成后，要通过输出或发布方式将其制作成可以脱离 Flash CS6 环境播放的动画文件。并不是所有应用系统都支持 Flash 文件格式，如果要在网页、应用程序或其他地方编辑动画作品，可以将作品导出为通用的文件格式，如 GIF、JPEG、PNG、BMP、QuickTime 或 AVI。

2.4.1 输出影片设置

选择“文件 > 导出”命令，弹出的子菜单如图 2-53 所示，可以选择将文件导出为图像或影片。

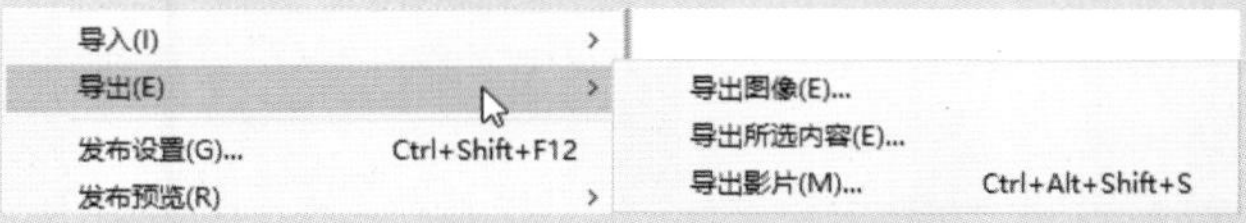

图 2-53

“导出图像”命令：可以将当前帧或所选图像导出为一种静止图像格式，或导出为单帧 Flash Player 应用程序。

“导出所选内容”命令：可以将当前选择的内容导出为一个以 fxg 为扩展名的文件。

“导出影片”命令：可以将动画导出为包含一系列图片、音频的动画文件或静止帧。当导出为静止图像时，可以为文件中的每一帧都创建一个带有编号的图像文件；还可以将文档中的声音导出为 WAV 文件。

提示　将 Flash 图像保存为位图文件时，如 GIF、JPEG、BMP 文件，图像会丢失其矢量信息，仅以像素信息保存。但在将 Flash 图像导出为矢量图形文件时，如 Illustrator 格式，可以保留其矢量信息。

2.4.2 影片输出格式

Flash CS6 可以输出多种格式的动画或图形文件，一般包含以下几种常用类型。

1. SWF 影片（*.swf）

SWF 影片是浏览网页时常见的动画格式，它是以 swf 为扩展名的文件，具有动画、声音效果和交互功能，它需要在浏览器中安装 Flash 播放器插件才能观看。将整个文档导出为具有动画效果和交互功能的 Flash SWF 文件后，可以将 Flash 内容导入其他应用程序，如导入 Dreamweaver。

图 2-54

选择“文件 > 导出 > 导出影片”命令，弹出“导出影片”对话框，在“文件名”下拉列表框中输入要导出的动画的名称，在“保存类型”下拉列表中选择“SWF 影片（*.swf）”选项，如图 2-54 所示。单击“保存”按钮，即可导出影片。

提示　在以 SWF 影片格式导出 Flash 文件时，文本以 Unicode 格式进行编码。Unicode 编码是一种文字信息的通用字符集编码标准，它是一种 16 位编码格式。也就是说，Flash 文件中的文字使用双位元组字符集进行编码。

2. Windows AVI（*.avi）

Windows AVI 是标准的 Windows 影片格式，它是一种很好的用于在视频编辑应用程序中打开 Flash 动画的格式。AVI 是基于位图的格式，因此，如果包含的动画很长或者分辨率比较高，文件量就会非常大。将 Flash 文件导出为 AVI 视频时，会丢失所有的交互功能。

选择“文件 > 导出 > 导出影片”命令，弹出“导出影片”对话框，在“文件名”下拉列表框中输入要导出的视频文件的名称，在“保存类型”下拉列表中选择“Windows AVI（*.avi）”选项，如图 2-55 所示。单击“保存”按钮，弹出“导出 Windows AVI”对话框，如图 2-56 所示。

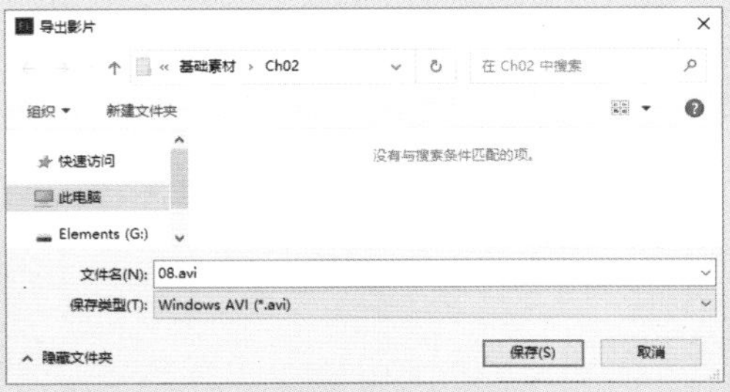

图 2-55

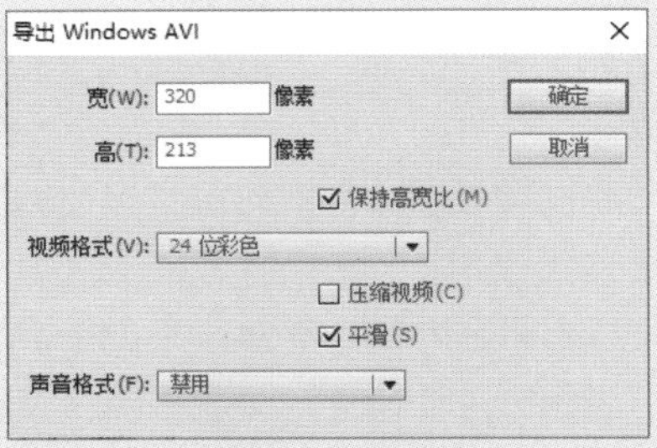

图 2-56

“宽”和“高”选项：用于指定 AVI 影片的宽度和高度，以像素为单位。勾选“保持宽高比”复选框后，当指定宽度或高度时，另一个尺寸会自动设置，以保持原始文件的宽高比。

“保持高宽比”复选框：取消勾选此复选框，可以分别设置宽度和高度。

“视频格式”选项：可以选择输出作品的颜色位数。目前许多应用程序不支持 32 位彩色的图像格式，如果使用这种格式时出现问题，可以使用 24 位彩色的图像格式。

“压缩视频”复选框：勾选此复选框，可以选择标准的 AVI 压缩选项。

“平滑”复选框：可以消除导出的 AVI 影片中的锯齿。勾选此复选框，能产生高质量的图像。背景为彩色时，AVI 影片可能会在图像的周围产生模糊效果，不勾选此复选框。

“声音格式”选项：设置音轨的采样比率和大小，以及是以单声道还是以立体声导出声音。采样比率高，声音的保真度就高，但占用的存储空间也大。采样比率越低，导出的文件就越小，但可能会影响声音品质。

3. WAV 音频（*.wav）

可以将动画中的音频对象导出，并以 WAV 音频格式保存。

选择“文件 > 导出 > 导出影片”命令，弹出“导出影片”对话框，在“文件名”下拉列表框中输入要导出的音频文件的名称，在“保存类型”下拉列表中选择“WAV 音频（*.wav）”选项，如图 2-57 所示。单击“保存”按钮，弹出“导出 Windows WAV”对话框，如图 2-58 所示。

图 2-57

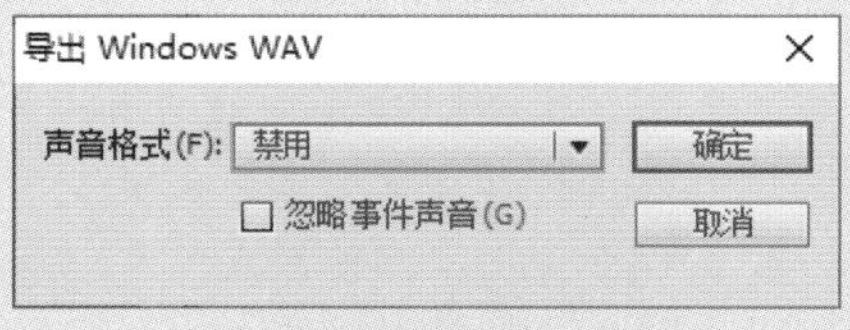

图 2-58

“声音格式”选项：用于设置导出声音的采样比率、比特率及立体声或单声效果。

“忽略事件声音”复选框：勾选此复选框，可以从导出的音频文件中排除事件声音。

4. JPEG 图像（*.jpg）

可以将 Flash 文件中当前帧的对象导出为 JPEG 图像文件。JPEG 图像为高压缩比的 24 位位图。JPEG 图像格式适合显示包含连续色调（如照片、渐变色或嵌入的位图）的图像。

5. GIF 序列（*.gif）

网页中常见的动态图大部分是 GIF 动画形式，它由多个连续的 GIF 序列格式的图像组成。在 Flash 动画时间轴上的每一帧都会变成 GIF 动画中的一幅图片。

选择“文件 > 导出 > 导出影片”命令，弹出“导出影片”对话框，在“文件名”下拉列表框中输入要导出的序列文件的名称，在“保存类型”下拉列表中选择“GIF 序列（*.gif）”选项，如图 2-59 所示。单击“保存”按钮，弹出“导出 GIF”对话框，如图 2-60 所示。

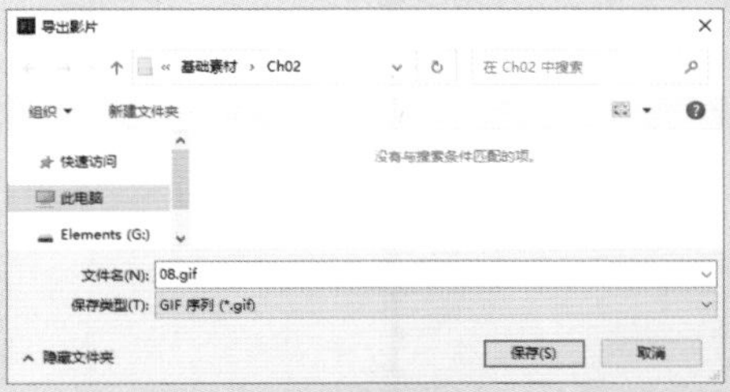

图 2-59

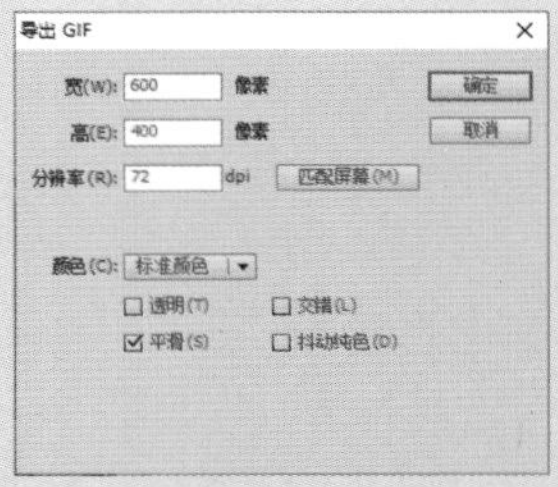

图 2-60

“宽”和“高”选项：设置 GIF 动画的尺寸大小。

“分辨率”选项：设置导出动画的分辨率。单击“匹配屏幕”按钮，可以将分辨率设置为与显示器相匹配。

“颜色”选项：设置导出动画的颜色数量。

“透明”复选框：勾选此复选框，输出的 GIF 动画为透明背景。

“交错”复选框：勾选此复选框，在动画下载过程中，其以交互方式显示。

“平滑”复选框：勾选此复选框，可对输出的 GIF 动画进行平滑处理。

“抖动纯色”复选框：勾选此复选框，可对 GIF 动画中的色块进行抖动处理，以提高画面质量。

6. PNG 序列（*.png）

PNG 序列格式是一种可以跨平台支持透明度的图像格式。选择“文件 > 导出 > 导出影片”命令，弹出“导出影片”对话框，在“文件名”下拉列表框中输入要导出的序列文件的名称，在“保存类型”下拉列表中选择“PNG 序列（*.png）”选项，如图 2-61 所示。单击“保存”按钮，弹出“导出 PNG”对话框，如图 2-62 所示。

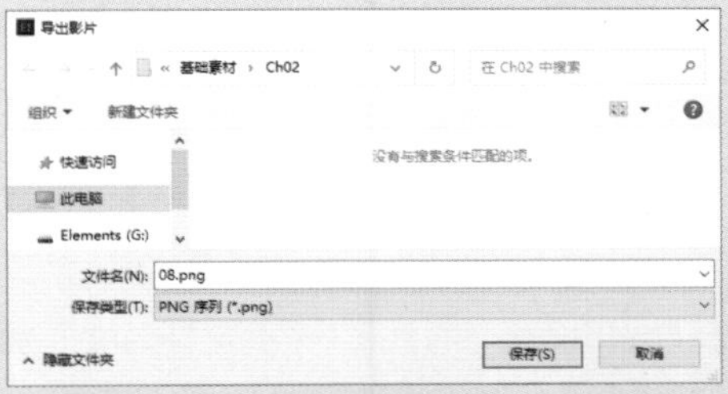

图 2-61

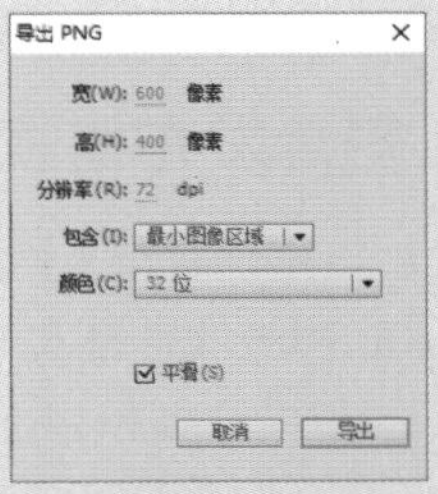

图 2-62

“宽”和“高”选项：设置 PNG 序列格式图片的尺寸大小。

“分辨率”选项：设置导出图片的分辨率，并且让 Flash CS6 根据图片的大小自动计算宽度和高度。单击“匹配屏幕”按钮，可以将分辨率设置为与显示器相匹配。

“包含”选项：用于设置导出图片的区域大小。

“颜色”选项：用于设置导出图像的颜色数量。

“平滑”复选框：勾选此复选框，可对输出的 PNG 序列格式的图片进行平滑处理。

2.4.3 发布影片设置

选择“文件 > 发布”命令，在 Flash 文件所在的文件夹中将生成与 Flash 文件同名的 SWF 文件和 HTML 文件，如图 2–63 所示。

如果要设置同时输出多种格式的动画作品，选择“文件 > 发布设置”命令，弹出“发布设置”对话框，如图 2–64 所示。在默认状态下，只有两种发布格式。勾选对话框左侧的复选框，对话框的右侧将出现相应的面板，如图 2–65 所示。

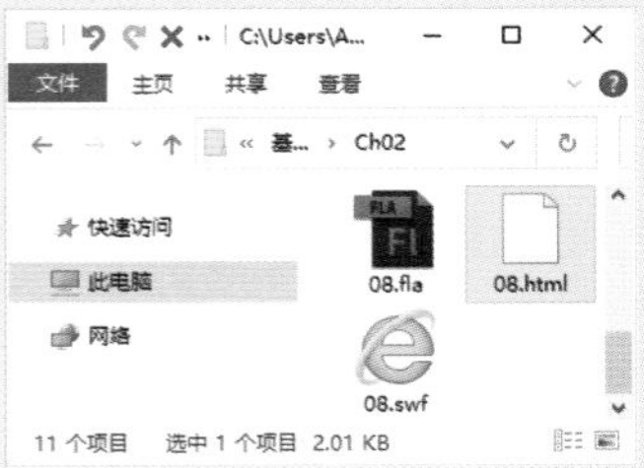

图 2–63

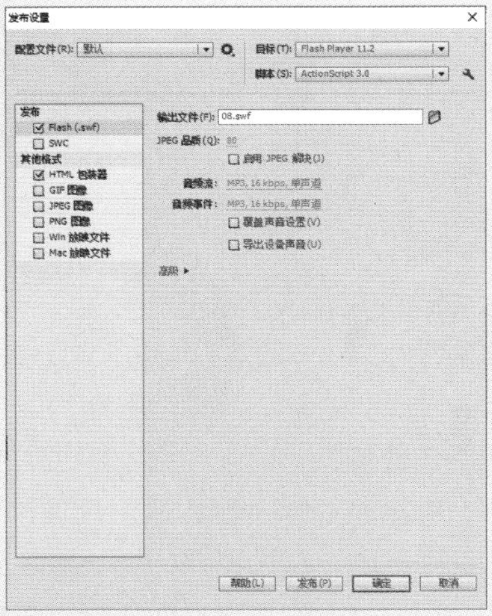

图 2–64

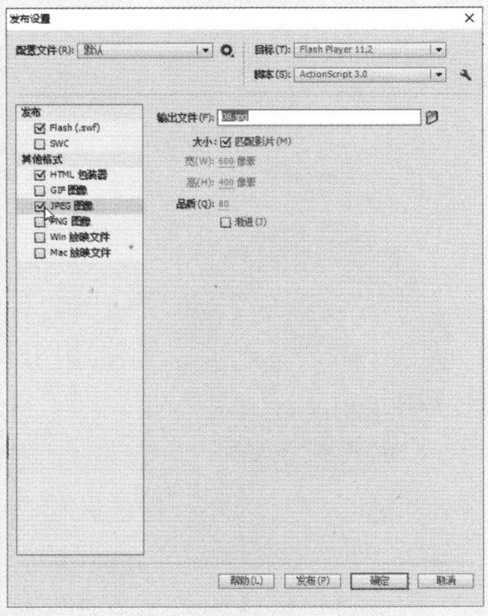

图 2–65

可以在每种格式右侧的文本框中为文件重新命名。单击“使用默认名称”按钮，则每种格式都将使用默认的文件名。

提示

在“发布设置”对话框中设置完成后，单击“确定”按钮，此时并不会发布文件，只有单击“发布”按钮后才能发布文件。

2.4.4 影片发布格式

Flash CS6 能够发布多种格式的文件，下面介绍各种文件格式的参数设置。

1. Flash SWF 文件格式

Flash SWF 文件是网络上流行的动画格式。在“发布设置”对话框中勾选“Flash”复选框，切换到“Flash”面板，如图 2–66 所示，可进行相应设置。

2. HTML 文件格式

HTML 文件格式用于在网页中播放 Flash 动画作品。如果要在网络上播放 Flash 电影，需要创建一个能激活电影并指定浏览器设置的 HTML 文件。在“发布设置”对话框中勾选“HTML”复选框，切换到“HTML”面板，如图 2-67 所示，可进行相应设置。

3. GIF 文件格式

Flash CS6 可以将动画以 GIF 文件格式发布，这样不使用任何插件就可以观看动画。但 GIF 文件格式的动画已经不属于矢量动画，不能无损地放大或缩小画面，而且动画中的声音和动作都会失效。在“发布设置”对话框中勾选“GIF”复选框，切换到“GIF”面板，如图 2-68 所示，可进行相应设置。

图 2-66

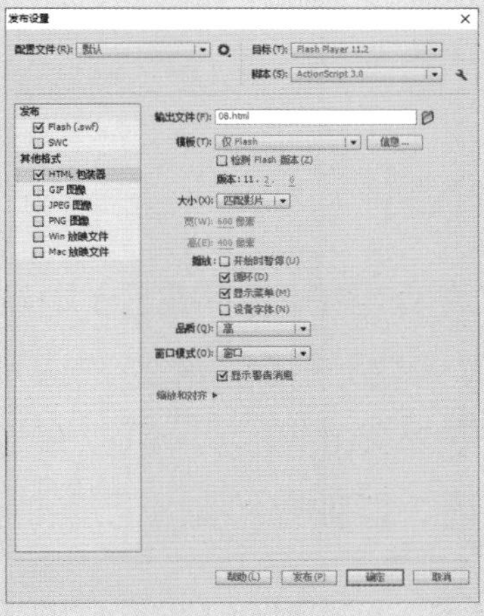

图 2-67

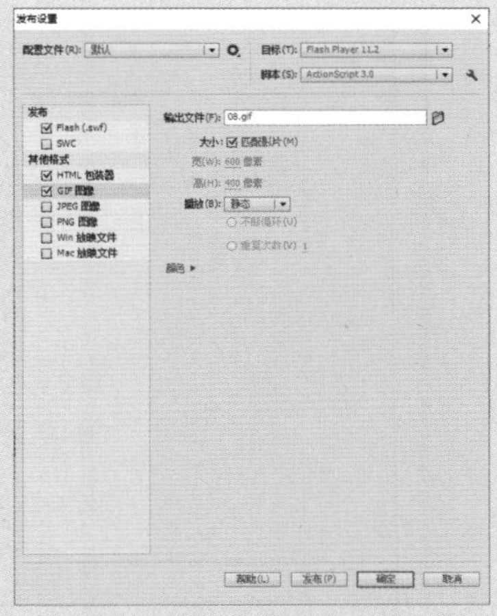

图 2-68

4. JPEG 文件格式

JPEG 文件格式也是常见的 Flash 影片发布格式，在“发布设置”对话框中勾选“JPEG”复选框，切换到“JPEG”面板，如图 2-69 所示，可进行相应设置。

5. PNG 文件格式

PNG 文件格式是一种可以跨平台支持透明度的图像格式。在“发布设置”对话框中勾选“PNG”复选框，切换到“PNG”面板，如图 2-70 所示，可进行相应设置。

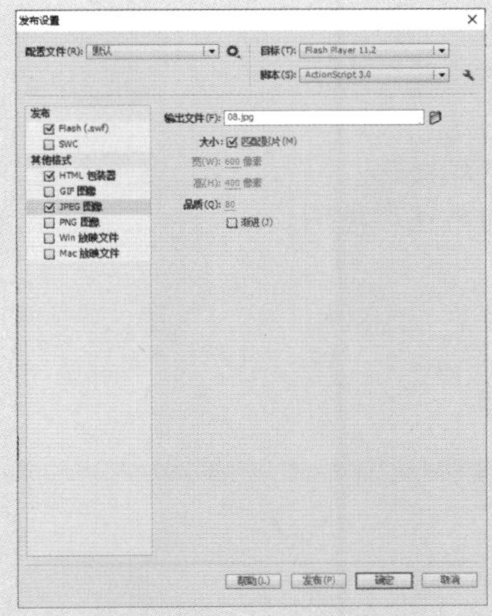

图 2-69

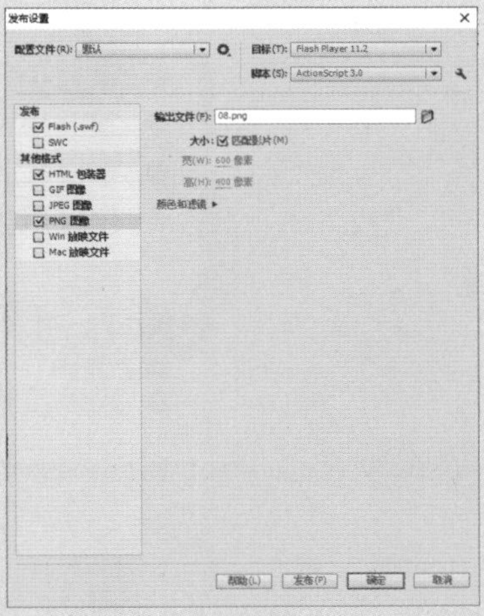

图 2-70

03

第 3 章 常用工具

本章介绍

本章介绍 Flash CS6 中绘制图形的功能和编辑图形的技巧，讲解选择图形的方法及设置图形色彩的技巧。读者通过对本章的学习，可以掌握绘制图形、编辑图形的方法和技巧，能独立绘制出所需的图形并对其进行编辑。

学习目标

第 3 章简介

- 熟练掌握选择类工具的使用方法。
- 熟练掌握绘图工具的使用方法。
- 熟练掌握图形编辑工具的使用方法和技巧。
- 了解图形的色彩，并掌握几种常用的色彩面板。
- 掌握文本工具的使用方法及属性设置。

技能目标

- 掌握小狮子图形的绘制方法和技巧。
- 掌握小汽车图形的绘制方法和技巧。
- 掌握车轮图标的绘制方法和技巧。
- 掌握耳机网站首页的制作方法和技巧。

素养目标

- 培养积极实践的学习精神。

3.1 选择类工具

在 Flash CS6 中如果要对舞台上的图形对象进行修改，需要先选择对象，再对其进行修改。

常用的选择类工具如下。

“选择”工具：可以提供选择、移动、复制、调整向量线条和色块的功能，是使用频率较高的一种工具。

“套索”工具：可以按需要在对象上选取不规则的任意图形。

3.1.1 课堂案例——制作小狮子图形

【案例学习目标】使用不同的选择工具制作图形。

【案例知识要点】使用“选择”工具、“直接选择”工具等完成小狮子的制作，如图 3-1 所示。

【效果所在位置】云盘 /Ch03/ 效果 / 制作小狮子图形。

图 3-1

（1）选择“文件 > 打开”命令，弹出“打开”对话框，选择云盘中的“Ch03 > 素材 > 制作小狮子图形 > 01”文件，单击“打开”按钮打开文件，效果如图 3-2 所示。

（2）选择“选择”工具，在舞台中单击图 3-3 所示的图形，将其选中。按 Ctrl+X 组合键，将其剪切到剪贴板中。单击“时间轴”面板下方的“新建图层”按钮，创建新图层并将其命名为“毛发”，如图 3-4 所示。按 Ctrl+V 组合键，将剪贴板中的图形粘贴到“毛发”图层中。

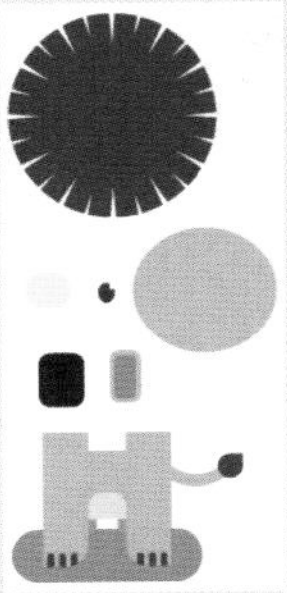

图 3-2

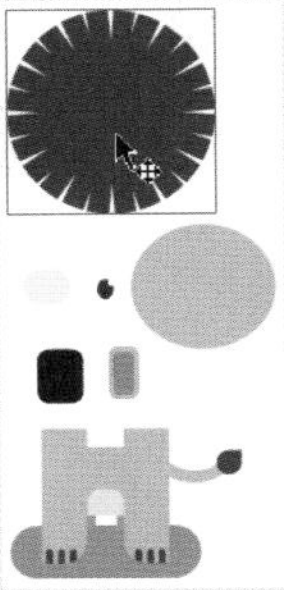

图 3-3

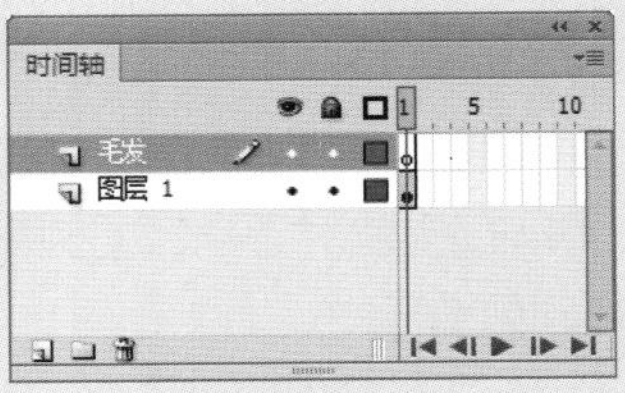

图 3-4

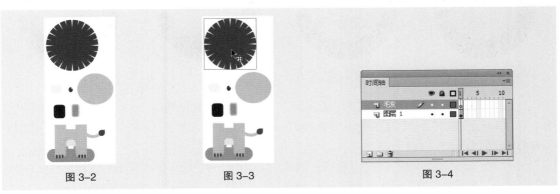

（3）将“毛发”图层中的图形拖曳到舞台的中心位置，如图 3-5 所示。单击“时间轴”面板下

方的“新建图层”按钮，创建新图层并将其命名为“脸部”，如图 3-6 所示。

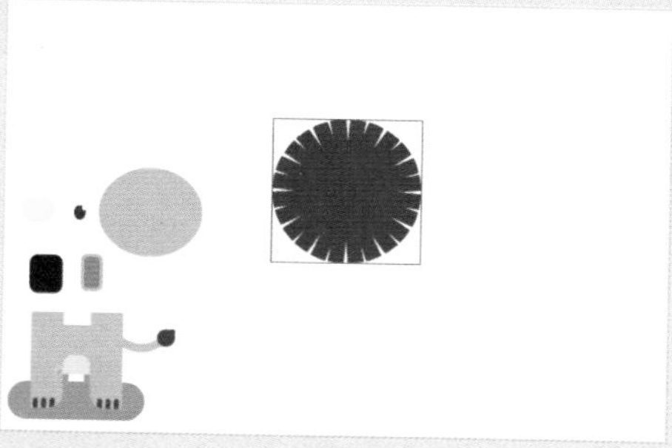

图 3-5

图 3-6

（4）在舞台中选中黄色圆形，如图 3-7 所示。按 Ctrl+X 组合键，将其剪切到剪贴板中。在“时间轴”面板中选中“脸部”图层，按 Ctrl+V 组合键，将剪贴板中的图形粘贴到“脸部”图层中。在舞台中将黄色圆形拖曳到适当的位置，如图 3-8 所示。

（5）将鼠标指针放置在图 3-9 所示的位置，鼠标指针下方出现圆弧时，单击并向下拖曳鼠标到适当位置，改变图形的轮廓，效果如图 3-10 所示。

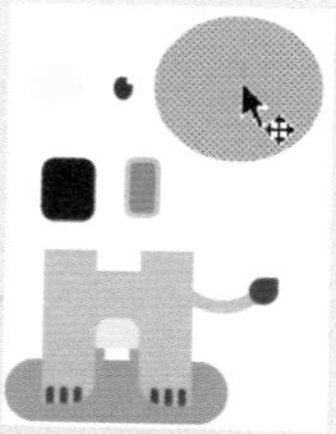

图 3-7

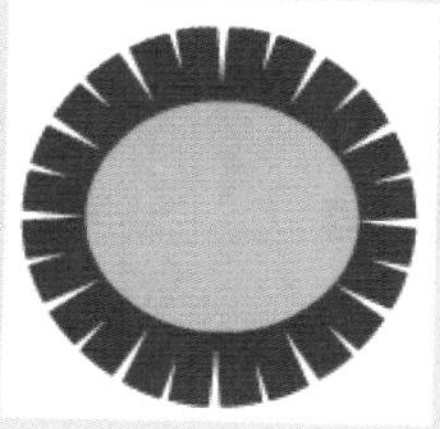

图 3-8

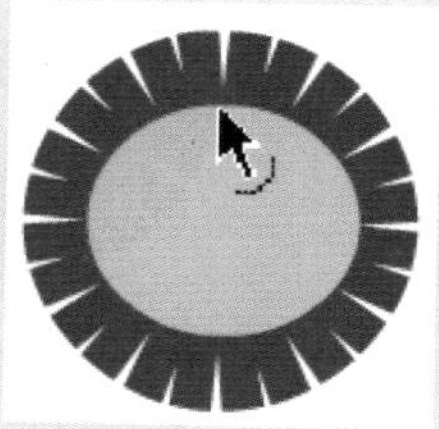

图 3-9

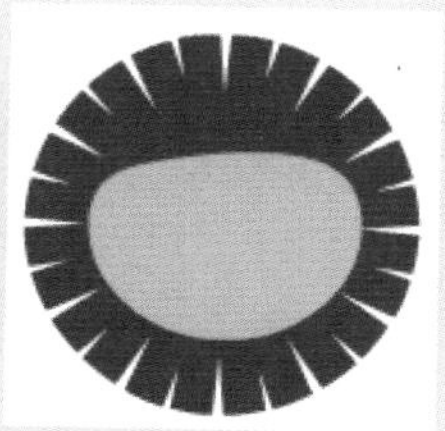

图 3-10

（6）选择“直接选择”工具，在黄色图形的边线上单击，图形的周围出现多个节点，如图 3-11 所示。单击图 3-12 所示的节点，将其选中。多次按向上的方向键，移动节点的位置，效果如图 3-13 所示。用相同的方法移动其他节点的位置，制作出图 3-14 所示的效果。

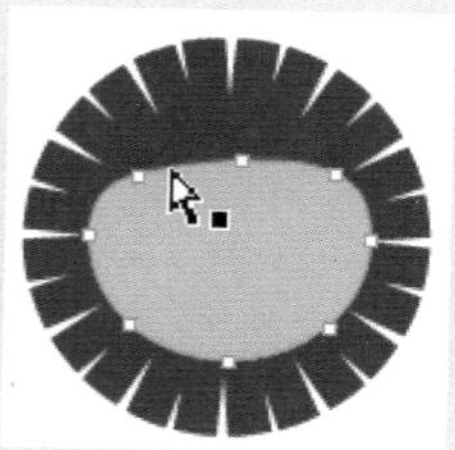

图 3-11

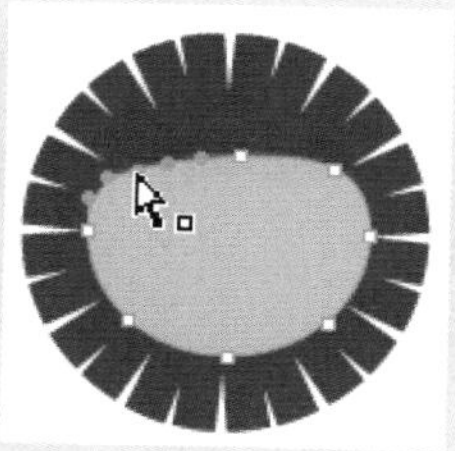

图 3-12

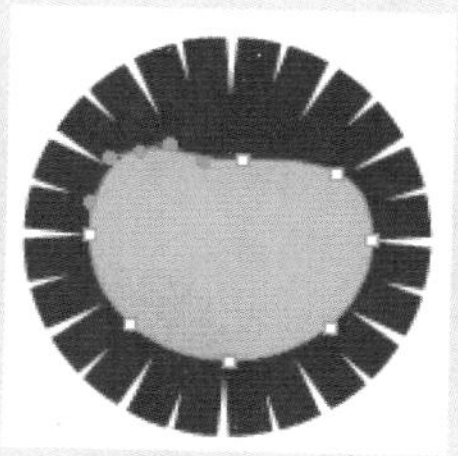

图 3-13

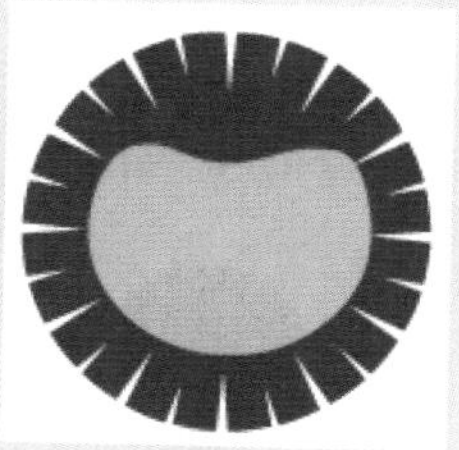

图 3-14

（7）单击“时间轴”面板下方的“新建图层”按钮，创建新图层并将其命名为“眼睛”，如图 3-15 所示。选择“选择”工具，在舞台中选中眼睛图形，如图 3-16 所示，按 Ctrl+X 组合键，将其剪切到剪贴板中。

（8）在“时间轴”面板中选中“眼睛”图层，按 Ctrl+V 组合键，将剪贴板中的图形粘贴到“眼睛”图层中。在舞台中将眼睛图形拖曳到适当的位置，如图 3-17 所示。选中眼睛图形，按住 Alt 键的同时拖曳鼠标到适当的位置，以复制眼睛图形，效果如图 3-18 所示。

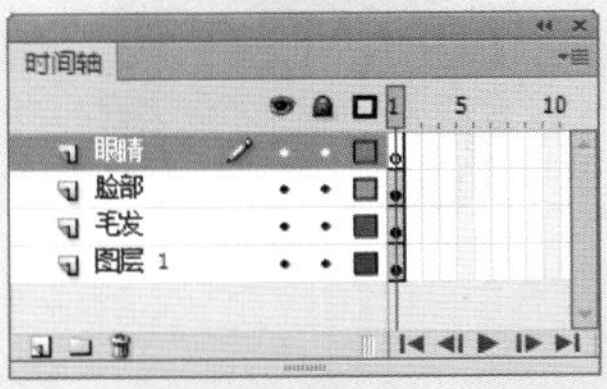

图 3-15

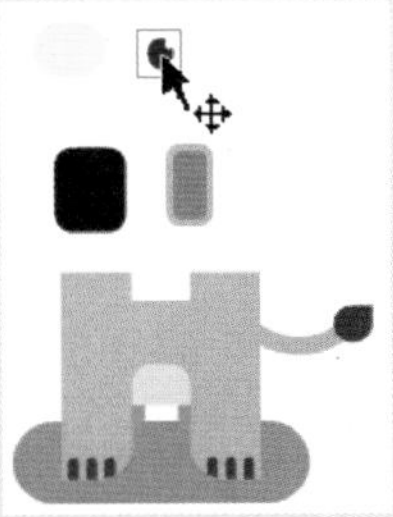

图 3-16

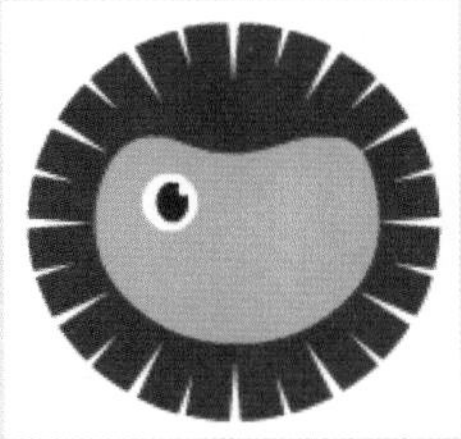

图 3-17

图 3-18

（9）单击“时间轴”面板下方的“新建图层”按钮，创建新图层并将其命名为“鼻子”，如图 3-19 所示。在舞台中框选黑色圆角矩形的下半部分，如图 3-20 所示，按 Delete 键将其删除，效果如图 3-21 所示。

图 3-19

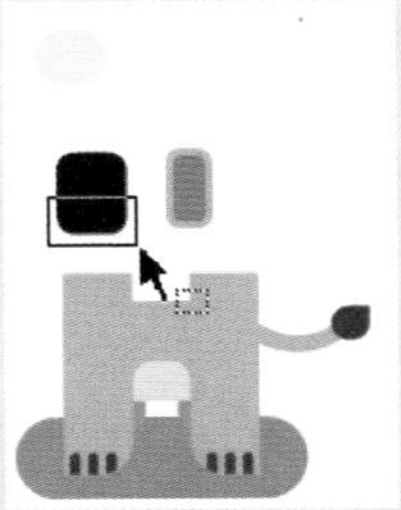

图 3-20

图 3-21

（10）选中黑色图形，按 Ctrl+X 组合键，将其剪切到剪贴板中。在“时间轴”面板中选择“鼻子”图层，按 Ctrl+V 组合键，将剪贴板中的图形粘贴到“鼻子”图层中。在舞台中将黑色图形拖曳到适当的位置，如图 3-22 所示。

（11）在舞台中选中黄色圆角图形，如图 3-23 所示，按 Ctrl+X 组合键，将其剪切到剪贴板中。在“时间轴”面板中选中“鼻子”图层，按 Ctrl+V 组合键，将剪贴板中的图形粘贴到“鼻子”图层中。在舞台中将黄色圆角图形拖曳到适当的位置，如图 3-24 所示。选中黄色圆角图形，按住 Alt 键的同时拖曳鼠标到适当的位置，以复制黄色圆角图形，效果如图 3-25 所示。

图 3-22

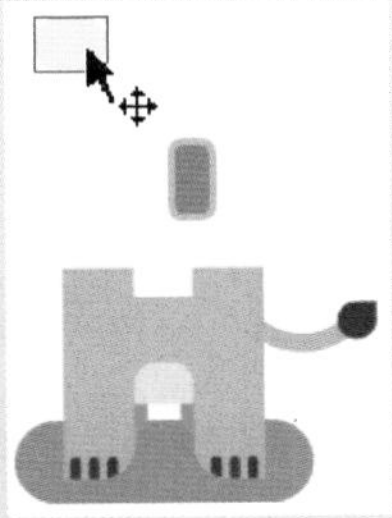

图 3-23

图 3-24

图 3-25

（12）单击“时间轴”面板下方的“新建图层”按钮，创建新图层并将其命名为“嘴巴”，如图 3-26 所示。在舞台中选中图 3-27 所示的图形，按 Ctrl+X 组合键，将其剪切到剪贴板中。在“时间轴”面板中选中“嘴巴”图层，按 Ctrl+V 组合键，将剪贴板中的图形粘贴到“嘴巴”图层中。在舞台中将图形拖曳到适当的位置，如图 3-28 所示。

图 3-26

图 3-27

图 3-28

（13）在“时间轴”面板中将“嘴巴”图层拖曳到“鼻子”图层的下方，如图 3-29 所示，效果如图 3-30 所示。

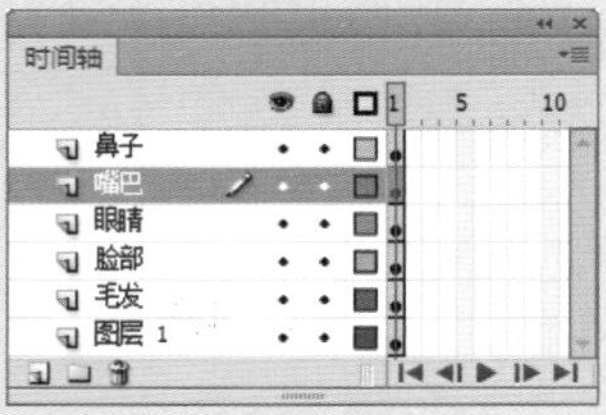

图 3-29

图 3-30

（14）在“时间轴”面板中将“图层 1”重命名为“身体”，如图 3-31 所示。在舞台中选中图 3-32 所示的图形，并将其拖曳到适当的位置，效果如图 3-33 所示。小狮子图形制作完成，按 Ctrl+Enter 组合键即可查看效果。

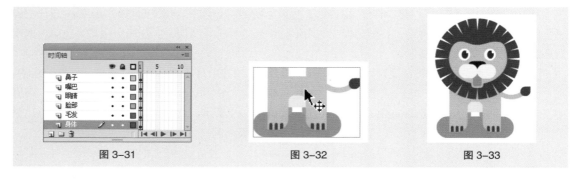

图 3-31

图 3-32

图 3-33

3.1.2 “选择”工具

选择“选择”工具，工具箱下方将出现图 3-34 所示的按钮，利用这些按钮可以完成以下工作。

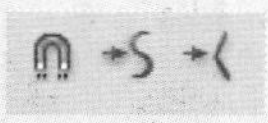

图 3-34

“贴紧至对象”按钮：可以自动将舞台上的两个对象定位到一起。一般制作引导层动画时可利用此按钮将关键帧对象锁定到引导路径上。此按钮还可以将对象定位到网格上。

“平滑”按钮：可以柔化选择的线条。当选中对象时，此按钮变为可用状态。

“伸直”按钮：可以锐化选择的线条。当选中对象时，此按钮变为可用状态。

1. 选择对象

选择“选择”工具，在舞台中的对象上单击，如图 3-35 所示。按住 Shift 键，再单击，可以同时选中多个对象，如图 3-36 所示。在舞台中拖曳出一个矩形框可以框选对象，如图 3-37 所示。

图 3-35

图 3-36

图 3-37

2. 移动和复制对象

选择“选择”工具，单击对象，如图 3-38 所示。按住鼠标左键不放，直接拖曳对象到任意位置，可移动对象，如图 3-39 所示。

选择“选择”工具，单击对象，按住 Alt 键，拖曳选中的对象到任意位置，选中的对象将被复制，如图 3-40 所示。

图 3-38

图 3-39

图 3-40

3. 调整矢量线条和色块

选择“选择”工具，将鼠标指针移至任意对象上，鼠标指针下方将出现圆弧，如图 3-41 所示。拖动鼠标，可对选中的线条和色块进行调整，如图 3-42 所示。

图 3-41

图 3-42

3.1.3 “部分选取”工具

选择“部分选取”工具，在对象的外边线上单击，对象上将出现多个节点，如图 3-43 所示。可拖动节点来改变对象的形状，如图 3-44 所示。

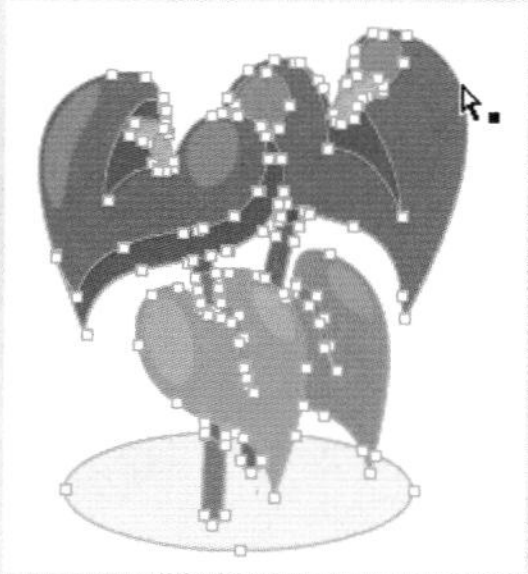

图 3-43

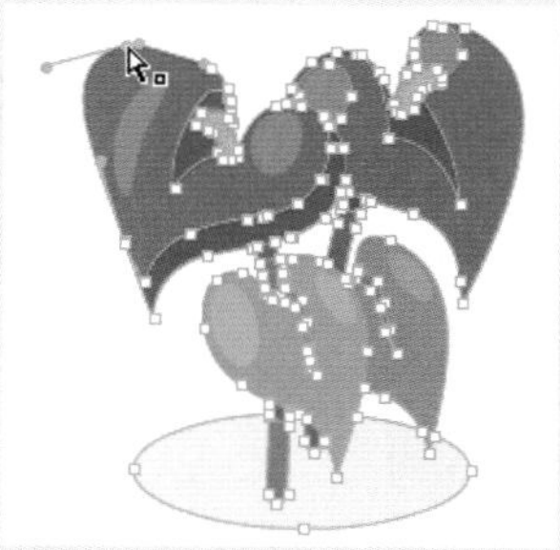

图 3-44

提示

若想增加图形上的节点，可用“钢笔”工具在图形上单击。

在改变对象的形状时，“部分选取”工具的鼠标指针会产生不同的变化，其表示的含义也不同。

带黑色方块的鼠标指针：当鼠标指针放置在节点间的线段上时，会变为形状，如图 3-45 所示。这时，可以移动对象到其他位置，如图 3-46、图 3-47 所示。

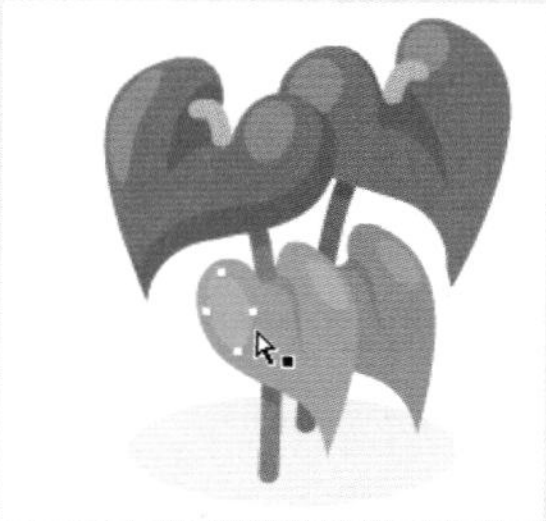

图 3-45

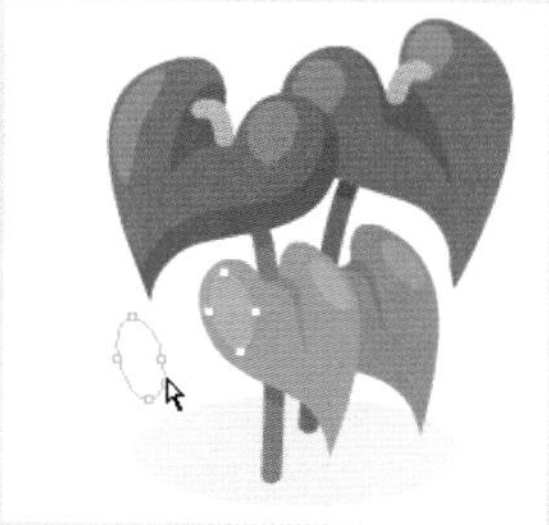

图 3-46

图 3-47

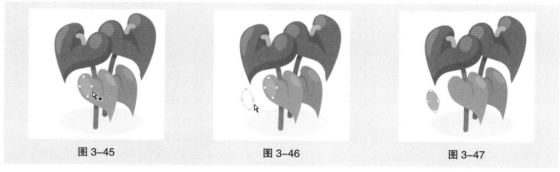

带白色方块的鼠标指针：当鼠标指针放置在节点上时，会变为形状，如图 3-48 所示。这时，可以移动节点到其他位置，如图 3-49、图 3-50 所示。

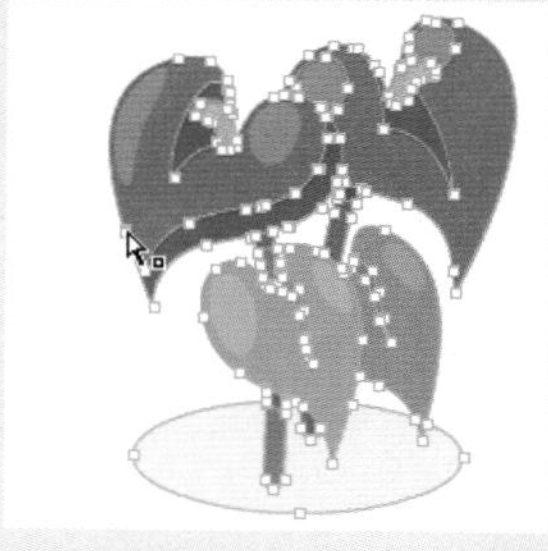

图 3-48

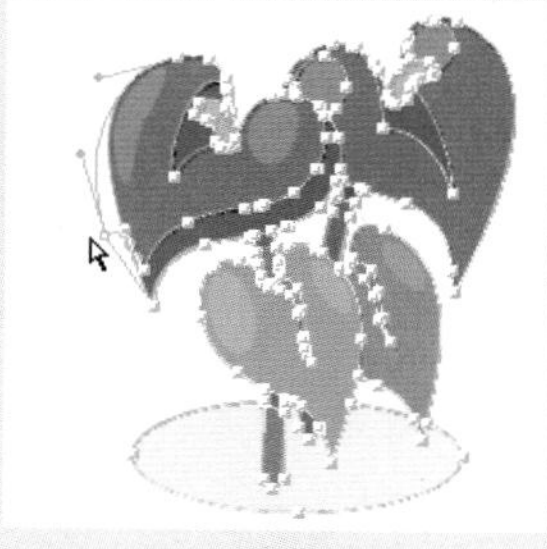

图 3-49

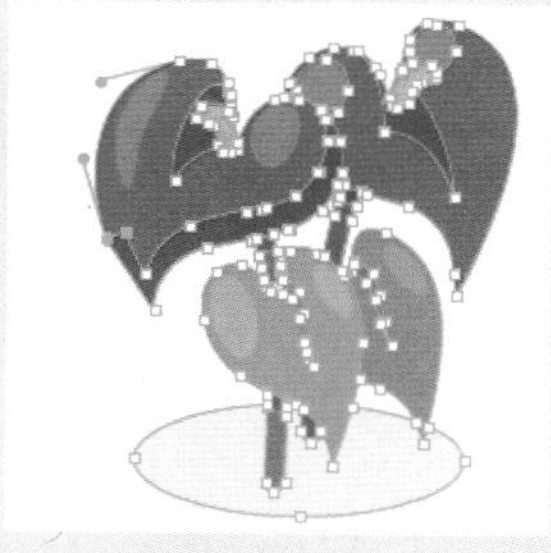

图 3-50

小箭头形状的鼠标指针：当鼠标指针放置在节点调节手柄的尽头时，会变为形状，如图 3-51 所示。这时，可以调节与该节点相连的线段的弯曲度，如图 3-52、图 3-53 所示。

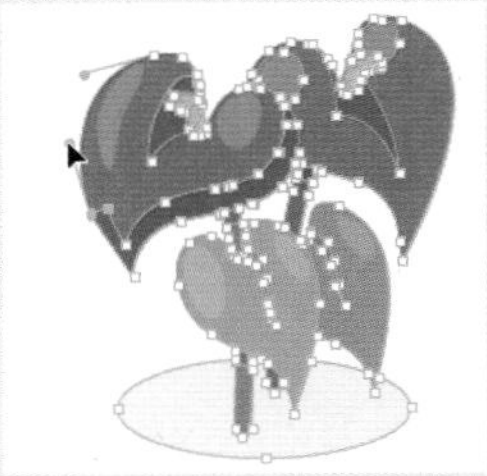

图 3-51

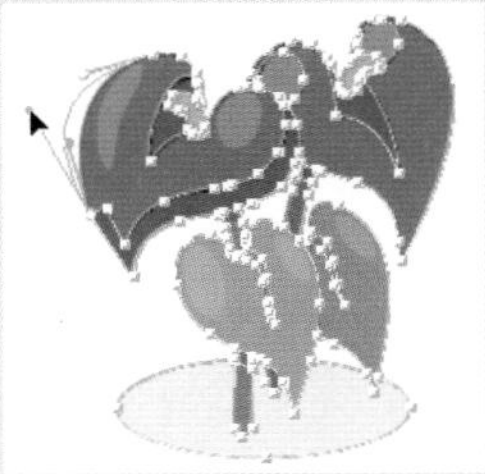

图 3-52

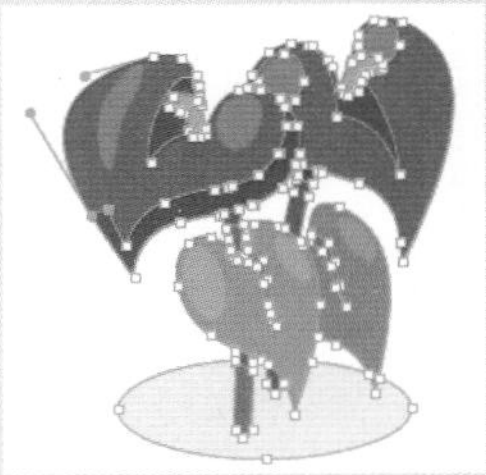

图 3-53

提示

在调整节点的手柄时，调整一个手柄，另一个手柄也会随之发生变化。如果只想调整其中的一个手柄，可以按住 Alt 键，再进行调整。

可以将直线节点转换为曲线节点，并进行弯曲度调节。选择“部分选取”工具，在对象的外边线上单击，对象上将显示出节点，如图 3-54 所示。单击要转换的节点，节点从空心变为实心，表示可编辑，如图 3-55 所示。

按住 Alt 键，将节点向外拖曳，节点上会出现两个可调节手柄，如图 3-56 所示。拖曳调节手柄可调节线段的弯曲度，如图 3-57 所示。

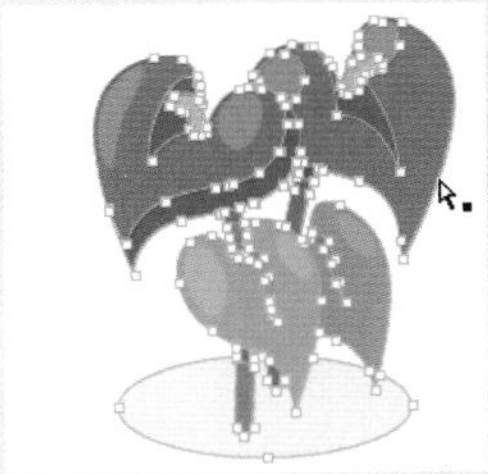

图 3-54

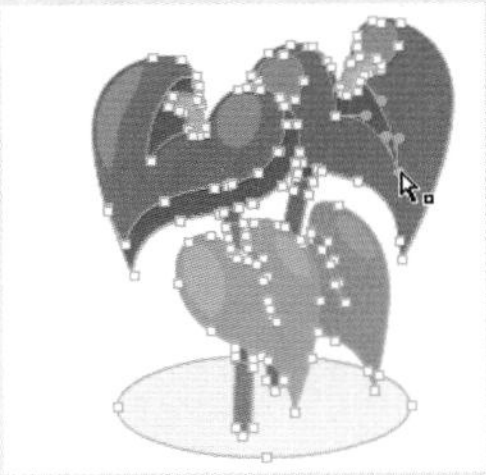

图 3-55

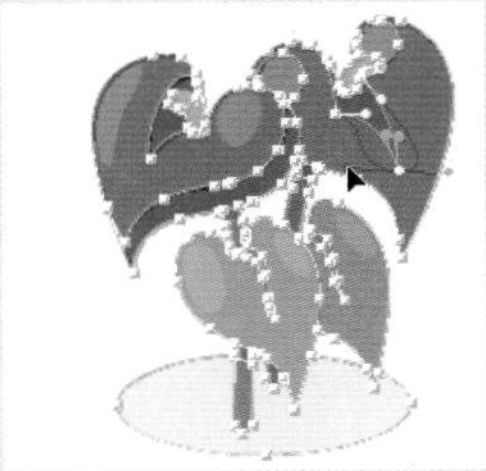

图 3-56

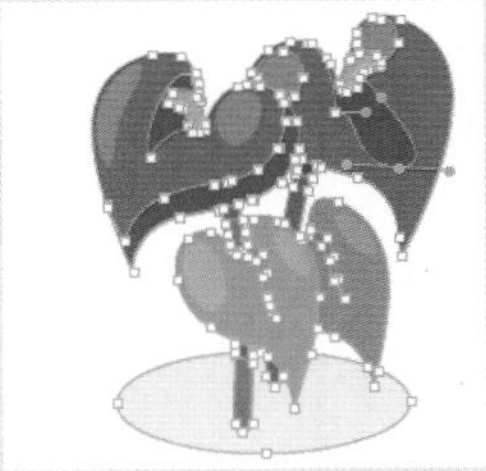

图 3-57

3.1.4 “套索”工具

选择“套索”工具，在场景中导入一幅位图，按 Ctrl+B 组合键，将位图从背景中分离。用鼠标在位图上勾画出想要的区域，形成一个封闭的选区，如图 3-58 所示。松开鼠标，选区中的图像被选中，如图 3-59 所示。

选择“套索”工具后，工具箱的下方将出现图 3-60 所示的按钮。

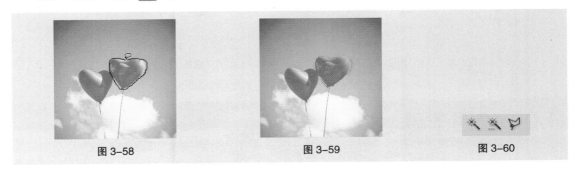

图 3-58

图 3-59

图 3-60

“魔术棒”按钮：可以点选的方式选择颜色相似的位图图形。

单击“魔术棒”按钮，将鼠标指针放在位图上，鼠标指针将变为形状，在要选择的位图上单击，如图 3-61 所示。与单击点颜色相近的图像区域被选中，如图 3-62 所示。

“魔术棒设置”按钮：用来设置魔术棒的属性。设置不同的属性，魔术棒选取的图像区域大小各不相同。

单击“魔术棒设置”按钮，弹出“魔术棒设置”对话框，如图 3-63 所示。

图 3-61

图 3-62

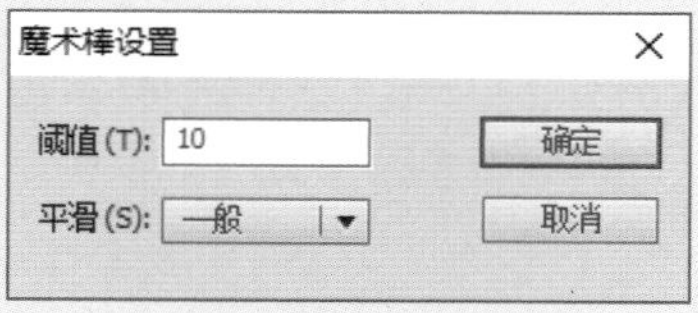

图 3-63

在“魔术棒设置”对话框中设置不同参数后，所产生的不同效果如图 3-64 所示。

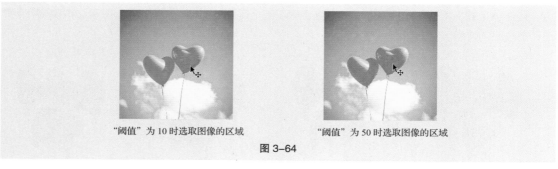

“阈值”为 10 时选取图像的区域

“阈值”为 50 时选取图像的区域

图 3-64

“多边形模式”按钮：可以用鼠标精确地勾画出想要选中的图像。

单击“多边形模式”按钮，在图像上单击，确定第一个定位点；松开鼠标并将鼠标指针移至下一个定位点，再次单击，重复上述操作直到勾画出想要的图像，并使选取区域形成封闭状态，如图 3-65 所示。双击，选区中的图像被选中，如图 3-66 所示。

图 3-65

图 3-66

3.2 绘图工具

在 Flash CS6 中创造的充满活力的设计作品都是由基本图形组成的，Flash CS6 提供了各种工具来绘制线条和图形。应用绘图工具可以绘制出丰富多样的图形与路径。

常用的绘图工具如下。

“线条”工具：可以绘制不同颜色、宽度、线型的直线段。

“铅笔”工具：可以像使用真实的铅笔一样绘制出任意的线条和形状。

“椭圆”工具：可以绘制出不同样式的椭圆形和圆形。

“刷子”工具：像现实生活中的刷子一样，可以创建出刷子般的绘画效果，如书法效果就可使用“刷子”工具实现。

“矩形”工具：可以绘制出不同样式的矩形。

“钢笔”工具：可以绘制精确的路径，如在创建直线段或曲线段的过程中，可以先绘制直线段或曲线段，再调整直线段的角度、长度以及曲线段的斜率。

3.2.1 课堂案例——绘制小汽车图形

【案例学习目标】使用不同的绘图工具绘制图形。

【案例知识要点】使用“矩形”工具、“基本矩形”工具、“椭圆”工具、“钢笔”工具等完成小汽车的绘制，如图 3-67 所示。

【效果所在位置】云盘 /Ch03/ 效果 / 绘制小汽车图形。

图 3-67

1. 绘制小汽车轮廓

（1）选择“文件 > 新建”命令，在弹出的“新建文档”对话框中选择“常规”选项卡中的“ActionScript 3.0”选项，将“宽”选项设为 800，“高”选项设为 600，单击“确定”按钮，完成文档的创建。

（2）将“图层 1”重新命名为“主体”。选择“钢笔”工具，单击工具箱下方的“对象绘制”按钮，在钢笔工具“属性”面板中，将“笔触颜色”设为粉色（#FF6699），“填充颜色”设为无，“笔触”选项设为 2。在舞台中绘制 1 条闭合边线，效果如图 3-68 所示。

（3）选择“选择”工具，在舞台中选中闭合对象，在工具箱中将“填充颜色”设为黄色（#FAC000），“笔触颜色”设为无，效果如图 3-69 所示。

图 3-68

图 3-69

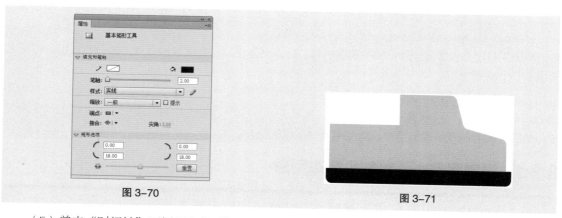

（4）选择“基本矩形”工具，在基本矩形工具“属性”面板中，将“笔触颜色”设为无，“填充颜色”设为黑色，其他选项的设置如图 3-70 所示，在舞台中绘制 1 个矩形，效果如图 3-71 所示。

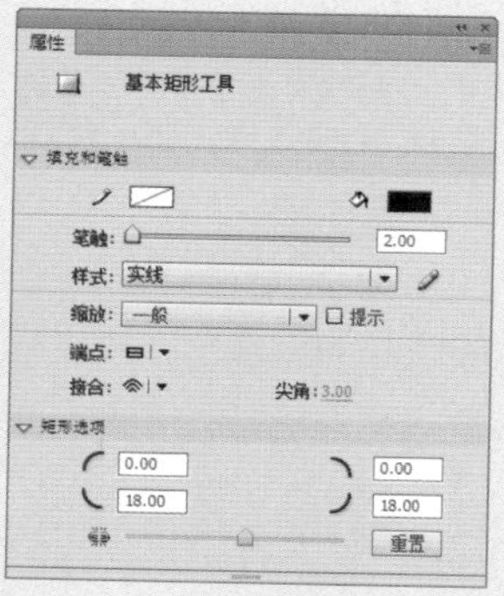

图 3-70

图 3-71

（5）单击“时间轴”面板下方的“新建图层”按钮，创建新图层并将其命名为“护栏”。在基本矩形工具“属性”面板中，将“笔触颜色”设为无，“填充颜色”设为红色（#CE3118），其他选项的设置如图 3-72 所示，在舞台中绘制 1 个圆角矩形，效果如图 3-73 所示。

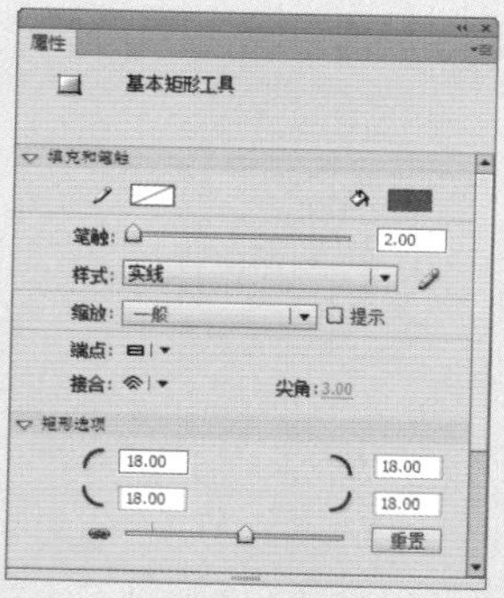

图 3-72

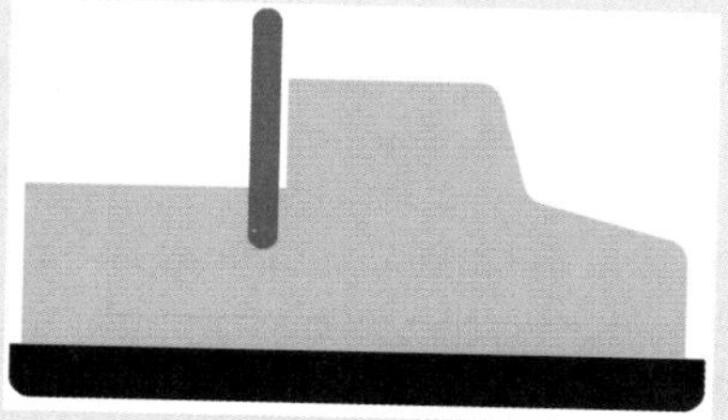

图 3-73

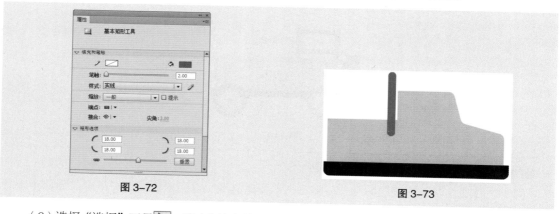

（6）选择“选择”工具，选中红色圆角矩形，按住 Alt 键的同时向左拖曳鼠标到适当的位置，以复制红色圆角矩形，效果如图 3-74 所示。多次按向下的方向键向下移动图形，效果如图 3-75 所示。

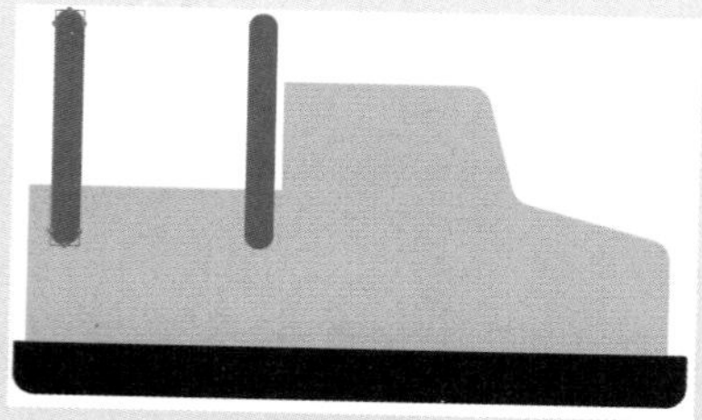

图 3-74

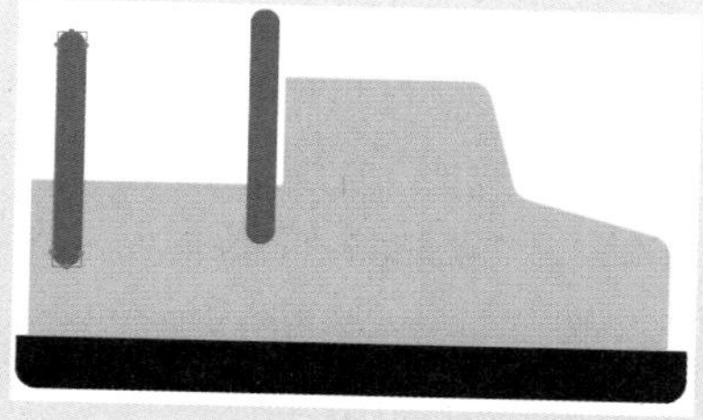

图 3-75

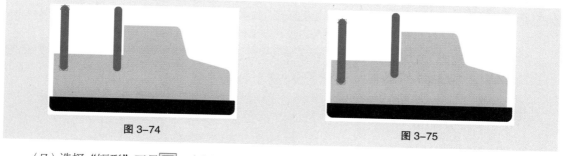

（7）选择“矩形”工具，在矩形工具“属性”面板中，将“笔触颜色”设为无，“填充颜色”设为红色（#CE3118），在舞台中绘制 1 个矩形，如图 3-76 所示。选择“选择”工具，选中红色矩形，按住 Alt 键的同时向下拖曳鼠标到适当的位置，以复制红色矩形，效果如图 3-77 所示。

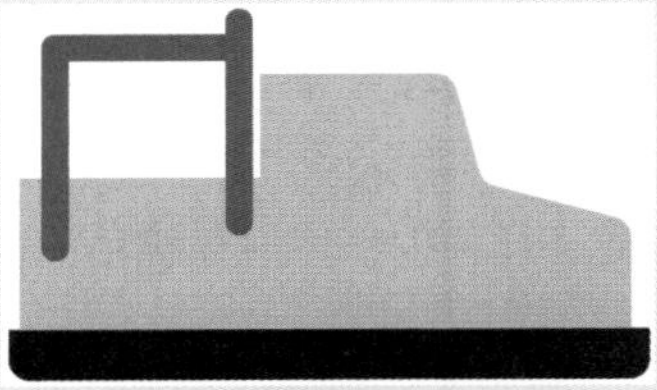

图 3-76

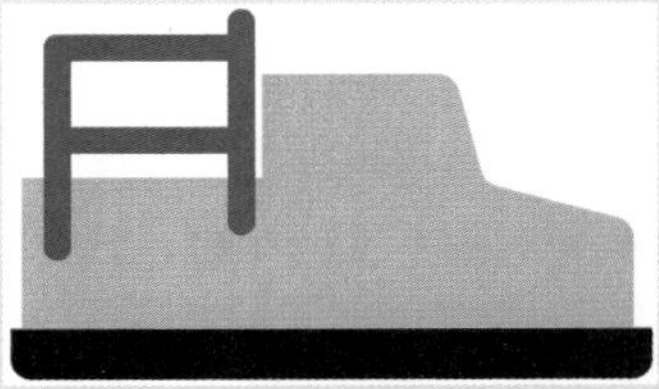

图 3-77

（8）在“时间轴”面板中，将“护栏”图层拖曳到“主体”图层的下方，如图 3-78 所示，效果如图 3-79 所示。

图 3-78

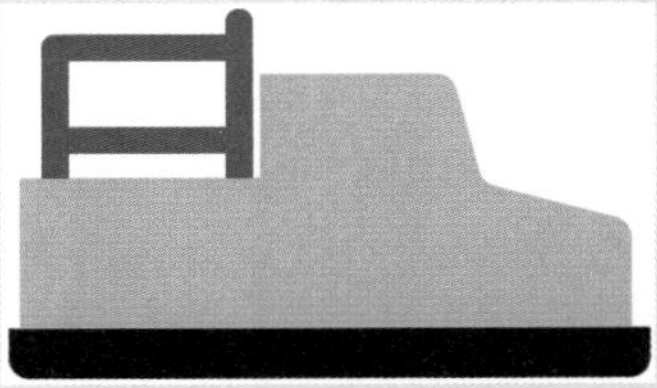

图 3-79

（9）在“时间轴”面板中选中“主体”图层，单击面板下方的“新建图层”按钮，创建新图层并将其命名为“备胎”。选择“矩形”工具，在矩形工具“属性”面板中，将“笔触颜色”设为无，“填充颜色”设为黑色，在舞台中绘制 1 个矩形，效果如图 3-80 所示。在工具箱中将“填充颜色”设为深灰色（#51504E），在舞台中绘制 1 个矩形，效果如图 3-81 所示。

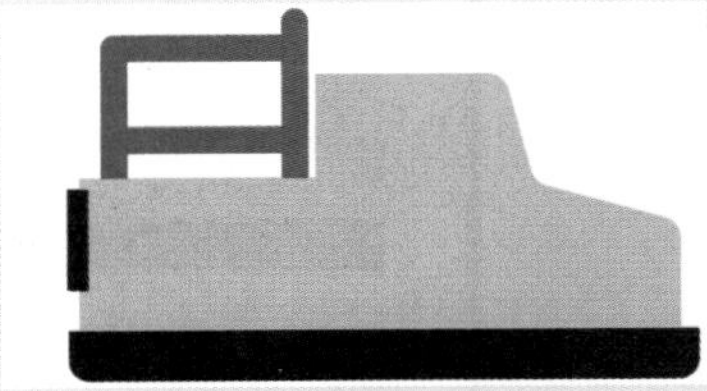

图 3-80

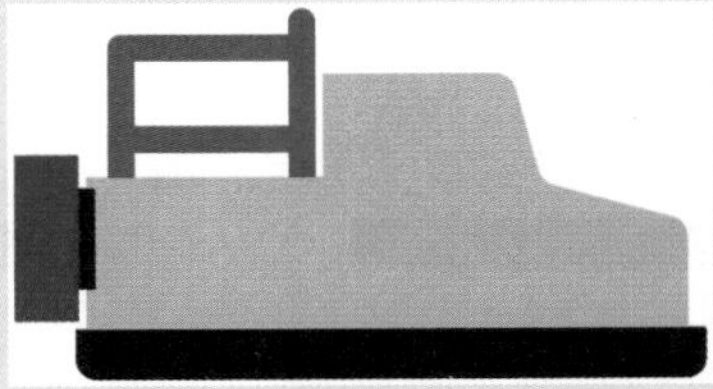

图 3-81

2. 绘制装饰图形和车窗

（1）单击“时间轴”面板下方的“新建图层”按钮，创建新图层并将其命名为“装饰”。选择“钢笔”工具，在钢笔工具“属性”面板中，将“笔触颜色”设为黑色，“填充颜色”设为无，“笔触”选项设为 1，在舞台中绘制 2 条闭合边线，效果如图 3-82 所示。

（2）在“时间轴”面板中单击“装饰”图层，将该层中的对象全部选中，如图 3-83 所示。在工具箱中将“填充颜色”设为深黄色（#D89C00），“笔触颜色”设为无，效果如图 3-84 所示。

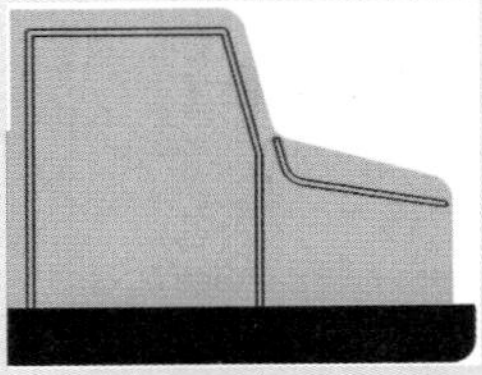

图 3-82

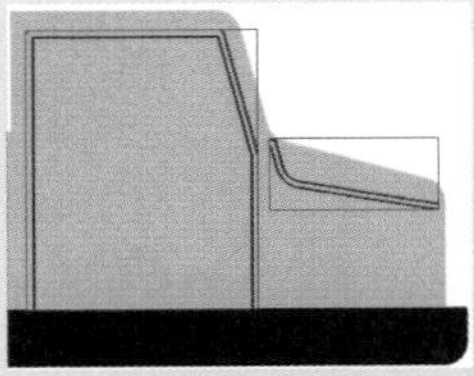

图 3-83

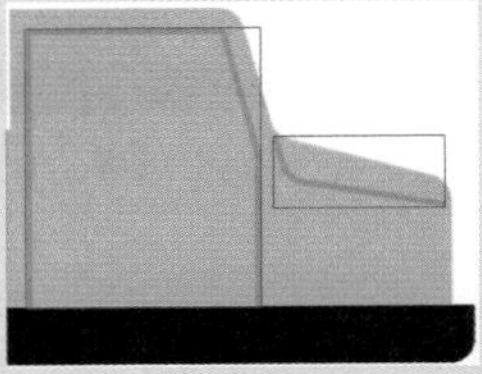

图 3-84

（3）单击“时间轴”面板下方的“新建图层”按钮，创建新图层并将其命名为“车窗边框”。选择“钢笔”工具，在钢笔工具“属性”面板中，将“笔触颜色”设为灰色（#999999），“填充颜色”设为无，“笔触”选项设为 10，在舞台中绘制 1 条闭合边线，效果如图 3-85 所示。

（4）选择“选择”工具，选中图 3-86 所示的图形，在工具箱中将“填充颜色”设为深黄色（#DBD4C0），效果如图 3-87 所示。按 Ctrl+C 组合键复制图形。

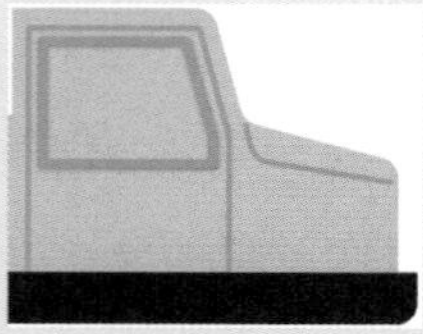
图 3-85

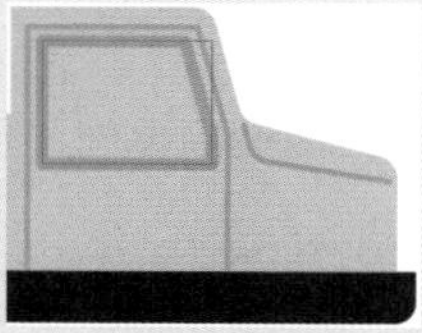
图 3-86

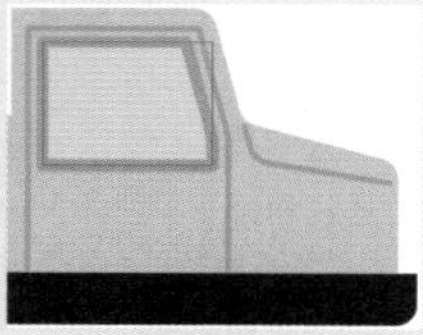
图 3-87

（5）单击“时间轴”面板下方的“新建图层”按钮，创建新图层并将其命名为“车窗”。按 Ctrl+Shift+V 组合键，将复制的图形原位粘贴到“车窗”图层中。保持图形处于选中状态，在工具箱中将“笔触颜色”设为无，效果如图 3-88 所示。

（6）单击“时间轴”面板下方的“新建图层”按钮，创建新图层并将其命名为“驾驶室”。选择“钢笔”工具，在钢笔工具“属性”面板中，将“笔触颜色”设为红色（#FF0000），“填充颜色”设为无，“笔触”选项设为 1，在舞台中绘制 2 条闭合边线，效果如图 3-89 所示。

（7）在“时间轴”面板中选中“驾驶室”图层，将该层中的对象全部选中，在工具箱中将“填充颜色”设为褐色（#A59B7F），“笔触颜色”设为无，效果如图 3-90 所示。

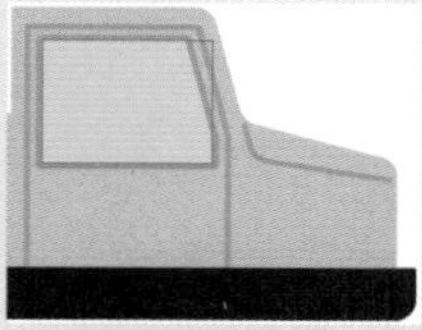
图 3-88

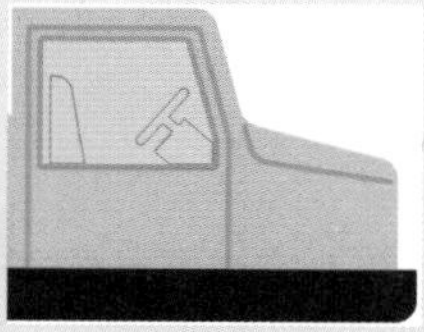
图 3-89

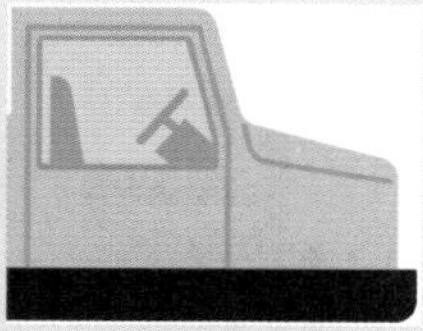
图 3-90

（8）单击“时间轴”面板下方的“新建图层”按钮，创建新图层并将其命名为“高光”。选择“钢笔”工具，在钢笔工具“属性”面板中，将“笔触颜色”设为红色（#FF0000），“填充颜色”设为无，“笔触”选项设为 1，在舞台中绘制 2 条闭合边线，效果如图 3-91 所示。

（9）在“时间轴”面板中选中“高光”图层，将该层中的对象全部选中，在工具箱中将“填充颜色”设为白色，“Alpha”选项设为 30%，“笔触颜色”设为无，效果如图 3-92 所示。

图 3-91

图 3-92

（10）单击“时间轴”面板下方的“新建图层”按钮，创建新图层并将其命名为“车灯”。选择“基本矩形”工具，在基本矩形工具“属性”面板中，将“笔触颜色”设为无，“填充颜色”设为红色（#CE3118），其他选项的设置如图 3-93 所示，在舞台中绘制 1 个矩形，效果如图 3-94 所示。

（11）选择“矩形”工具，在工具箱中将“笔触颜色”设为无，“填充颜色”设为红色（#E23712），在舞台中绘制 1 个矩形，如图 3-95 所示。用相同的方法再绘制 1 个红色（#CE3118）矩形，效果如图 3-96 所示。

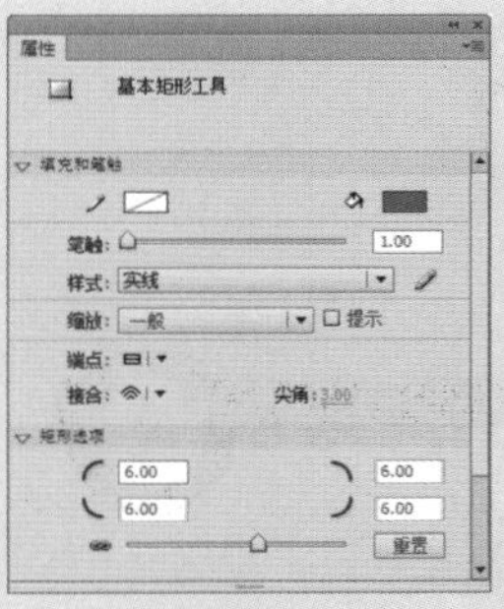

图 3-93

图 3-94

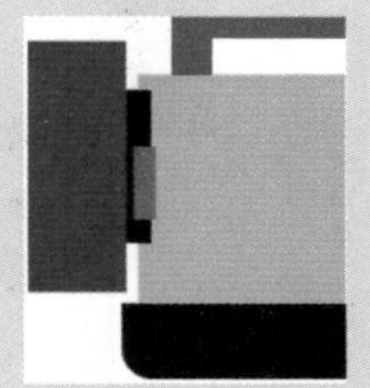
图 3-95

图 3-96

3. 绘制车轮图形

（1）单击“时间轴”面板下方的“新建图层”按钮，创建新图层并将其命名为“车轮”。选择“窗口 > 颜色”命令，弹出“颜色”面板，选择“填充颜色”选项，在“颜色类型”下拉列表中选择“径向渐变”选项，在色带上将左边的颜色控制点设为灰色（# 929293），将右边的颜色控制点设为深灰色（#1D1E27），如图 3-97 所示。

（2）选择“椭圆”工具，按住 Shift 键的同时，在舞台中绘制 1 个圆形，效果如图 3-98 所示。在工具箱中将“填充颜色”设为灰色（#D5D5D3），按住 Shift 键的同时，在舞台中再次绘制 1 个圆形，效果如图 3-99 所示。

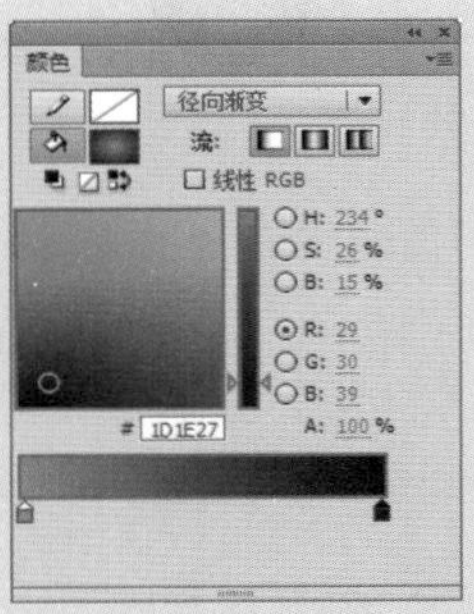

图 3-97

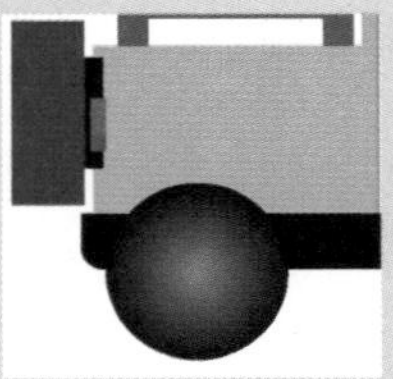
图 3-98

图 3-99

（3）在椭圆工具“属性”面板中，将“笔触颜色”设为白色，“填充颜色”设为灰色（#D5D5D3），“笔触”选项设为 4，按住 Shift 键的同时，在舞台中绘制 1 个圆形，效果如图 3-100 所示。在工具箱中将“笔触颜色”设为深灰色（#51504E），按住 Shift 键的同时，在舞台中再次绘制 1 个圆形，效果如图 3-101 所示。

图 3-100

图 3-101

（4）在“时间轴”面板中选中“车轮”图层，将该层中的对象全部选中，如图 3-102 所示，按 Ctrl+G 组合键，将选中的对象编组，效果如图 3-103 所示。选择“选择”工具，选中组合对象，按住 Alt 键的同时向右拖曳鼠标到适当的位置，以复制对象组，效果如图 3-104 所示。

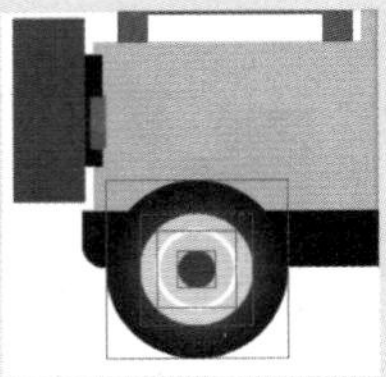
图 3-102

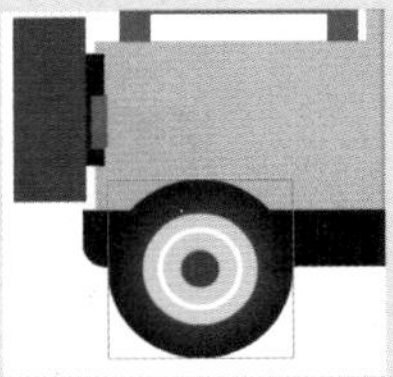
图 3-103

图 3-104

（5）在“时间轴”面板中选中“装饰”图层，选择“基本矩形”工具，在基本矩形工具“属性”面板中，将“笔触颜色”设为无，“填充颜色”设为灰色（#D5D5D3），其他选项的设置如图 3-105 所示，在舞台中绘制 1 个圆角矩形，效果如图 3-106 所示。

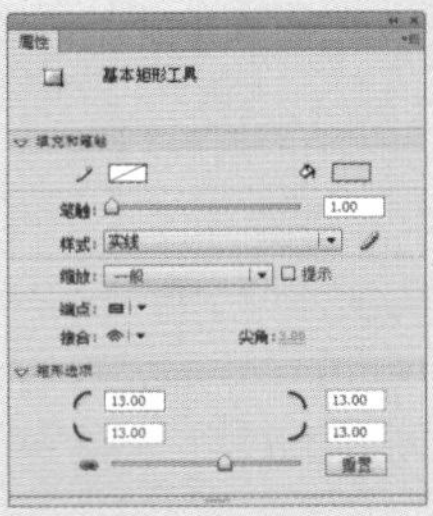

图 3-105

图 3-106

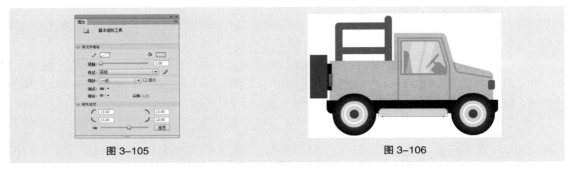

（6）在工具箱中将“填充颜色”设为亮灰色（#F1F2F2），在舞台中再次绘制 1 个圆角矩形，效果如图 3-107 所示。

（7）单击“时间轴”面板下方的“新建图层”按钮，创建新图层并将其命名为“阴影”。在工具箱中将“填充颜色”设为灰绿色（#CCCFB9），在舞台中再次绘制 1 个圆角矩形，效果如图 3-108 所示。小汽车图形绘制完成，按 Ctrl+Enter 组合键即可查看效果。

图 3-107

图 3-108

3.2.2 “线条”工具

选择“线条”工具，在舞台上按住鼠标左键不放并向右拖动到需要的位置，可绘制出 1 条直线段，松开鼠标，直线段效果如图 3-109 所示。在线条工具“属性”面板中可以设置不同的笔触颜色、笔触大小、笔触样式，如图 3-110 所示。

设置不同的笔触属性后，绘制的线条如图 3-111 所示。

图 3-109

图 3-110

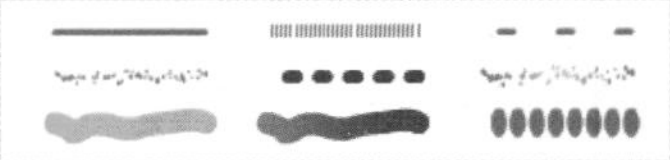

图 3-111

提示 选择“线条”工具时，如果在按住 Shift 键的同时拖曳鼠标进行绘制，则只能在 45° 或 45° 的倍数方向上绘制直线段，且无法设置填充属性。

3.2.3 “铅笔”工具

选择“铅笔”工具，在舞台上拖动鼠标可以绘制出随意线条，松开鼠标，线条效果如图 3-112 所示。如果想要绘制出平滑或伸直的线条和形状，可以在工具箱下方的选项区域中为“铅笔”工具选择一种绘画模式，如图 3-113 所示。

图 3-112

图 3-113

“伸直”选项：可以绘制直线段，并将类似三角形、椭圆形、圆形、矩形和正方形的形状转换为这些常见的几何形状。

“平滑”选项：可以绘制平滑曲线。

“墨水”选项：可以绘制不用修改的手绘线条。

在铅笔工具“属性”面板中设置不同的笔触颜色、笔触大小、笔触样式，如图 3-114 所示。设置不同的笔触属性后，绘制的图形如图 3-115 所示。

单击“属性”面板右侧的“编辑笔触样式”按钮，弹出“笔触样式”对话框，如图 3-116 所示，在该对话框中可以自定义笔触样式。

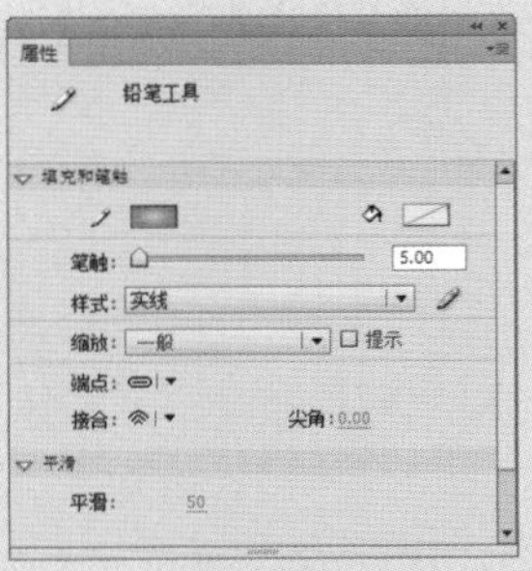

图 3-114

图 3-115

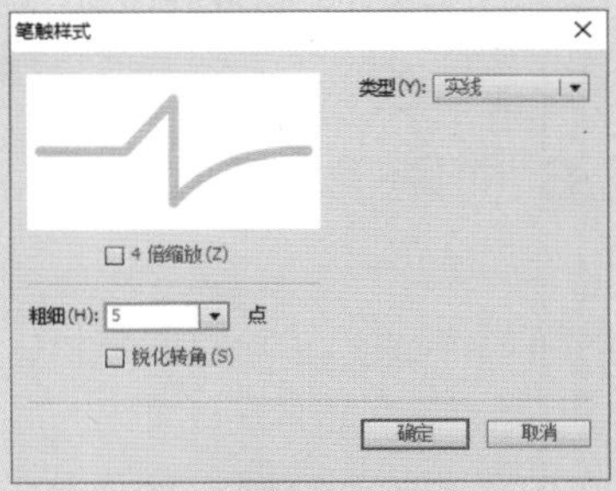

图 3-116

“4 倍缩放”复选框：勾选后，可以对设置不同选项后所产生的效果放大 4 倍预览。

“粗细”选项：可以设置线条的粗细。

“锐化转角”复选框：勾选此复选框可以使线条的转折效果变得明显。

“类型”选项：可以在下拉列表中选择线条的类型。

提示

选择“铅笔”工具时，如果在按住 Shift 键的同时拖曳鼠标进行绘制，则可将线条限制在垂直或水平方向。

3.2.4 “椭圆”工具

选择“椭圆”工具，在舞台上按住鼠标左键不放，向需要的位置拖曳鼠标，可绘制椭圆形，松开鼠标，图形效果如图 3-117 所示。在按住 Shift 键的同时绘制图形，可以绘制出圆形，效果如图 3-118 所示。

在椭圆工具“属性”面板中可以设置不同的笔触颜色、笔触大小、笔触样式和填充颜色，如图 3-119 所示。设置不同的笔触属性和填充颜色后，绘制的图形如图 3-120 所示。

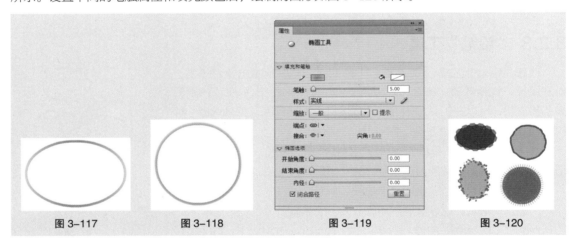

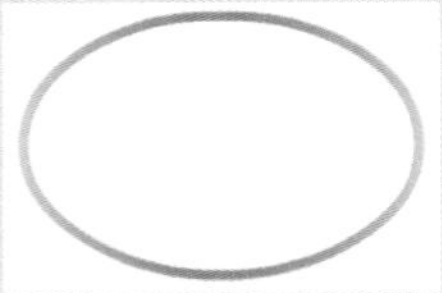

图 3-117

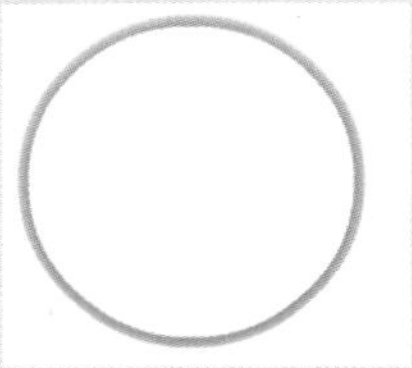

图 3-118

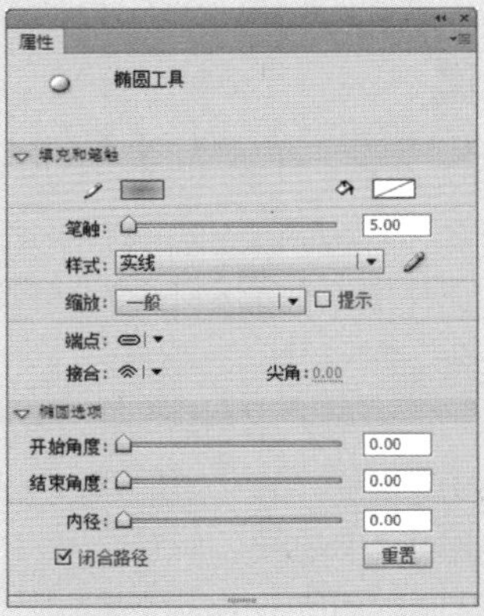

图 3-119

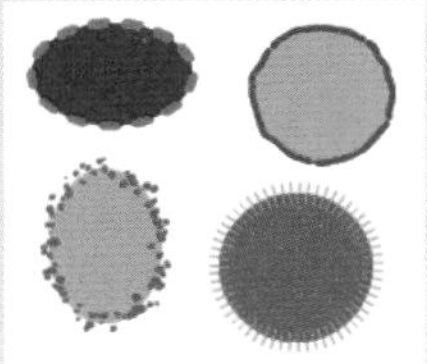

图 3-120

3.2.5 “基本椭圆”工具

“基本椭圆”工具的使用方法和功能与“椭圆”工具基本相同，唯一的区别在于使用“椭圆”工具时，必须先设置椭圆属性，然后再绘制，且绘制好之后不可以再次更改椭圆属性。而使用“基本椭圆”工具时，在绘制前设置属性和绘制后设置属性都是可以的。

3.2.6 “刷子”工具

选择“刷子”工具，在舞台上按住鼠标左键不放，随意绘制出图形，松开鼠标，图形效果如图 3-121 所示。可以在刷子工具“属性”面板中设置不同的填充颜色和笔触平滑度，如图 3-122 所示。

在工具箱的下方单击“刷子大小”按钮、“刷子形状”按钮，可以设置刷子的大小与形状。设置不同的刷子形状后绘制的笔触效果如图 3-123 所示。

图 3-121

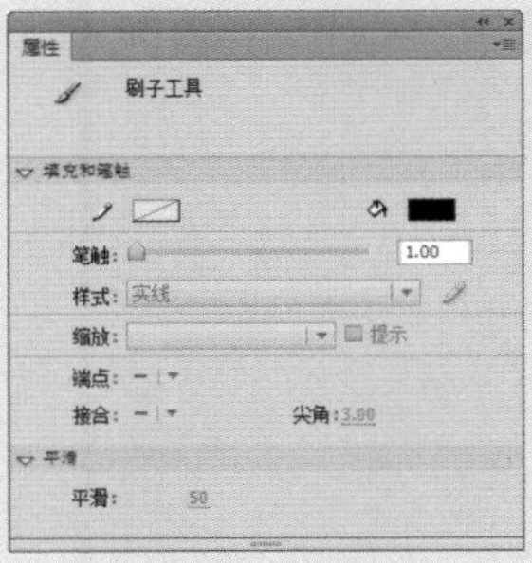

图 3-122

图 3-123

工具箱的下方提供了 5 种刷子模式，如图 3-124 所示。

“标准绘画”模式：在同一层的线条和填充区域中以覆盖的方式涂色。

“颜料填充”模式：对填充区域和空白区域涂色，其他部分（如边框线）不受影响。

“后面绘画”模式：对舞台上同一层的空白区域涂色，但不影响原有的线条和填充区域。

“颜料选择”模式：在选定的区域内涂色，未被选中的区域不会被涂色。

“内部绘画”模式：在内部填充区域中涂色，但不影响线条。如果在空白区域中涂色，则不会影响任何现有的填充区域。

应用不同模式绘制出的效果如图 3-125 所示。

图 3-124

标准绘画　颜料填充　后面绘画　颜料选择　内部绘画

图 3-125

“锁定填充”按钮：用于为刷子设置径向渐变色彩。当没有单击此按钮时，用刷子绘制出的每段线条都有自己完整的渐变过程，线条与线条之间不会互相影响，如图 3-126 所示；当单击此按钮时，颜色的渐变过程形成一个固定的区域，在这个区域内，刷子绘制到的地方就会显示出相应的色彩，如图 3-127 所示。

图 3-126

图 3-127

在使用“刷子”工具涂色时，可以使用导入的位图作为填充图案。

导入云盘中的“基础素材 > Ch03 > 03”图片，如图 3-128 所示。选择“窗口颜色”命令，弹出“颜色”面板，将“颜色类型”选项设为“位图填充”，用刚才导入的位图作为填充图案，如图 3-129 所示。选择“刷子”工具，在窗口中随意绘制一些笔触，效果如图 3-130 所示。

图 3-128

图 3-129

图 3-130

3.2.7 “矩形”工具

选择“矩形”工具，在舞台上按住鼠标不放，向需要的位置拖曳鼠标，可绘制出矩形，松开鼠标，矩形效果如图 3-131 所示。在按住 Shift 键的同时绘制图形，可以绘制出正方形，如图 3-132 所示。

可以在矩形工具“属性”面板中设置不同的笔触颜色、笔触大小、笔触样式和填充颜色，如图 3-133 所示。设置不同的笔触属性和填充颜色后，绘制的图形如图 3-134 所示。

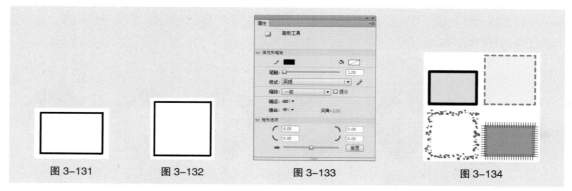

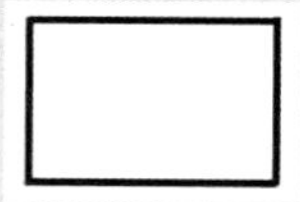

图 3-131

图 3-132

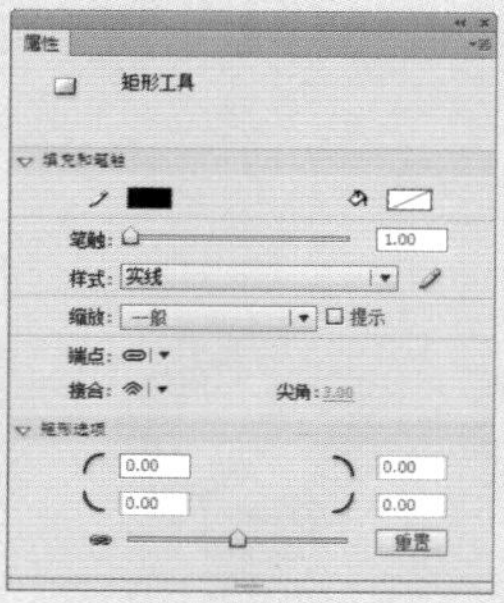

图 3-133

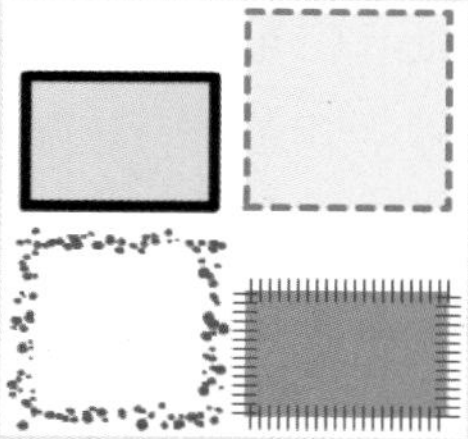

图 3-134

可以使用“矩形”工具绘制圆角矩形。在“属性”面板的“矩形选项”对应数值框中输入需要的数值，如图 3-135 所示。输入的数值不同，绘制出的圆角矩形也不同，效果如图 3-136 所示。

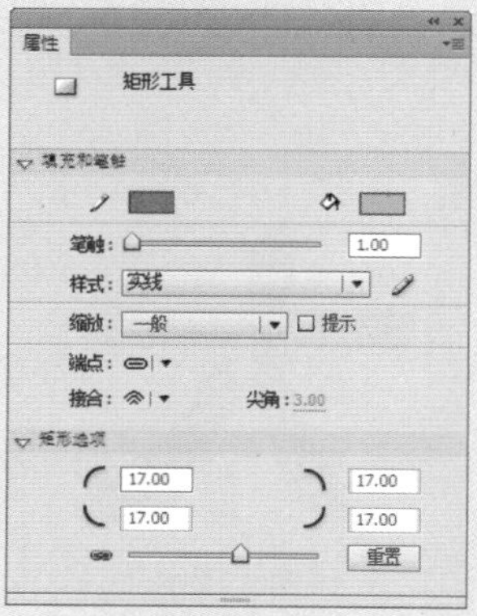

图 3-135

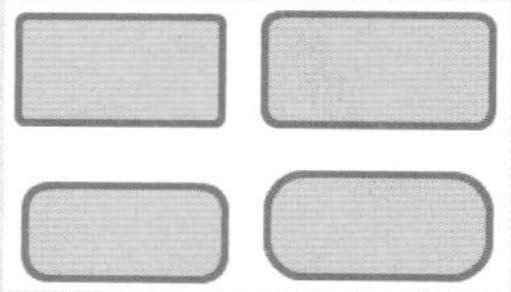

图 3-136

3.2.8 “基本矩形”工具

“基本矩形”工具和“矩形”工具的区别与“基本椭圆”工具和“椭圆”工具的区别相同。

3.2.9 “多角星形”工具

使用“多角星形”工具可以绘制出不同样式的多边形和星形。选择“多角星形”工具，在舞台上按住鼠标左键不放，向需要的位置拖曳鼠标，可绘制出多边形，松开鼠标，多边形效果如图 3–137 所示。

在多角星形工具“属性”面板中可以设置不同的笔触颜色、笔触大小、笔触样式和填充颜色，如图 3–138 所示。设置不同的笔触属性和填充颜色后，绘制的图形如图 3–139 所示。

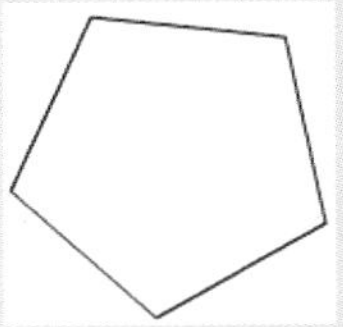

图 3–137

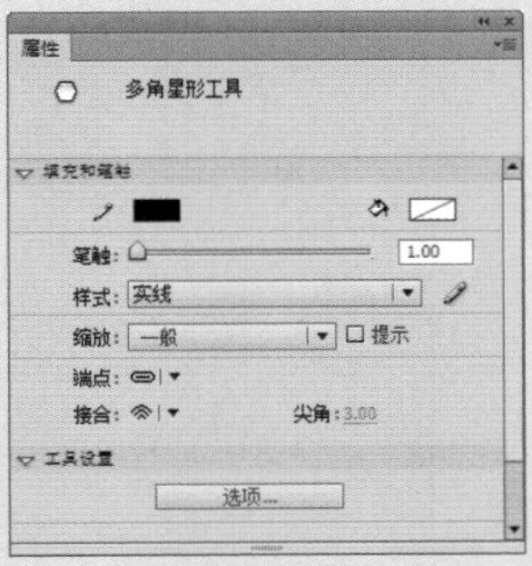

图 3–138

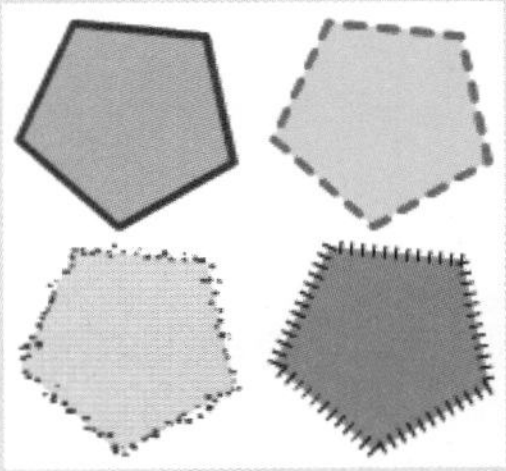

图 3–139

单击“属性”面板下方的“选项”按钮 选项... ，弹出“工具设置”对话框，如图 3–140 所示，在该对话框中可以自定义多边形或星形的各种属性。

“样式”选项：在其下拉列表中选择绘制多边形或星形。

“边数”选项：设置多边形的边数，取值范围为 3 ~ 32。

“星形顶点大小”选项：输入一个 0 ~ 1 的数值以指定星形顶点的深度。此数值越接近 0，创建的顶点就越深。此选项在多边形绘制中不起作用。

设置不同数值后，绘制出的多边形和星形也不同，如图 3–141 所示。

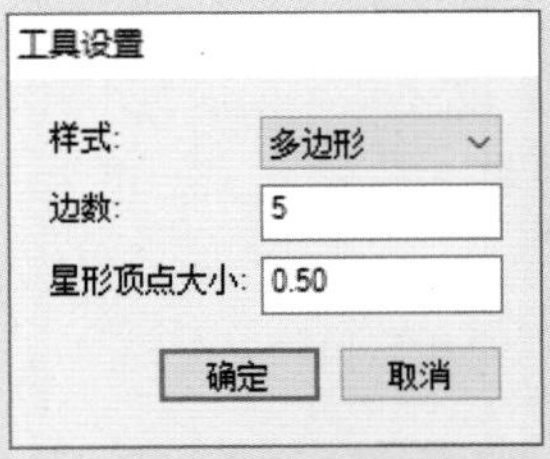

图 3–140

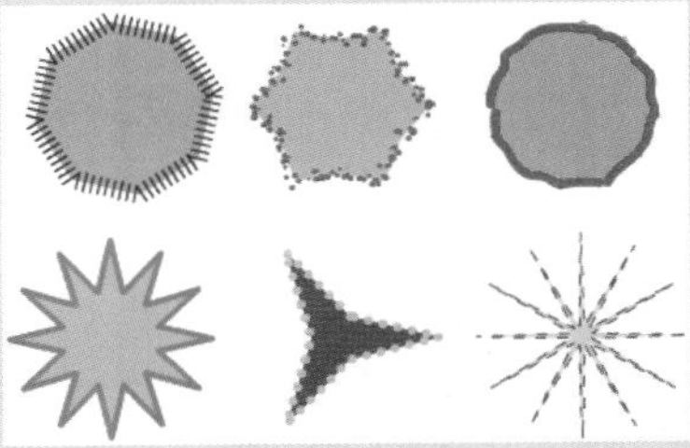

图 3–141

3.2.10 “钢笔”工具

选择“钢笔”工具，将鼠标指针放置在舞台上想要绘制曲线段的起始位置，然后按住鼠标左键不放。此时将出现第一个锚点，并且鼠标指针变为箭头形状，如图 3–142 所示。松开鼠标，将鼠标指针放置在想要绘制的第二个锚点的位置，单击并按住鼠标左键不放，绘制出 1 条直线段，如图 3–143 所示。将鼠标向其他方向拖曳，直线段将转换为曲线段，如图 3–144 所示。松开鼠标，1 条曲线段绘制完成，如图 3–145 所示。

图 3–142

图 3–143

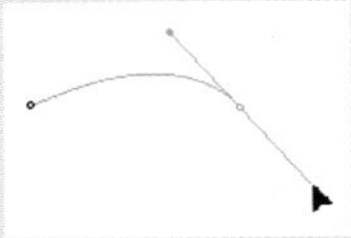

图 3–144

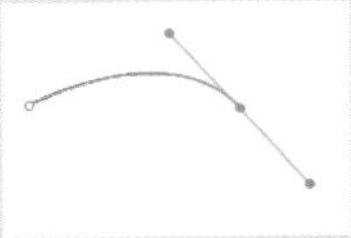

图 3–145

用相同的方法可以绘制出由多条曲线段组合而成的不同样式的曲线，如图 3-146 所示。

在绘制线段时，如果按住 Shift 键，再进行绘制，绘制出的线段的倾斜角度将被限制为 45° 或 45° 的倍数，如图 3-147 所示。

在绘制线段时，“钢笔”工具的鼠标指针会产生不同的变化，其表示的含义也不同。

增加节点：当鼠标指针变为形状时，如图 3-148 所示，在线段上单击就会增加一个节点，这样有助于更精确地调整线段。增加节点后的效果如图 3-149 所示。

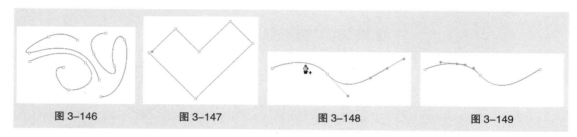

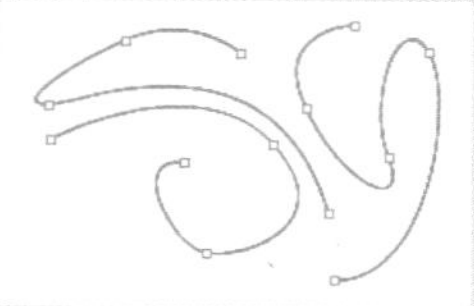
图 3-146

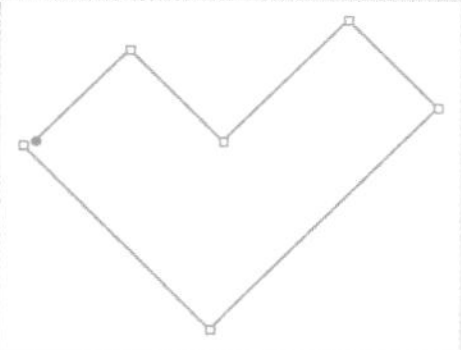
图 3-147

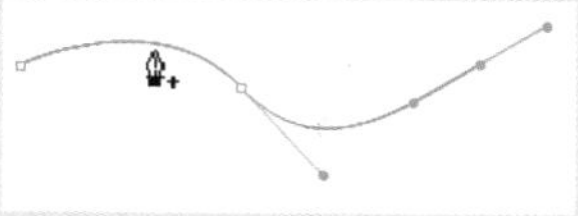
图 3-148

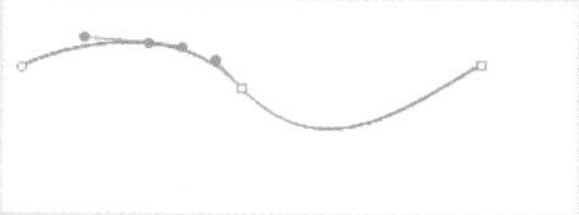
图 3-149

删除节点：当鼠标指针变为形状时，如图 3-150 所示，在线段上单击节点，就会将这个节点删除。删除节点后的效果如图 3-151 所示。

转换节点：当鼠标指针变为形状时，如图 3-152 所示，在线段上单击节点，就会将这个节点从曲线节点转换为直线节点。转换节点后的效果如图 3-153 所示。

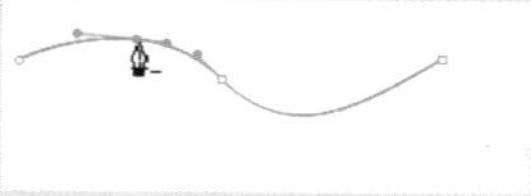
图 3-150

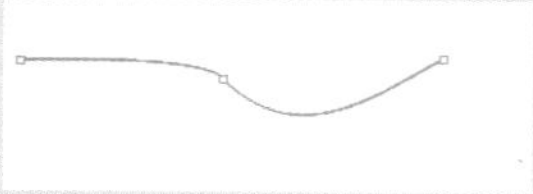
图 3-151

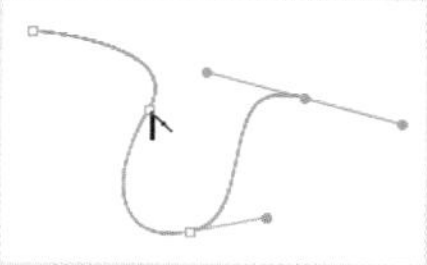
图 3-152

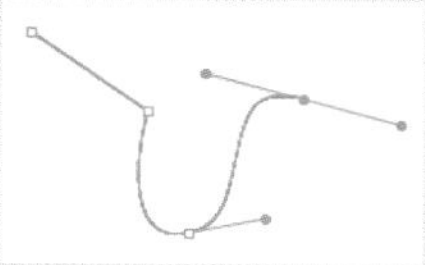
图 3-153

提示

当选择“钢笔”工具绘画时，若在用“铅笔”“刷子”“线条”“椭圆”“矩形”等工具创建的对象上单击，就可以调出该对象的节点，以改变这些对象的形状。

3.3 图形编辑工具

使用图形编辑工具可以改变图形的色彩、线条、形态等属性，从而创建出充满变化的图形效果。

常用的图形编辑工具如下。

“墨水瓶”工具：用于修改向量图形的描边颜色。

“颜料桶”工具：用于修改向量图形的填充颜色。

“滴管”工具：用于吸取图形的填充颜色与描边颜色。

“橡皮擦”工具：用于擦除舞台上无用的向量图形的边框和填充颜色。

“任意变形”工具：用于改变选中图形的大小，还可以旋转图形。

3.3.1 课堂案例——绘制车轮图标

【案例学习目标】使用不同的绘图工具绘制图形。

【案例知识要点】使用“钢笔”工具、“椭圆”工具、“颜料桶”工具、“渐变变形”工具、“任意变形”工具、“墨水瓶”工具完成车轮图标的绘制，如图 3-154 所示。

【效果所在位置】云盘 /Ch03/ 效果 / 绘制车轮图标。

微课
绘制车轮图标

图 3-154

（1）选择“文件 > 新建”命令，在弹出的“新建文档”对话框中选择“常规”选项卡中的“ActionScript 3.0”选项，将“宽”选项设为 550，“高”选项设为 400，单击“确定”按钮，完成文档的创建。

（2）将“图层 1”重新命名为“圆形”。选择“椭圆”工具，在工具箱中将“笔触颜色”设为无，“填充颜色”设为深灰色（#353332），单击工具箱下方的“对象绘制”按钮，按住 Shift 键的同时，在舞台中绘制 1 个圆形，效果如图 3-155 所示。

（3）按 Ctrl+C 组合键，将其复制。按 Ctrl+Shift+V 组合键，将复制的图形原位粘贴到当前位置。选择“任意变形”工具，在图形的周围将出现控制框，如图 3-156 所示。将鼠标指针放置在右上方的控制点上，当鼠标指针变为形状时，按住 Alt+Shift 组合键的同时，向左下方拖曳鼠标到适当的位置，如图 3-157 所示，松开鼠标。

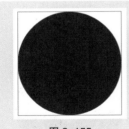

图 3-155

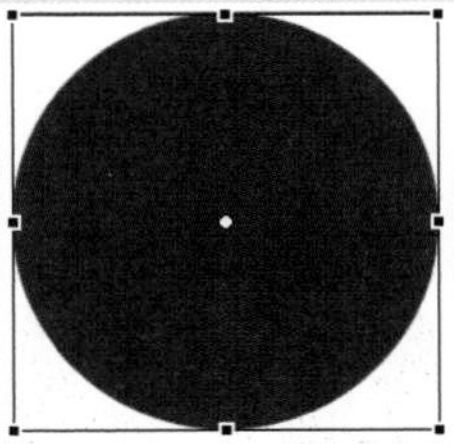

图 3-156

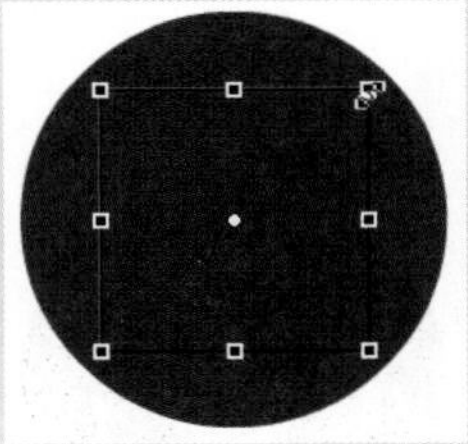

图 3-157

（4）选择“墨水瓶”工具，在墨水瓶工具“属性”面板中，将“笔触颜色”设为灰色（#BDBBB8），“笔触”选项设为 5，将鼠标指针放置在图 3-158 所示的图形边缘，当鼠标指针变为形状时，单击为图形添加轮廓，效果如图 3-159 所示。

（5）按 Ctrl+C 组合键，复制图形。按 Ctrl+Shift+V 组合键，将复制的图形原位粘贴到当前位置。选择“任意变形”工具，在图形的周围将出现控制框，将鼠标指针放置在右上方的控制点上，当鼠标指针变为形状时，按住 Alt+Shift 组合键的同时，向左下方拖曳鼠标到适当的位置，如图 3-160 所示，松开鼠标。

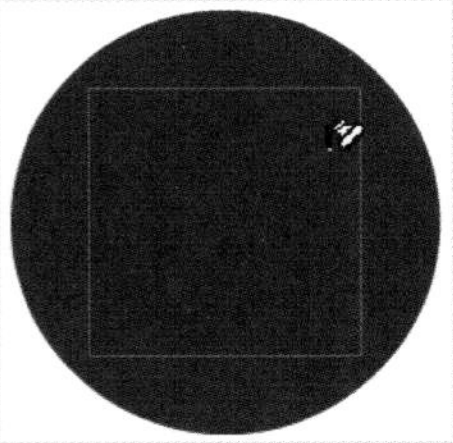
图 3-158

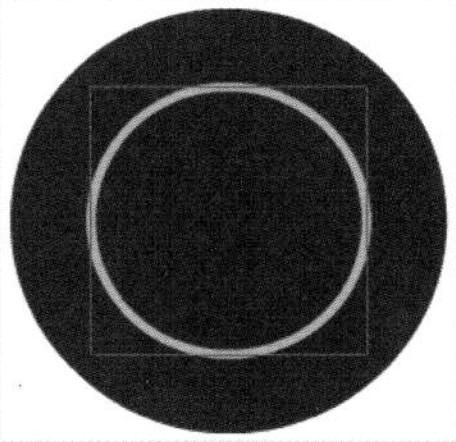
图 3-159

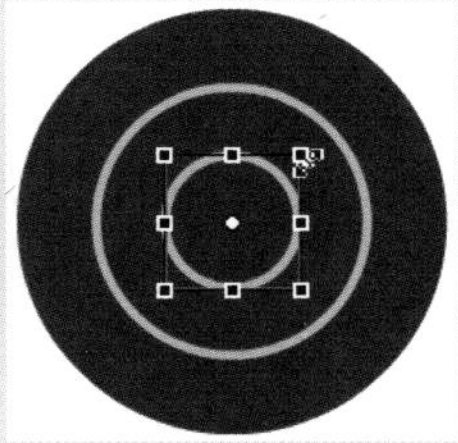
图 3-160

（6）选择“颜料桶”工具，在工具箱中将“填充颜色”设为亮灰色（#EDEDED），将鼠标指针放置在图 3-161 所示的圆形内部，单击以填充颜色，效果如图 3-162 所示。在工具箱中将“笔触颜色”设为无，效果如图 3-163 所示。

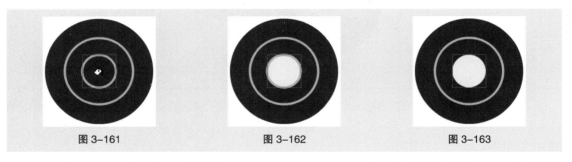

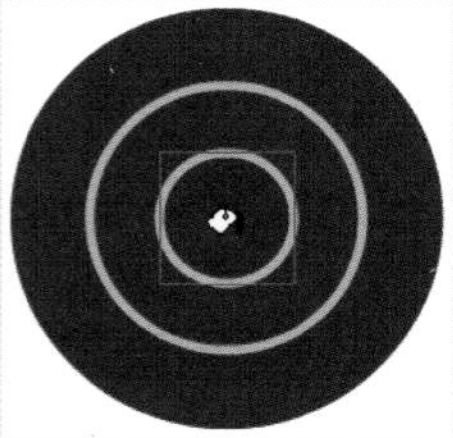
图 3-161

图 3-162

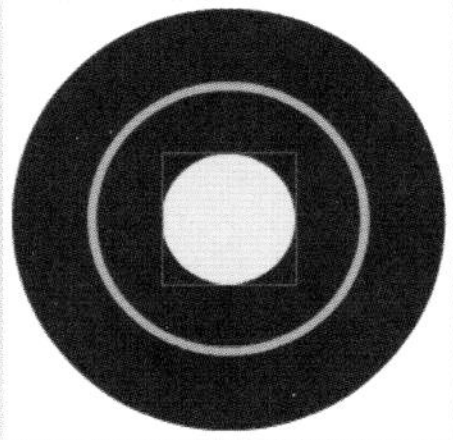
图 3-163

（7）按 Ctrl+C 组合键，复制图形。按 Ctrl+Shift+V 组合键，将复制的图形原位粘贴到当前位置。选择“任意变形”工具，在图形的周围将出现控制框，将鼠标指针放置在右上方的控制点上，当鼠标指针变为形状时，按住 Alt+Shift 组合键的同时，向左下方拖曳鼠标到适当的位置，如图 3-164 所示，松开鼠标。

（8）选择“颜料桶”工具，在工具箱中将“填充颜色”设为深灰色（#353332），将鼠标指针放置在复制的圆形内部，单击以填充颜色，效果如图 3-165 所示。

（9）选择“墨水瓶”工具，在墨水瓶工具“属性”面板中，将“笔触颜色”设为白色，“笔触”选项设为 5，将鼠标指针放置在最小的圆形的边缘，当鼠标指针变为形状时，单击为图形添加轮廓，效果如图 3-166 所示。

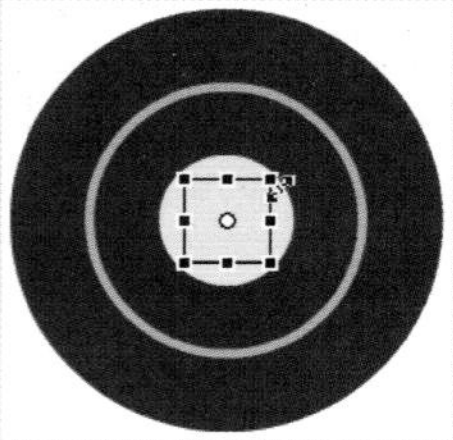
图 3-164

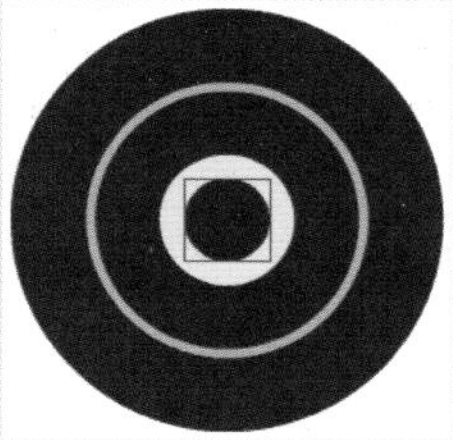
图 3-165

图 3-166

（10）单击“时间轴”面板下方的“新建图层”按钮，创建新图层并将其命名为“圆形 2”。选择“椭圆”工具，在工具箱中将“笔触颜色”设为无，“填充颜色”设为亮灰色（#D5D5D3），按住 Shift 键的同时，在舞台中绘制 1 个圆形，效果如图 3-167 所示。

（11）选择“任意变形”工具，在图形的周围将出现控制框，如图 3-168 所示，将中心点移动到图 3-169 所示的位置。

图 3-167

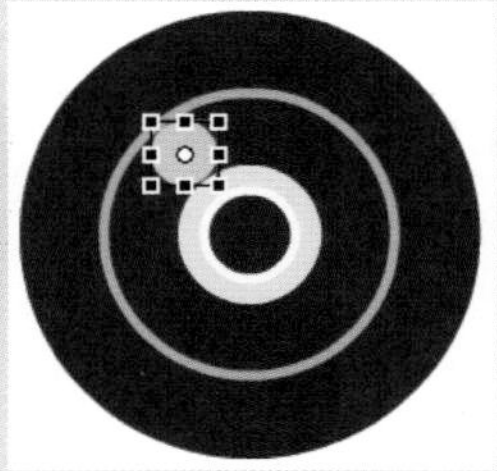

图 3-168

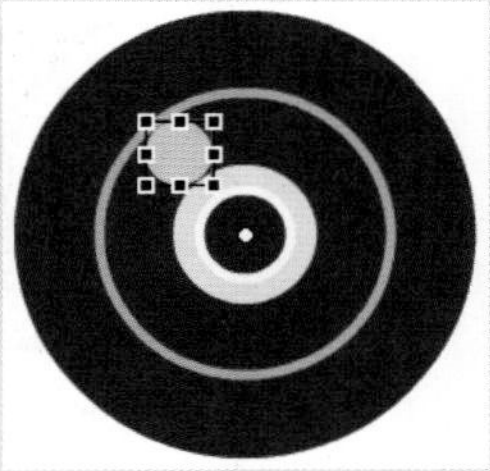

图 3-169

（12）按 Ctrl+T 组合键，弹出“变形”面板，单击“重制选区和变形”按钮，复制出 1 个图形，将“旋转”选项设为 72，如图 3-170 所示，效果如图 3-171 所示。再单击“重制选区和变形”按钮 3 次，复制图形，效果如图 3-172 所示。

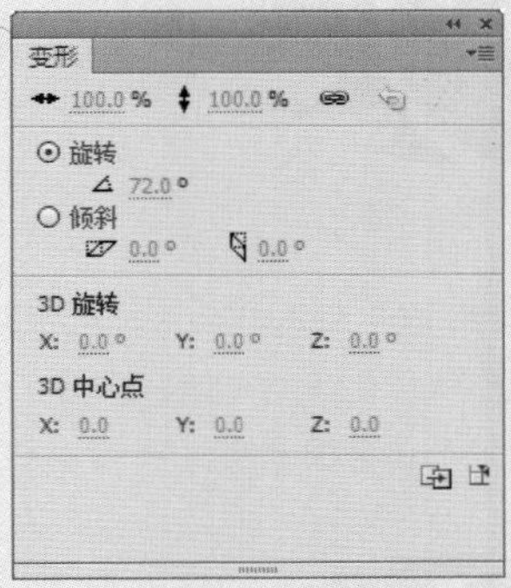

图 3-170

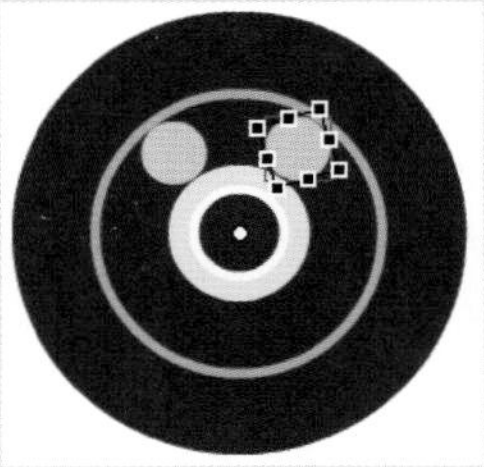

图 3-171

图 3-172

（13）单击“时间轴”面板下方的“新建图层”按钮，创建新图层并将其命名为“火焰”。选择“钢笔”工具，在钢笔工具“属性”面板中，将“笔触颜色”设为黑色，“笔触”选项设为 1，在舞台中绘制 1 条闭合边线，效果如图 3-173 所示。

（14）选择“窗口 > 颜色”命令，弹出“颜色”面板，选择“填充颜色”选项，在“颜色类型”下拉列表中选择“线性渐变”选项，在色带上将左边的颜色控制点设为深红色（#6B0000），将右边的颜色控制点设为红色（#E60013），如图 3-174 所示。

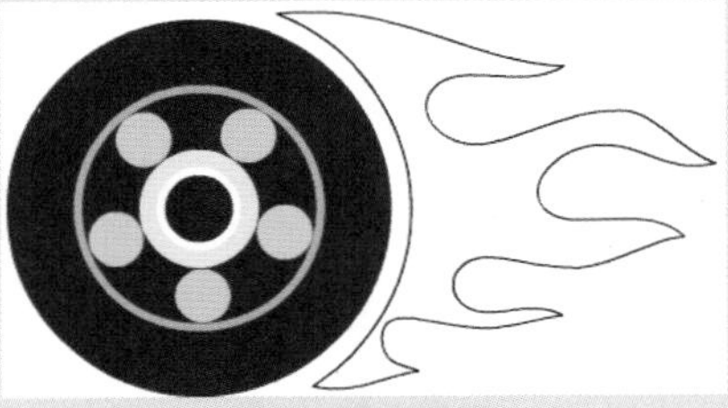

图 3-173

图 3-174

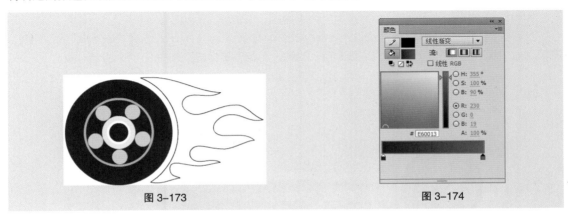

（15）选择“颜料桶”工具，在边线内部单击，填充图形，效果如图 3-175 所示。选择“渐变变形”工具，在渐变对象上单击，出现 3 个控制点和 2 组平行线，如图 3-176 所示。

图 3-175

图 3-176

（16）将鼠标指针放置在中心控制点上，鼠标指针变为形状，如图 3-177 所示，单击并向左拖曳到适当的位置，改变渐变过渡效果，如图 3-178 所示。

图 3-177

图 3-178

（17）选择“墨水瓶”工具，在墨水瓶工具“属性”面板中，将“笔触颜色”设为红色（#CE3118），“笔触”选项设为 8，将鼠标指针放置在图形的边缘，鼠标指针变为形状，如图 3-179 所示，单击即可修改图形的轮廓，效果如图 3-180 所示。车轮图标绘制完成，按 Ctrl+Enter 组合键即可查看效果。

图 3-179

图 3-180

3.3.2 “墨水瓶”工具

使用“墨水瓶”工具可以修改矢量图形的边线。

打开云盘中的“基础素材 > Ch03 > 06”文件，如图 3-181 所示。选择“墨水瓶”工具，在墨水瓶工具“属性”面板中设置笔触颜色、笔触大小及笔触样式，如图 3-182 所示。

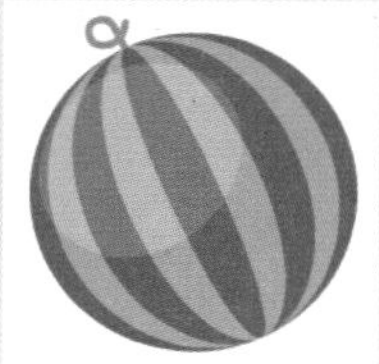

图 3-181

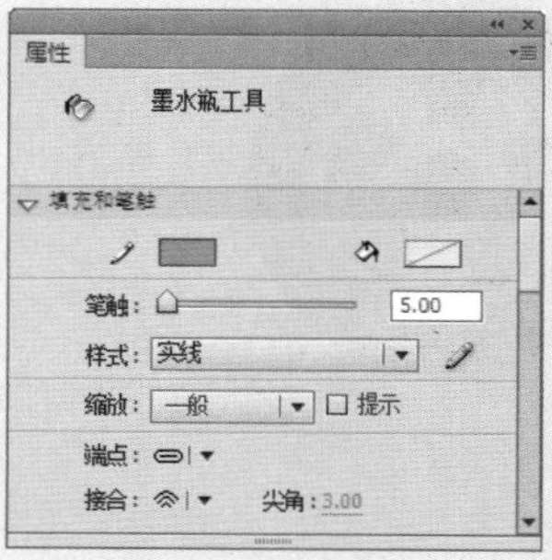

图 3-182

这时，鼠标指针变为形状。在图形上单击，为图形增加设置好的边线，如图 3–183 所示。在墨水瓶工具“属性”面板中设置不同的属性，所绘制的边线效果也不同，如图 3–184 所示。

图 3–183

图 3–184

3.3.3 “颜料桶”工具

打开云盘中的“基础素材 > Ch03 > 07”文件，如图 3–185 所示。选择“颜料桶”工具，在其“属性”面板中将“填充颜色”设为蓝色（#33CCFF），如图 3–186 所示。在线框内单击，线框内部被填充上颜色，如图 3–187 所示。

在工具箱的下方提供了 4 种填充模式，如图 3–188 所示。

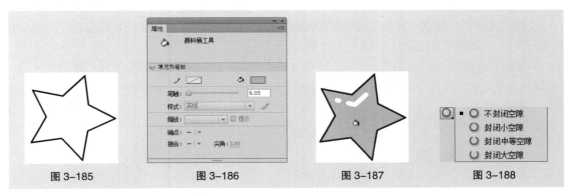

图 3–185

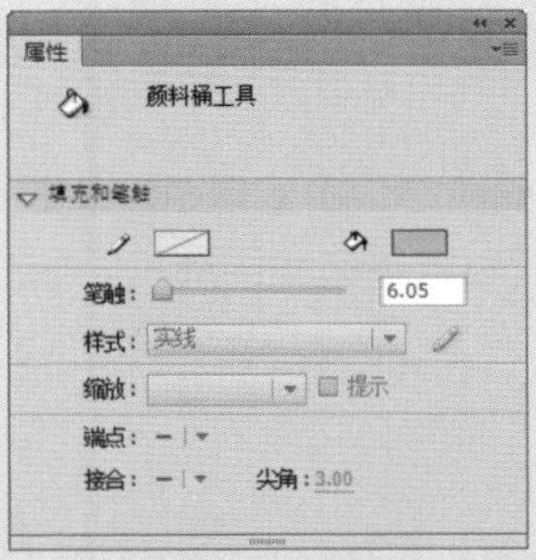

图 3–186

图 3–187

图 3–188

“不封闭空隙”模式：选择此模式时，只有在完全封闭的区域中，颜色才能被填充。

“封闭小空隙”模式：选择此模式时，当边线上存在小空隙时，允许填充颜色。

“封闭中等空隙”模式：选择此模式时，当边线上存在中等空隙时，允许填充颜色。

“封闭大空隙”模式：选择此模式时，当边线上存在大空隙时，允许填充颜色。选择此模式时，如果空隙是小空隙或是中等空隙，也可以填充颜色。

根据线框空隙的大小，选择不同的模式进行填充，效果如图 3–189 所示。

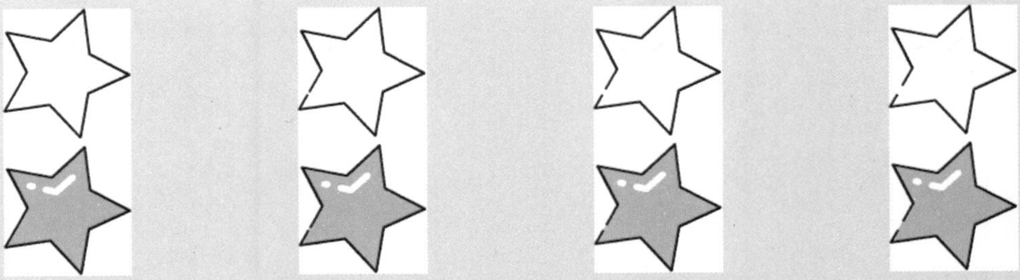

“不封闭空隙”模式　“封闭小空隙”模式　“封闭中等空隙”模式　“封闭大空隙”模式

图 3–189

“锁定填充”按钮：可以对填充颜色进行锁定，锁定后填充颜色不能被更改。

没有单击此按钮时，填充颜色可以根据需要进行更改，如图 3-190 所示。

单击此按钮时，将鼠标指针放置在填充区域中，鼠标指针变为形状，填充颜色被锁定，不能随意更改，如图 3-191 所示。

图 3-190

图 3-191

3.3.4 “滴管”工具

使用“滴管”工具可以吸取矢量图形的线型和颜色，然后利用“颜料桶”工具快速修改其他矢量图形内部的填充颜色。利用“墨水瓶”工具，可以快速修改矢量图形的边框颜色及线型。

1．吸取填充颜色

选择“滴管”工具，将鼠标指针放在外圈图形的填充区域内，鼠标指针变为形状，在填充区域内单击，吸取填充色样本，如图 3-192 所示。

单击后，鼠标指针变为形状，表示填充色被锁定。在工具箱的下方，取消对“锁定填充”按钮的选取，鼠标指针变为形状，在内圈图形的填充区域内单击，图形的填充颜色被修改，如图 3-193 所示。

图 3-192

图 3-193

2．吸取边框属性

选择“滴管”工具，将鼠标指针放在外圈图形的外边框上，鼠标指针变为形状，在外边框上单击，吸取边框样本，如图 3-194 所示。单击后，鼠标指针变为形状，在内圈图形的外边框上单击，添加边线，如图 3-195 所示。

图 3-194

图 3-195

3．吸取位图图案

“滴管”工具可以吸取从外部导入的位图图案。导入云盘中的“基础素材 > Ch03 > 08”图片，如图 3-196 所示。按 Ctrl+B 组合键，使其分离。绘制一个圆形，如图 3-197 所示。

选择“滴管”工具，将鼠标指针放在位图上，鼠标指针变为形状，单击吸取图案样本，如图 3-198 所示。单击后，鼠标指针变为形状，在圆形上单击，图案被填充，如图 3-199 所示。

图 3-196

图 3-197

图 3-198

图 3-199

选择“渐变变形”工具，单击被填充图案样本的圆形，出现控制点，如图 3-200 所示。按住 Shift 键，将左下方的控制点向中心拖曳，如图 3-201 所示。填充图案变小，如图 3-202 所示。

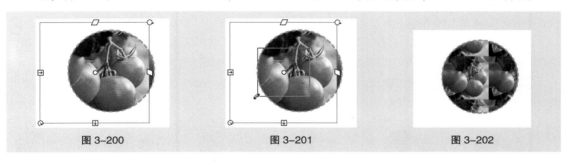

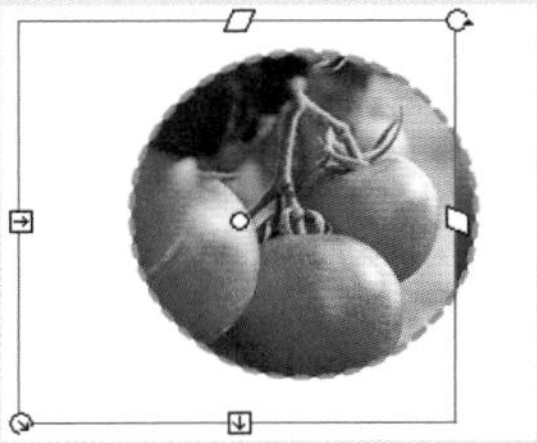

图 3-200

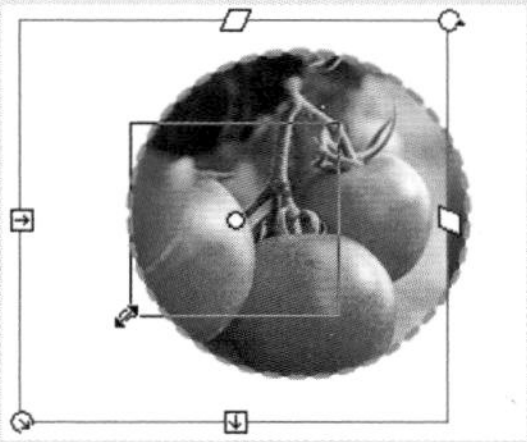

图 3-201

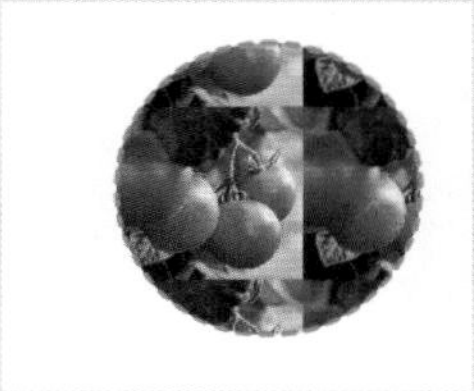

图 3-202

4. 吸取文字颜色

“滴管”工具可以吸取文字的颜色。选择要修改的目标文字，如图 3-203 所示。选择“滴管”工具，将鼠标指针放在源文字上，鼠标指针变为形状，如图 3-204 所示。在源文字上单击，源文字的文字属性被应用到了目标文字上，如图 3-205 所示。

图 3-203

图 3-204

图 3-205

3.3.5 “橡皮擦”工具

选择“橡皮擦”工具，在图形上想要擦除的地方按下鼠标并拖动鼠标，图形被擦除，如图 3-206 所示。在工具箱下方的“橡皮擦形状”按钮的下拉列表中，可以选择橡皮擦的形状与大小。

如果想得到特殊的擦除效果，可以在工具箱的下方选择擦除模式，如图 3-207 所示。

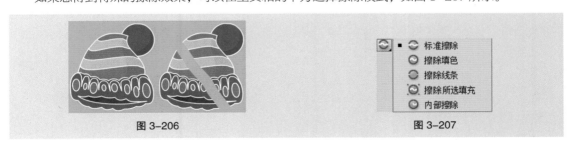

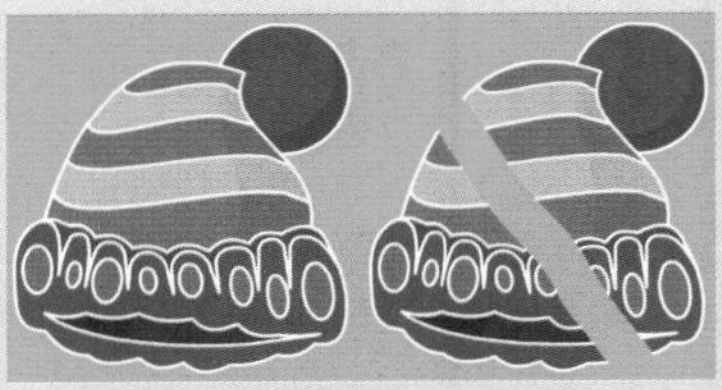

图 3-206

图 3-207

"标准擦除"模式：擦除同一层的线条和填充区域。选择此模式擦除图形的前后对比效果如图 3-208 所示。

"擦除填色"模式：仅擦除填充区域，其他部分（如边框线）不受影响。选择此模式擦除图形的前后对比效果如图 3-209 所示。

图 3-208

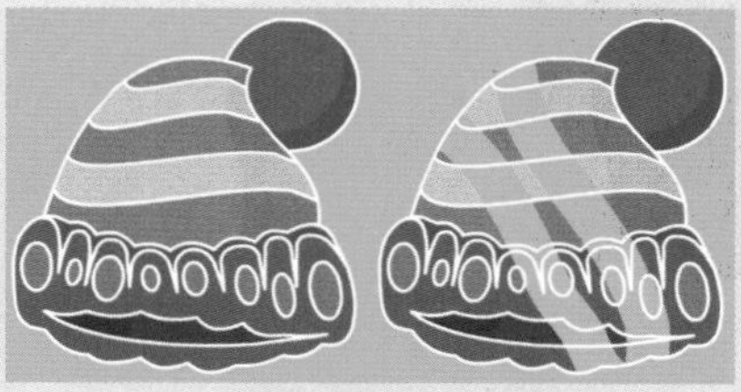
图 3-209

"擦除线条"模式：仅擦除图形的线条部分，而不影响其填充部分。选择此模式擦除图形的前后对比效果如图 3-210 所示。

"擦除所选填充"模式：仅擦除被选择的填充部分，而不影响其他未被选择的部分。如果场景中没有任何填充部分被选择，那么擦除操作无效。选择此模式擦除图形的前后对比效果如图 3-211 所示。

"内部擦除"模式：仅擦除起点所在的填充区域，而不影响线条和填充区域外的部分。选择此模式擦除图形的前后对比效果如图 3-212 所示。

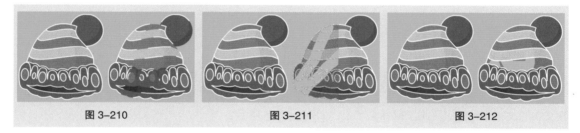

图 3-210

图 3-211

图 3-212

要想快速删除舞台上的所有对象，双击"橡皮擦"工具即可。

要想删除矢量图形上的线段或填充区域，可以选择"橡皮擦"工具，再单击工具箱中的"水龙头"按钮，然后单击舞台上想要删除的线段或填充区域，如图 3-213 和图 3-214 所示。

图 3-213

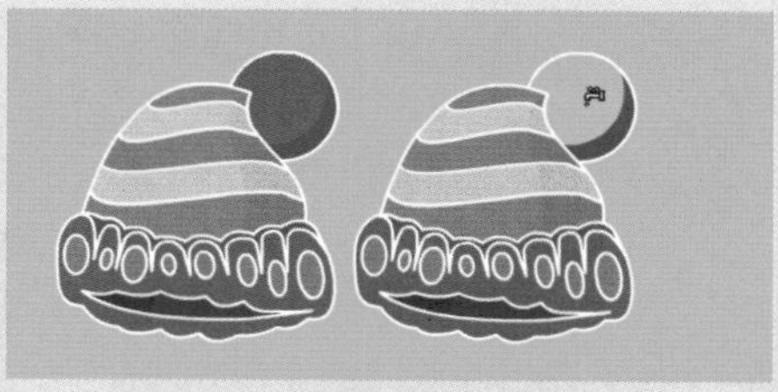
图 3-214

提示

因为导入的位图和文字不是矢量图形，不能擦除它们的部分或全部区域，所以，必须先选择"修改 > 分离"命令，将它们分离成矢量图形，才能使用"橡皮擦"工具擦除它们的部分或全部区域。

3.3.6 “任意变形”工具

在制作图形的过程中，可以使用“任意变形”工具来改变图形的大小及倾斜度。

打开云盘中的“基础素材 > Ch03 > 11”文件，选中打开的图像，按 Ctrl+B 组合键，使其分离。选择“任意变形”工具，在图形的周围将出现控制点，如图 3-215 所示。拖曳控制点可以改变图形的大小，如图 3-216 和图 3-217 所示。按住 Shift 键，再拖曳控制点，可成比例地改变图形大小。

图 3-215

图 3-216

图 3-217

当鼠标指针位于 4 个角的控制点上时会变为形状，如图 3-218 所示。拖曳鼠标可以旋转图形，如图 3-219 和图 3-220 所示。

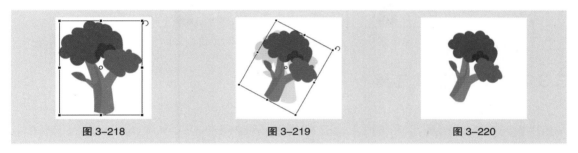

图 3-218

图 3-219

图 3-220

工具箱的下方提供了 4 种变形模式，如图 3-221 所示。

“旋转与倾斜”模式：选中图形，选择“旋转与倾斜”模式，将鼠标指针放在图形上方中间的控制点上，鼠标指针变为形状；按住鼠标不放，向右水平拖曳控制点，如图 3-222 所示；松开鼠标，图形倾斜，如图 3-223 所示。

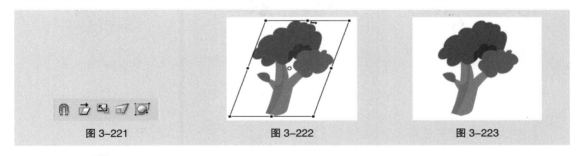

图 3-221

图 3-222

图 3-223

“缩放”模式：选中图形，选择“缩放”模式，将鼠标指针放在图形左上方的控制点上，鼠标指针变为形状；按住鼠标不放，向右下方拖曳控制点，如图 3-224 所示；松开鼠标，图形变小，如图 3-225 所示。

“扭曲”模式：选中图形，选择“扭曲”模式，将鼠标指针放在图形右上方的控制点上，鼠标指针变为形状；按住鼠标不放，向左下方拖曳控制点，如图 3-226 所示；松开鼠标，图形扭曲，如图 3-227 所示。

图 3-224

图 3-225

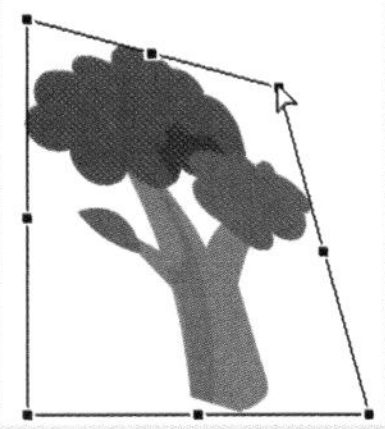

图 3-226

图 3-227

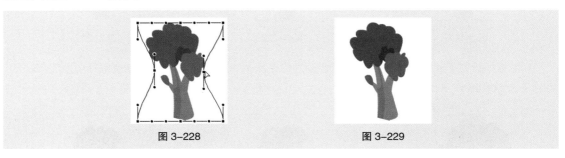

"封套"模式：选中图形，选择"封套"模式，图形周围会出现一些控制点，调节这些控制点可以改变图形的形状。鼠标指针变为形状时，拖曳控制点，如图 3-228 所示；松开鼠标，图形扭曲，如图 3-229 所示。

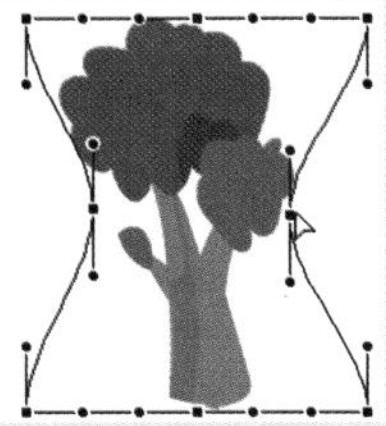

图 3-228

图 3-229

3.3.7 "渐变变形"工具

使用"渐变变形"工具可以改变选中图形中的渐变填充效果。当图形填充色为线性渐变色时，选择"渐变变形"工具，单击图形，出现 3 个控制点和 2 组平行线，如图 3-230 所示。向图形中间拖动方形控制点，渐变区域缩小，如图 3-231 所示，效果如图 3-232 所示。

图 3-230

图 3-231

图 3-232

将鼠标指针放置在旋转控制点上，鼠标指针变为形状；拖曳旋转控制点可以改变渐变区域的角度，如图 3-233 所示，效果如图 3-234 所示。

图 3-233

图 3-234

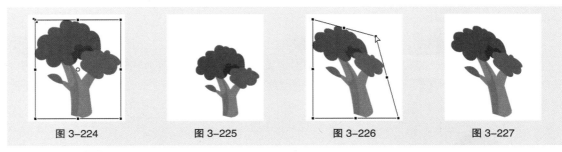

当图形填充色为径向渐变色时，选择“渐变变形”工具，单击图形，出现 4 个控制点和 1 个圆形外框，如图 3-235 所示。向图形外侧水平拖动方形控制点，可以水平拉伸渐变区域，如图 3-236 所示，效果如图 3-237 所示。

图 3-235

图 3-236

图 3-237

将鼠标指针放置在圆形边框中间的圆形控制点上，鼠标指针变为形状；向图形内部拖曳鼠标，可以缩小渐变区域，如图 3-238 所示，效果如图 3-239 所示。将鼠标指针放置在圆形边框外侧的圆形控制点上，鼠标指针变为形状，向上旋转拖动控制点，可以改变渐变区域的角度，如图 3-240 所示，效果如图 3-241 所示。

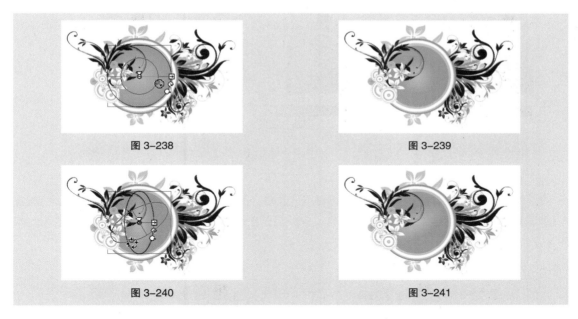

图 3-238

图 3-239

图 3-240

图 3-241

提示

移动中心控制点可以改变渐变区域的位置。

3.3.8 “颜色”面板

选择“窗口 > 颜色”命令，弹出“颜色”面板。

1. 自定义纯色

在“颜色类型”下拉列表中选择“纯色”选项，面板如图 3-242 所示。

“笔触颜色”按钮 ：可以设定矢量线条的颜色。

“填充颜色”按钮 ：可以设定填充颜色。

“黑白”按钮：单击此按钮，线条颜色与填充颜色恢复为系统默认的状态。

“无色”按钮：用于取消矢量线条的颜色或填充颜色。当选择“椭圆”工具或“矩形”工具时，此按钮为可用状态。

“交换颜色”按钮：单击此按钮，可以将线条颜色和填充颜色互换。

“H、S、B”和“R、G、B”选项：可以用精确的数值来设定颜色。

“Alpha”选项：用于设定颜色的不透明度，取值范围为 0 ~ 100。

在面板下方的颜色选择区域内，可以根据需要选择相应的颜色。

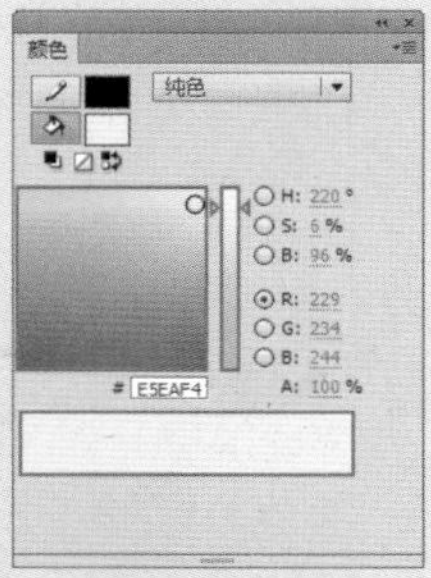

图 3-242

2. 自定义线性渐变色

在“颜色类型”下拉列表中选择“线性渐变”选项，面板如图 3-243 所示。将鼠标指针放置在色带上，鼠标指针变为形状，如图 3-244 所示。在色带上单击增加颜色控制点，并在面板下方为新增加的控制点设定颜色及透明度，如图 3-245 所示。当要删除控制点时，只需将控制点向色带下方拖曳。

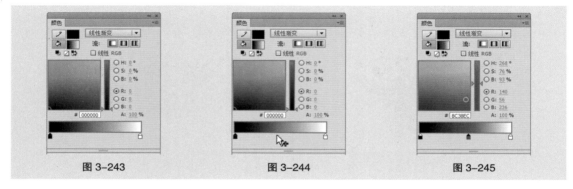

图 3-243

图 3-244

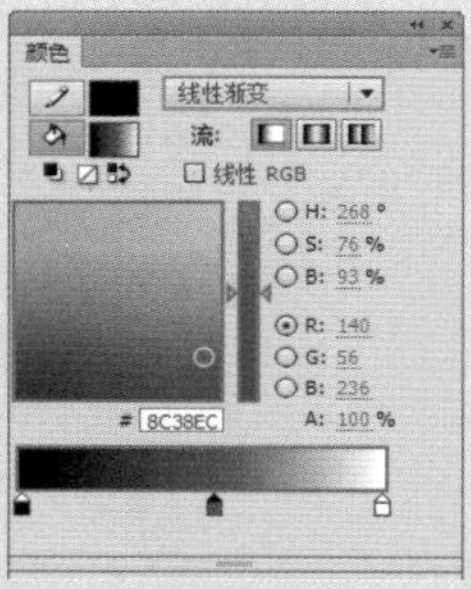

图 3-245

3. 自定义径向渐变色

在“颜色类型”下拉列表中选择“径向渐变”选项，面板如图 3-246 所示。用与定义线性渐变色相同的方法在色带上定义径向渐变色，定义完成后，在面板的左下方会显示出定义的渐变色，如图 3-247 所示。

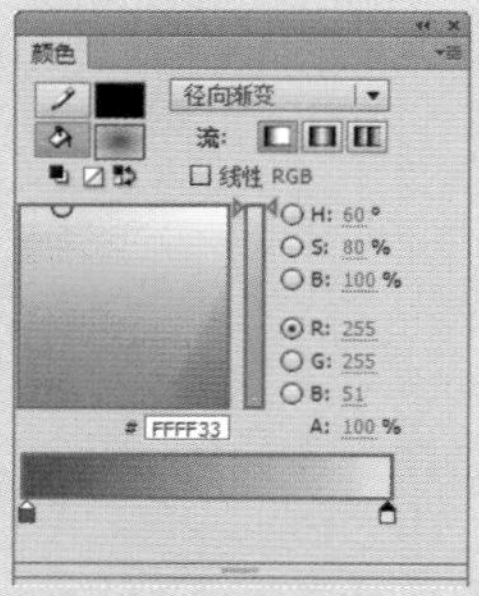

图 3-246

图 3-247

4. 自定义位图填充

在“颜色类型”下拉列表中选择“位图填充”选项，如图 3-248 所示，弹出“导入到库”对话框，在对话框中选择要导入的图片，如图 3-249 所示。

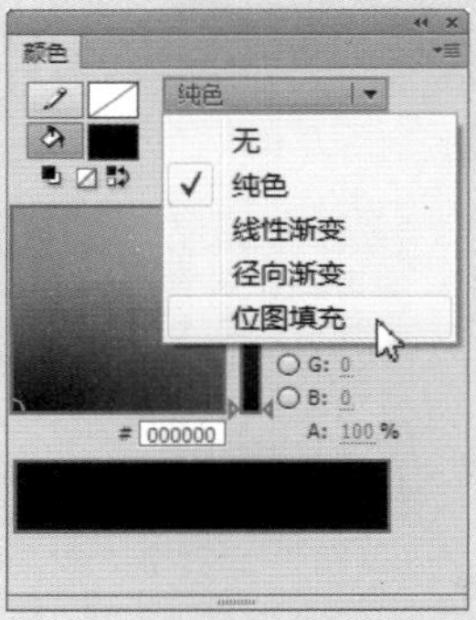

图 3-248

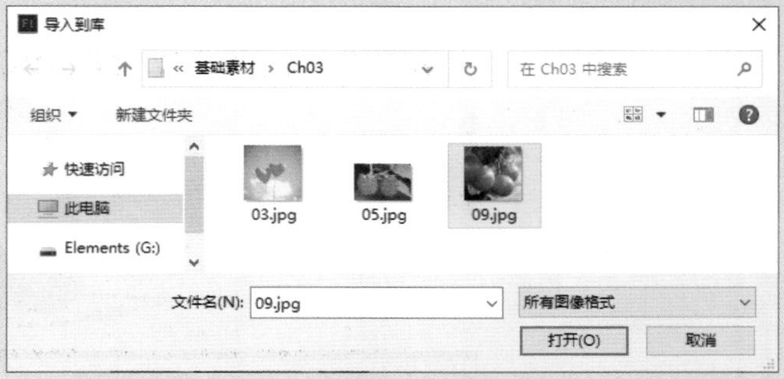

图 3-249

单击“打开”按钮，图片被导入“颜色”面板中，如图 3-250 所示。选择“椭圆”工具，在舞台中绘制一个椭圆形，椭圆形被刚才导入的位图填充，如图 3-251 所示。

图 3-250

图 3-251

3.4 文本工具

创建动画时，常需要利用文字来更清楚地表达创作意图，而创建和编辑文字必须利用 Flash CS6 提供的文本工具才能实现。从 Flash CS6 版本开始，Flash 添加了新文本引擎——文本布局框架（Text Layout Framework，TLF），用于向 FLA 文件添加文本。TLF 提供了更丰富的文本布局功能和对文本属性的精细控制。

文本属性：Flash CS6 为用户提供了包含多种文字调整选项的“属性”面板，包括字体属性（字体系列、字体大小、样式、颜色、字符间距、自动字距微调和字符位置）和段落属性（对齐、边距、缩进和行距）。

3.4.1 课堂案例——制作耳机网站首页

【案例学习目标】使用“属性”面板设置文字的属性。

【案例知识要点】使用“文本”工具输入需要的文字，使用“属性”面板设置文字的字体、大小、颜色、行距和字符属性，如图 3-252 所示。

【效果所在位置】云盘 /Ch03/ 效果 / 制作耳机网站首页。

图 3-252

（1）选择“文件 > 新建”命令，在弹出的“新建文档”对话框中，选择“常规”选项卡中的“ActionScript 3.0”选项，将“宽”选项设为 1920，“高”选项设为 1000，单击“确定”按钮，完成文档的创建。

（2）在“时间轴”面板中将“图层 1”重命名为“底图”。选择“文件 > 导入 > 导入到舞台”命令，在弹出的“导入”对话框中，选择云盘中的“Ch03 > 素材 > 制作耳机网站首页 > 01”文件，单击“打开”按钮，文件被导入舞台中，如图 3-253 所示。

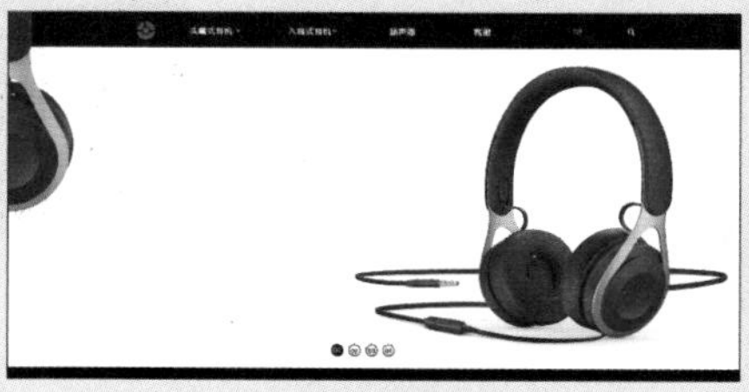

图 3-253

（3）在“时间轴”面板中创建新图层并将其命名为“标题”。选择“文本”工具T，在文本工具“属性”面板中，将“系列”选项设为“方正正粗黑简体”，“大小”选项设为 68，“颜色”选项设为黑色，其他选项的设置如图 3-254 所示。在舞台中输入需要的文字，如图 3-255 所示。

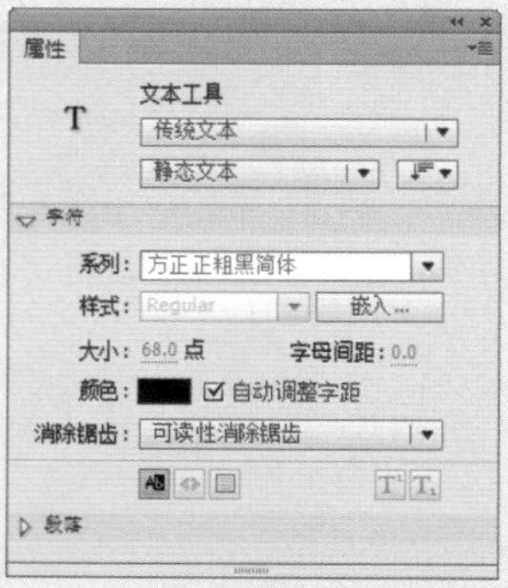

图 3-254

图 3-255

（4）选中图 3-256 所示的英文字母与数字，在工具箱中将“填充颜色”设为深蓝色（#11286f），效果如图 3-257 所示。

图 3-256

图 3-257

（5）在“时间轴”面板中创建新图层并将其命名为“介绍文”。选择“文本”工具T，在文本工具“属性”面板中，将“系列”选项设为“方正兰亭黑简体”，“大小”选项设为 18，“字母间距”选项设为 2，“颜色”选项设为黑色。单击“格式”选项右侧的“两端对齐”按钮，将“行距”设为 13，其他选项的设置如图 3-258 所示。在舞台中单击并拖曳鼠标，绘制 1 个文本框，如图 3-259 所示，输入文字，效果如图 3-260 所示。

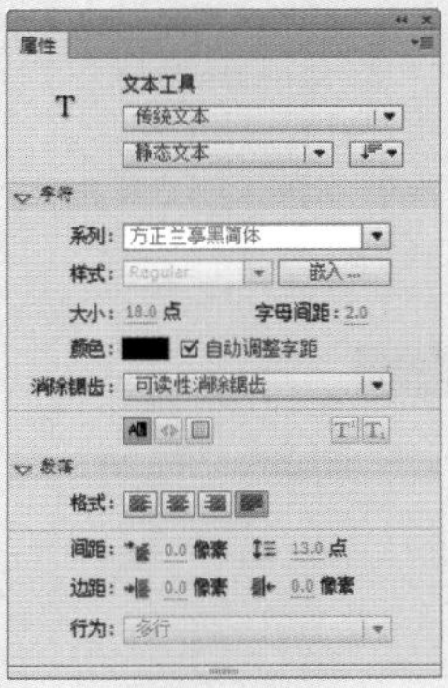

图 3-258

图 3-259

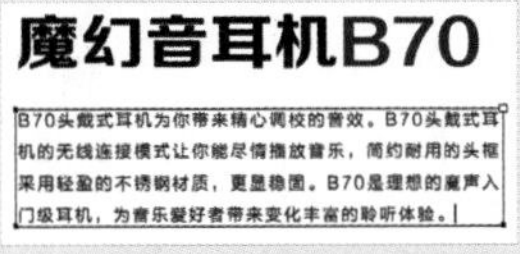

图 3-260

（6）将鼠标放置在文本框的右上方，鼠标指针变为↔形状，如图 3-261 所示，单击并向右拖曳到适当的位置，调整文本框的宽度，效果如图 3-262 所示。

图 3-261

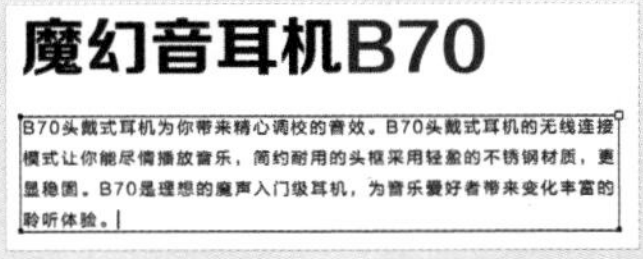

图 3-262

（7）在“时间轴”面板中创建新图层并将其命名为“价位”。在文本工具“属性”面板中，将“系列”选项设为“微软雅黑”，“大小”选项设为 36，“颜色”选项设为深蓝色（#11286f），其他选项的设置如图 3-263 所示。在舞台中适当的位置输入文字，如图 3-264 所示。

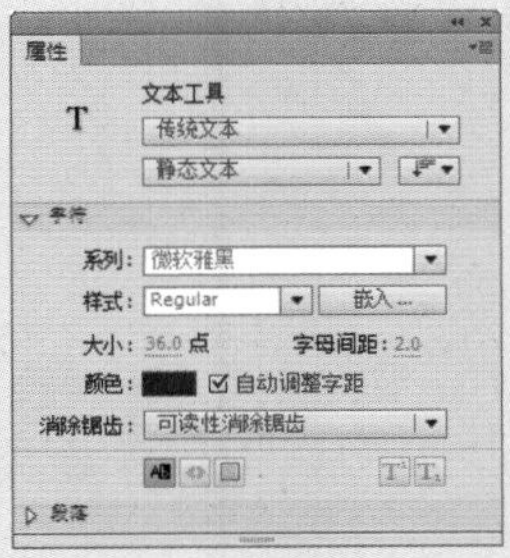

图 3-263

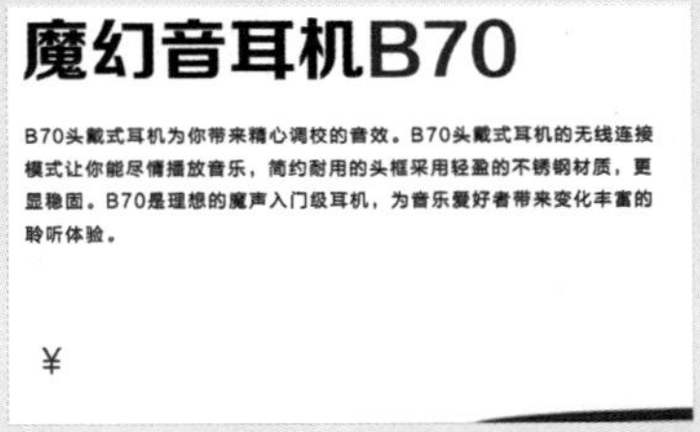

图 3-264

（8）在文本工具“属性”面板中，将“系列”选项设为“方正正粗黑简体”，“大小”选项设为 48，“颜色”选项设为深蓝色（#11286f），其他选项的设置如图 3-265 所示。在舞台中适当的位置输入文字，如图 3-266 所示。

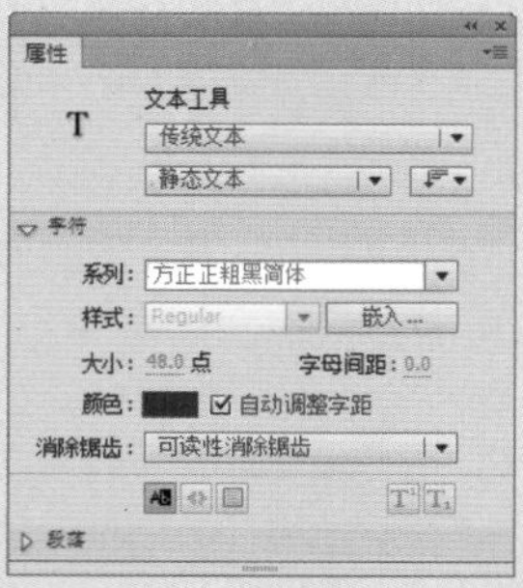

图 3-265

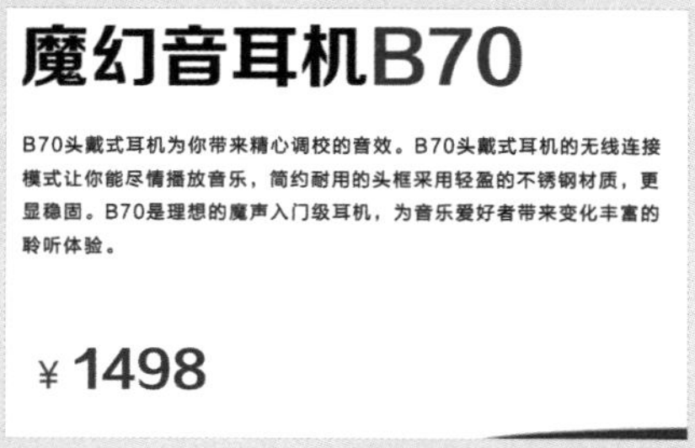

图 3-266

（9）耳机网站首页制作完成，按 Ctrl+Enter 组合键即可查看效果，如图 3-267 所示。

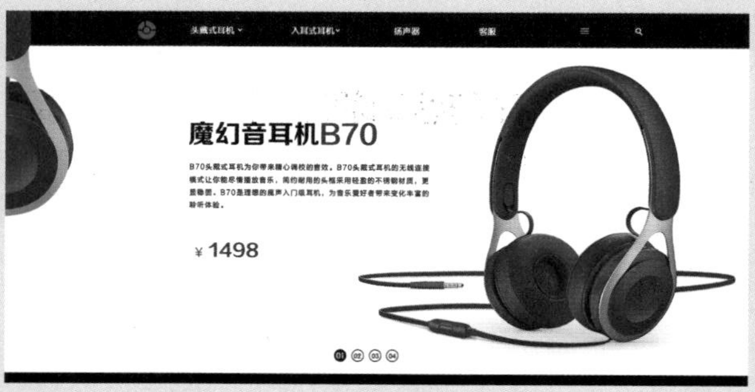

图 3-267

3.4.2 文本的类型

TLF 是 Flash CS6 中新增加的一种文本引擎，也是 Flash CS6 中的默认文本类型。

1. 创建 TLF 文本

选择“文本”工具T，选择“窗口 > 属性”命令，弹出文本工具“属性”面板，如图 3-268 所示。在舞台中单击，插入光标，如图 3-269 所示。直接输入文本即可，如图 3-270 所示。

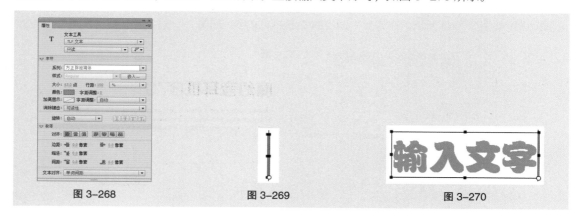

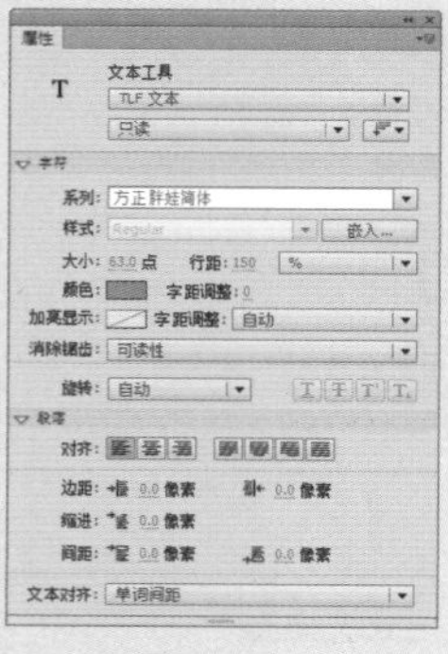

图 3-268

图 3-269

图 3-270

选择“文本”工具T，在舞台中按住鼠标左键，向右拖曳出一个文本框，如图 3-271 所示，在文本框中输入文字，文字被限定在文本框中，如果输入的文字较多，文本将不能全部显示，如图 3-272 所示。将鼠标指针放置在文本框右边的小方框上，鼠标指针变为⟷形状，如图 3-273 所示，单击并向右拖曳文本框到适当的位置，如图 3-274 所示，文字将全部显示，效果如图 3-275 所示。

图 3-271

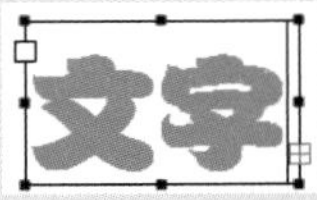

图 3-272

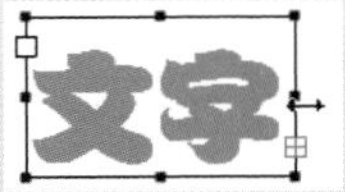

图 3-273

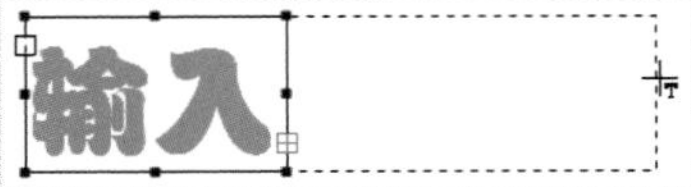

图 3-274

图 3-275

单击文本工具“属性”面板中的“可选”右侧的下拉按钮，弹出 TLF 文本的 3 种类型，如图 3-276 所示。

只读：当作为 SWF 文件发布时，文本无法被选中或编辑。

可选：当作为 SWF 文件发布时，文本可以被选中并可复制到剪贴板中，但不可以编辑。对于 TLF 文本，此选项是默认设置。

可编辑：当作为 SWF 文件发布时，文本是可以被选中和编辑的。

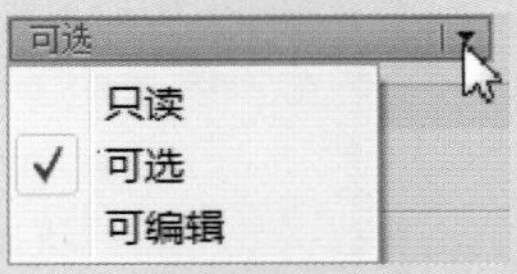

图 3-276

提示

当使用 TLF 文本时，在“文本>字体”菜单中找不到“PostScript”字体。如果对 TLF 文本对象使用了某种“PostScript”字体，Flash 会将此字体替换为“_sans”设备字体。

TLF 文本要求在 FLA 文件的发布设置中指定 ActionScript 3.0、Flash Player 10 或更高版本。

在创作时，不能将 TLF 文本用作图层蒙版。要创建带有文本的遮罩层，请使用 ActionScript 3.0 创建遮罩层，或者为遮罩层使用传统文本。

2. 传统文本

选择“文本”工具T，选择“窗口 > 属性”命令，弹出文本工具“属性”面板，如图 3-277 所示。

将鼠标指针放置在场景中，鼠标指针变为十形状。在场景中单击，出现文本输入光标，如图 3-278 所示。直接输入文字即可，如图 3-279 所示。

在场景中按住鼠标左键，向右下角方向拖曳出一个文本框，如图 3-280 所示。松开鼠标，出现文本输入光标，如图 3-281 所示。在文本框中输入文字，文字被限定在文本框中，如果输入的文字较多，会自动转到下一行显示，如图 3-282 所示。

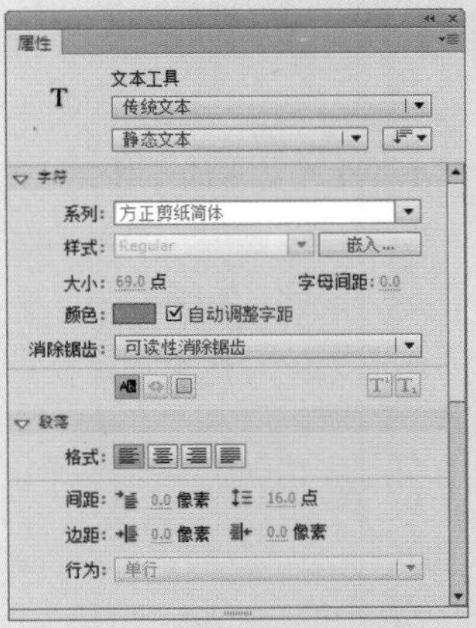

图 3-277

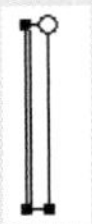
图 3-278

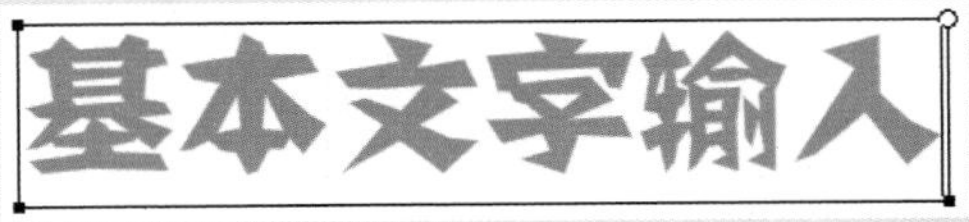

图 3-279

图 3-280

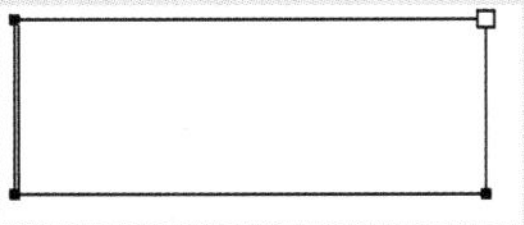

图 3-281

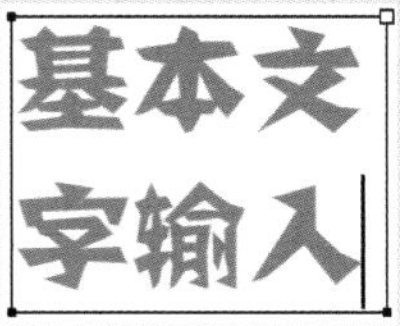

图 3-282

向左拖曳文本框上方的控制点，可以缩小文字的行宽，如图 3-283 所示。向右拖曳控制点可以增大文字的行宽，如图 3-284 所示。

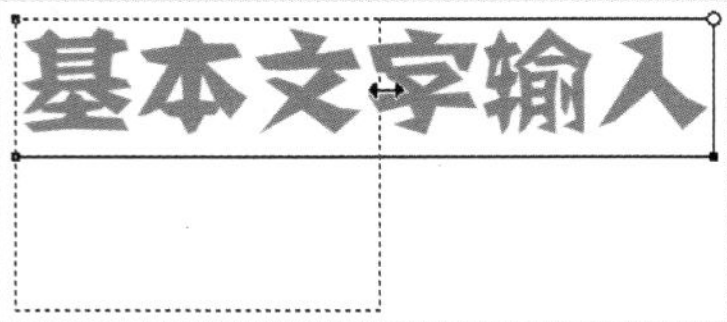

图 3-283

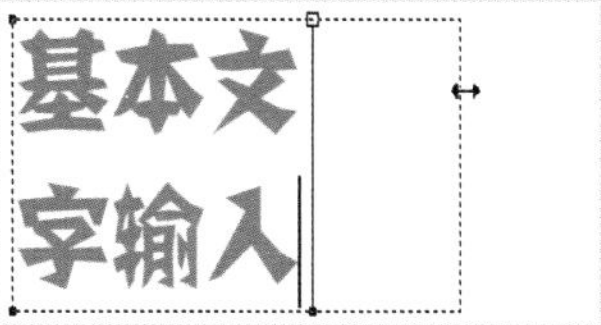

图 3-284

双击文本框上方的方形控制点，如图 3-285 所示，文字将转换成单行显示状态，方形控制点转换为圆形控制点，如图 3-286 所示。

图 3-285

图 3-286

3.4.3 文本属性

下面以传统文本为例对各文字调整选项进行介绍。文本工具“属性”面板如图 3-287 所示。

1. 设置文本的字体、大小、样式和颜色

“系列”选项：设定选定字符或整个文本块的字体。

选中文字，如图 3-288 所示，选择文本工具“属性”面板，在“字符”选项组中单击“系列”选项，在弹出的下拉列表中选择想要的字体，如图 3-289 所示，效果如图 3-290 所示。

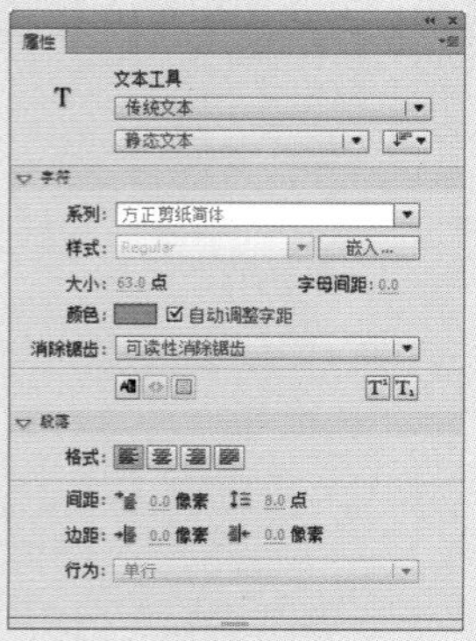

图 3-287

图 3-288

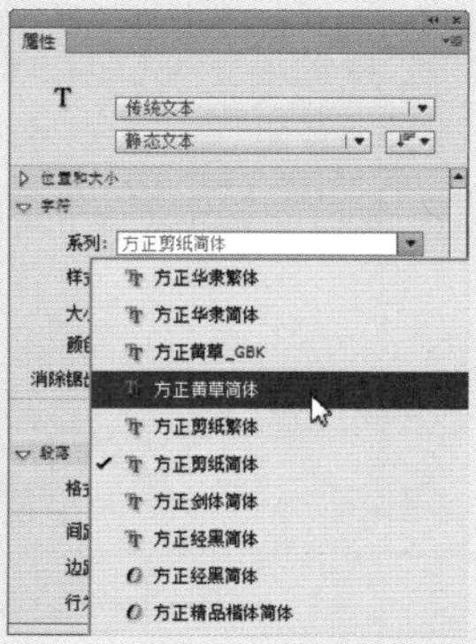

图 3-289

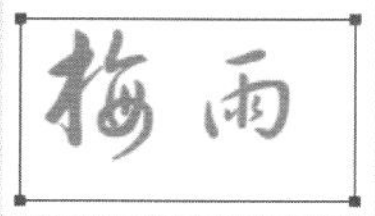

图 3-290

“大小”选项：设定选定字符或整个文本块的文字大小。数值越大，文字越大。

选中文字，如图 3–291 所示，在文本工具“属性”面板中选择“大小”选项，在其数值框中输入具体的数值，如图 3–292 所示。设定后，文字的字号变大，如图 3–293 所示。

图 3–291

图 3–292

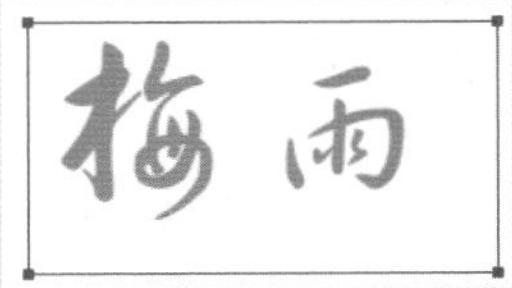

图 3–293

“颜色”按钮：为选定字符或整个文本块设定颜色。

选中文字，如图 3–294 所示，在文本工具“属性”面板中单击“颜色”按钮，弹出颜色面板，如图 3–295 所示，选择需要的颜色，效果如图 3–296 所示。

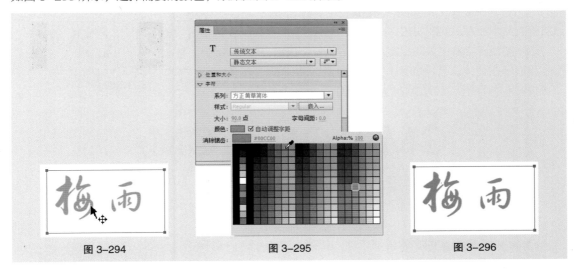

图 3–294

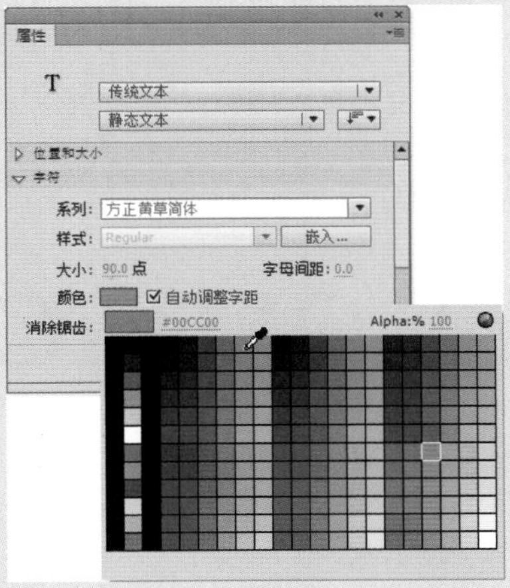

图 3–295

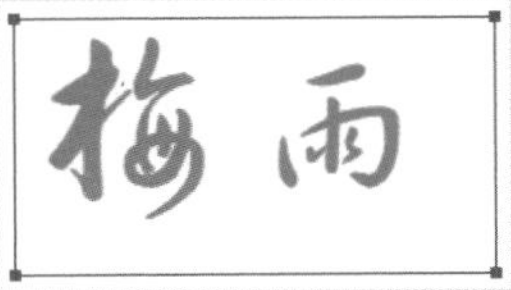

图 3–296

提示

文字只能使用纯色，不能使用渐变色。要想为文本应用渐变效果，必须将该文本转换为组成它的线条和填充色块。

“改变文本方向”按钮：在其下拉列表中选择需要的选项可以改变文字的排列方向。

选中文字，如图 3–297 所示，单击“改变文本方向”按钮，在其下拉列表中选择“垂直”选项，如图 3–298 所示，文字将从右向左排列，效果如图 3–299 所示。如果在其下拉列表中选择“垂直，从左向右”选项，如图 3–300 所示，文字将从左向右排列，效果如图 3–301 所示。

图 3-297

图 3-298

图 3-299

图 3-300

图 3-301

“字母间距”选项 字母间距：0.0 ：用于控制字符之间的相对位置。

设置不同的文字间距后，文字的效果如图 3-302 所示。

间距为 0 时的效果　缩小间距后的效果　扩大间距后的效果

图 3-302

“上标”按钮 T^1：可将水平文本放在基线之上，或将垂直文本放在基线的右边。

“下标”按钮 T_1：可将水平文本放在基线之下，或将垂直文本放在基线的左边。

选中要设置字符位置的文字，单击“上标”按钮，文字将显示在基线以上，如图 3-303 所示。

设置不同字符位置后，文字的效果如图 3-304 所示。

图 3-303

正常位置　上标位置　下标位置

图 3-304

2. 字体呈现方法

Flash CS6 中有 5 种字体呈现选项，如图 3-305 所示。选择不同的选项可以得到不同的效果。

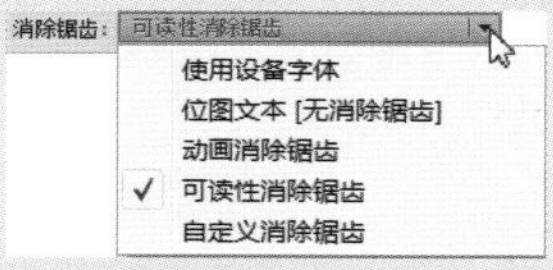

图 3-305

“使用设备字体”：此选项用于生成一个较小的 SWF 文件。此选项使用用户计算机上当前安装的字体来呈现文本。

“位图文本 [无消除锯齿]”：此选项用于生成包含明显边缘的文本，没有消除锯齿。因为生成的 SWF 文件中包含字体轮廓，所以对应的 SWF 文件较大。

“动画消除锯齿”：此选项用于生成可顺畅进行动画播放的消除锯齿文本。因为在播放文本动画时没有应用对齐和消除锯齿功能，所以在某些情况下，文本动画可以更快地播放。但在使用带有许多字母的大字体或缩放字体时，可能看不到性能上的提高。因为生成的 SWF 文件中包含字体轮廓，所以对应的 SWF 文件较大。

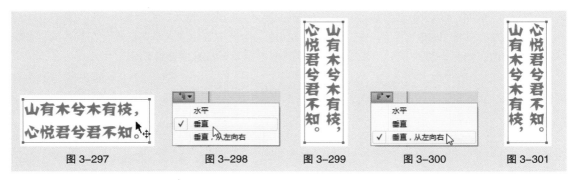

“可读性消除锯齿”：此选项使用高级消除锯齿引擎。此选项提供了品质最高且最易读的文本。因为生成的文件中包含字体轮廓，以及特定的消除锯齿信息，所以对应的 SWF 文件最大。

“自定义消除锯齿”：此选项的功能与“可读性消除锯齿”选项基本相同，但是可以直观地设置消除锯齿参数，以生成特定外观。此选项在为新字体或不常见的字体生成最佳的外观时非常有用。

3. 设置字符与段落

文本排列方式按钮可以将文字以不同的形式进行排列。

“左对齐”按钮：用于将文字与文本框的左边线进行对齐。

“居中对齐”按钮：用于将文字与文本框的中线进行对齐。

“右对齐”按钮：用于将文字与文本框的右边线进行对齐。

“两端对齐”按钮：用于将文字与文本框的两端进行对齐。

在舞台中输入一段文字，选择不同的排列方式，文字排列的效果如图 3-306 所示。

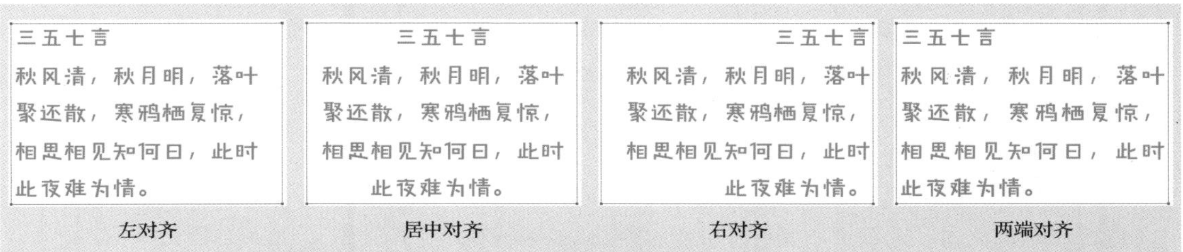

图 3-306

“缩进”按钮：用于调整文本段落的首行缩进。

“行距”按钮：用于调整文本段落的行距。

“左边距”按钮：用于调整文本段落的左侧间隙。

“右边距”按钮：用于调整文本段落的右侧间隙。

选中文本段落，如图 3-307 所示，在“段落”选项组中进行设置，如图 3-308 所示，文本段落的格式发生改变，如图 3-309 所示。

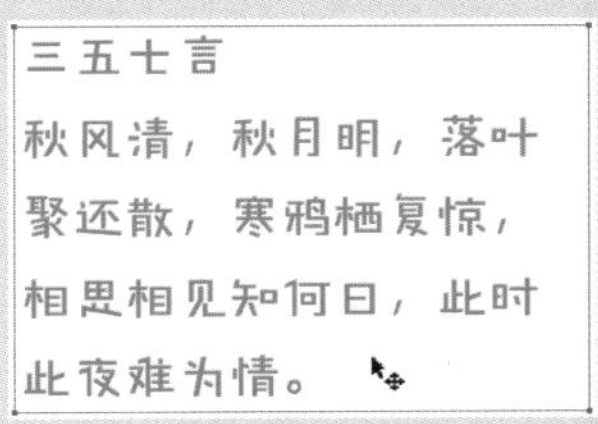

图 3-307

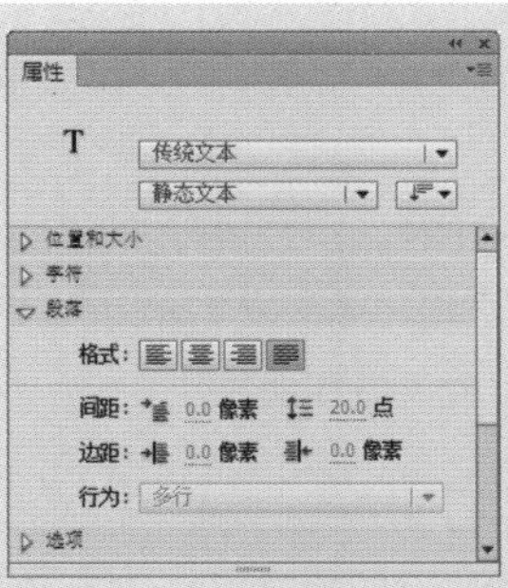

图 3-308

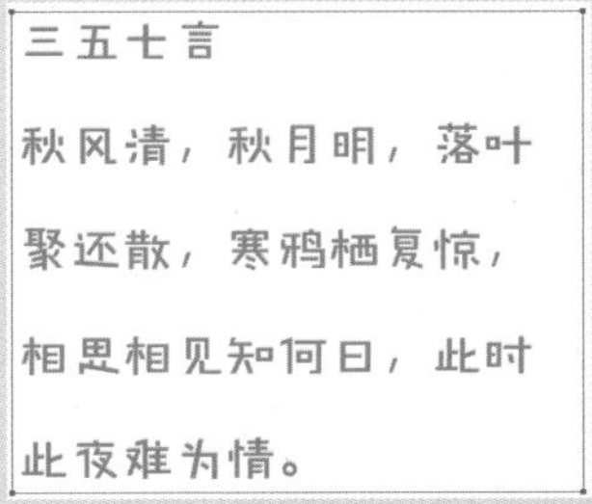

图 3-309

4. 设置文本超链接

“链接”选项：可以在文本框中直接输入网址，使当前文字成为超链接文字。

“目标”选项：可以设置超链接的打开方式，共有 4 种方式可以选择。

“_blank”：链接页面在新的浏览器页面中打开。

“_parent”：链接页面在父框架中打开。

“_self”：链接页面在当前框架中打开。

“_top”：链接页面在默认的顶部框架中打开。

选中文字，如图 3-310 所示，选择文本工具“属性”面板，在“链接”文本框中输入链接的网址，如图 3-311 所示。在“目标”选项中设置打开方式，设置完成后文字的下方会出现下划线，表示已经链接，如图 3-312 所示。

图 3-310

图 3-311

图 3-312

提示

文本只有在水平方向上排列时，超链接功能才可用。当文本沿垂直方向排列时，超链接功能不可用。

3.4.4 静态文本

选择“静态文本”选项，“属性”面板如图 3-313 所示。

“可选”按钮：单击此按钮，当文件以 SWF 格式输出时，可以对影片中的文字进行选取、复制操作。

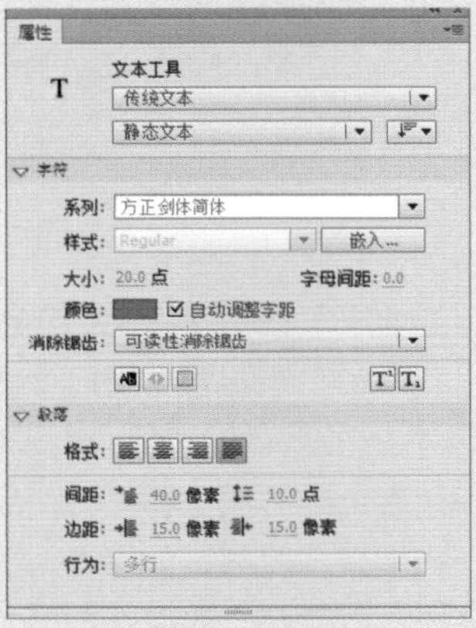

图 3-313

3.4.5 动态文本

选择“动态文本”选项，“属性”面板如图 3-314 所示，动态文本可以作为对象来应用。

“将文本呈现为 HTML”按钮：单击此按钮，文本将支持 HTML 标签特有的字体格式、超链接等超文本格式。

“在文本周围显示边框”按钮：单击此按钮，可以为文本设置白色的背景和黑色的边框。

“段落”选项组中的“行为”选项包括单行、多行和多行不换行。

“单行”：文本以单行方式显示。

“多行”：如果输入的文本大于设置的文本限制，输入的文本将被自动换行。

“多行不换行”：输入的文本为多行时，不会自动换行。

“选项”选项组中的“变量”选项可以将该文本框定义为保存字符串数据的变量。此选项需结合动作脚本使用。

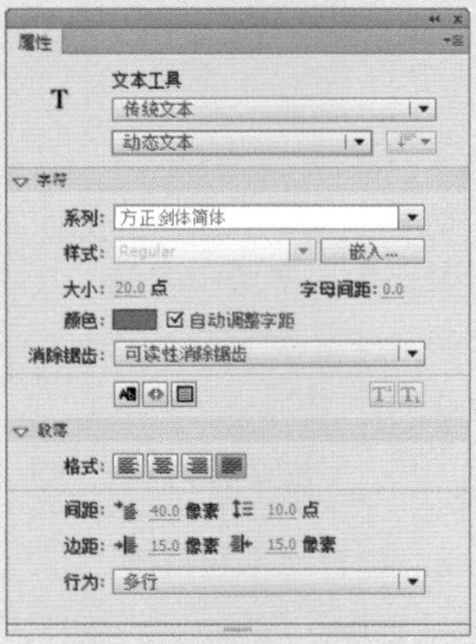

图 3-314

3.4.6 输入文本

选择“输入文本”选项，“属性”面板如图 3-315 所示。

“段落”选项组中的“行为”下拉列表中新增加了“密码”选项，若选择此选项，当文件输出为 SWF 格式时，影片中的文字将显示为星号。

“选项”选项组中的“最大字符数”选项用于设置输入文字的最大数值。默认值为 0，即不限制。如设置数值，此数值即为输出 SWF 影片时，最多可显示的文字数目。

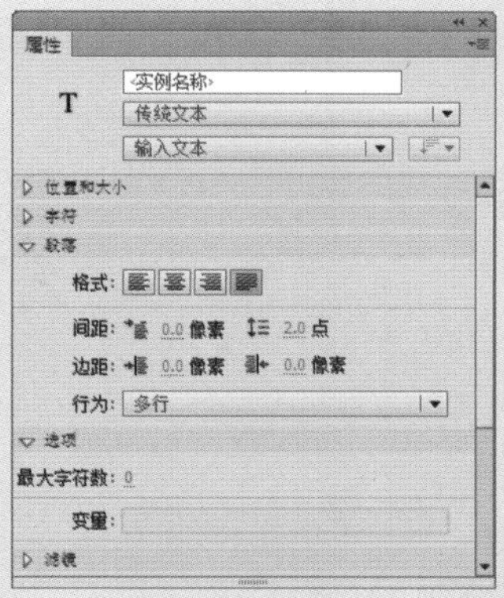

图 3-315

3.5 课堂练习——绘制甜品插画

【练习知识要点】使用“颜色”面板、“渐变变形”工具制作背景效果，使用“基本矩形”工具和“钢笔”工具绘制图形。

【素材所在位置】云盘 /Ch03/ 素材 / 绘制甜品插画 /01。

【效果所在位置】云盘 /Ch03/ 效果 / 绘制甜品插画，如图 3-316 所示。

微课

绘制甜品插画

图 3-316

3.6 课后习题——绘制迷你太空插画

【习题知识要点】使用“颜料桶”工具、工具箱，完成迷你太空插画的绘制。

【效果所在位置】云盘 /Ch03/ 效果 / 绘制迷你太空插画，如图 3-317 所示。

微课

绘制迷你太空插画

图 3-317

04

第 4 章 对象与元件

本章介绍

本章详细介绍 Flash CS6 中编辑、修饰对象的功能及元件的创建、编辑、应用，以及“库”面板的使用方法。读者通过对本章的学习，可以掌握编辑和修饰对象的方法和技巧，并能通过对元件的相互嵌套及重复应用来制作出丰富的动画效果。

学习目标

第 4 章简介

- 掌握对象的变形方法和技巧。
- 掌握对象的修饰方法。
- 掌握对象的对齐方法及技巧。
- 掌握元件的创建方法。

技能目标

- 掌握闪屏页中插画的绘制方法和技巧。
- 掌握飞机插画的绘制方法和技巧。
- 掌握茶叶网站首页的制作方法和技巧。
- 掌握新年贺卡的制作方法和技巧。

素养目标

- 培养提高效率的工作习惯。
- 提高优化工作流程的能力。

4.1 对象的变形

使用变形命令可以对选择的对象进行修改，如扭曲、缩放、倾斜、旋转和封套等，还可以根据需要对对象进行组合、分离、叠放、对齐等一系列操作，从而达到制作要求。

常用变形命令如下。

缩放对象：对对象进行放大或缩小操作。

旋转与倾斜对象：对对象进行旋转或倾斜操作。

翻转对象：对对象进行水平或垂直翻转操作。

组合对象：制作复杂图形时，可以将多个图形组合成一个整体，以便选择和修改。

4.1.1 课堂案例——绘制闪屏页中的插画

【案例学习目标】使用不同的变形命令编辑图形。

【案例知识要点】使用“椭圆”工具、“任意变形”工具和“矩形”工具绘制表盘图形，使用“多角星形”工具、“垂直翻转”命令制作指针图形，使用“对齐”命令，将对象居中对齐，效果如图 4-1 所示。

【效果所在位置】云盘 /Ch04/ 效果 / 绘制闪屏页中的插画。

微课

绘制闪屏页中的插画

图 4-1

1. 绘制刻度盘

（1）选择“文件 > 新建”命令，在弹出的“新建文档”对话框中，选择“常规”选项卡中的“ActionScript 3.0”选项，将“宽”选项设为 320，“高”选项设为 360，单击“确定”按钮，完成文档的创建。

（2）将“图层 1”重命名为“圆形”。选择“椭圆”工具，在工具箱中将“笔触颜色”设为无，“填充颜色”设为黑色（#231916），单击工具箱下方的“对象绘制”按钮，按住 Shift 键的同时，在舞台中绘制 1 个圆形。

（3）选择“选择”工具，选中舞台中的黑色圆形，在绘制对象“属性”面板中，将“宽”选项和“高”选项均设为 282，将“X”选项设为 18、“Y”选项设为 59，如图 4-2 所示，效果如图 4-3 所示。

图 4–2

图 4–3

（4）按 Ctrl+C 组合键，将其复制。按 Ctrl+Shift+V 组合键，将复制的图形原位粘贴。选择“任意变形”工具，在图形的周围将出现控制框，如图 4–4 所示。将鼠标指针放置在右上方的控制点上，鼠标指针变为形状时，按住 Alt+Shift 组合键向左下方拖曳鼠标到适当的位置，如图 4–5 所示，松开鼠标。在工具箱中将“填充颜色”设为白色，效果如图 4–6 所示。

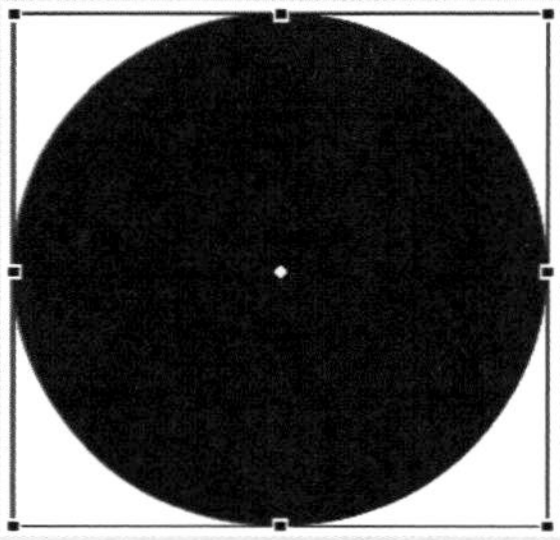
图 4–4

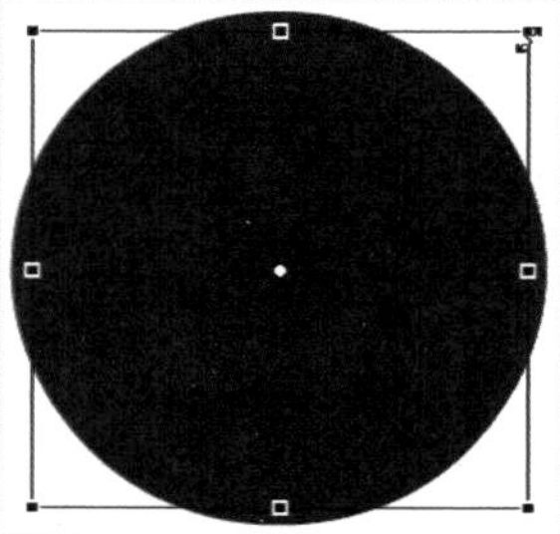
图 4–5

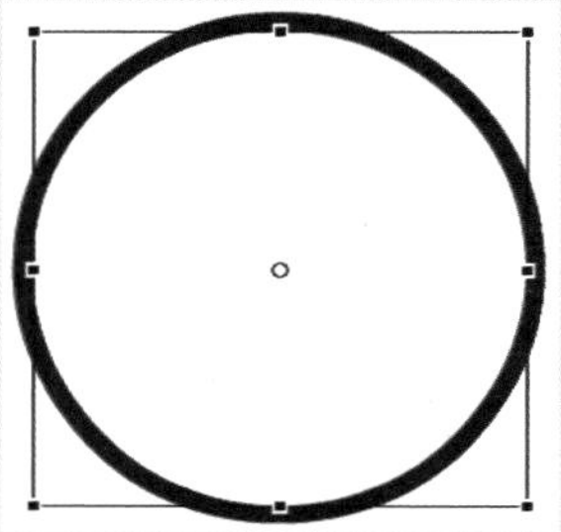
图 4–6

（5）按 Ctrl+Shift+V 组合键，将复制的图形原位粘贴。在图形的周围将出现控制框。将鼠标指针放置在右上方的控制点上，当鼠标指针变为形状时，按住 Alt+Shift 组合键向左下方拖曳鼠标到适当的位置，如图 4–7 所示，松开鼠标。

（6）按 Ctrl+Shift+V 组合键，再次将复制的图形原位粘贴。在图形的周围将出现控制框。将鼠标指针放置在右上方的控制点上，当鼠标指针变为形状时，按住 Alt+Shift 组合键向左下方拖曳鼠标到适当的位置，如图 4–8 所示，松开鼠标。在工具箱中将“填充颜色”设为青色（#70C1E9），效果如图 4–9 所示。

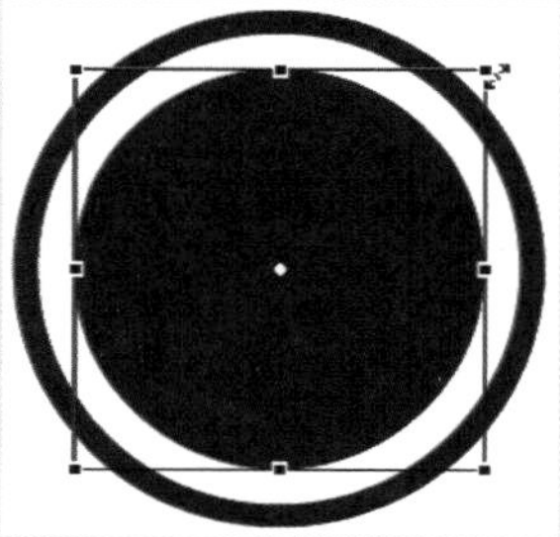
图 4–7

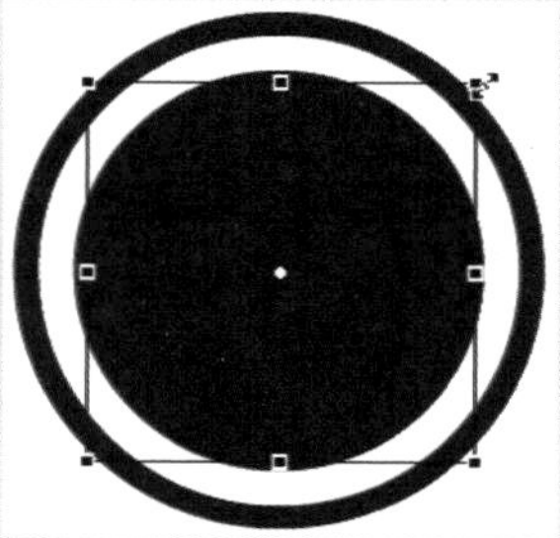
图 4–8

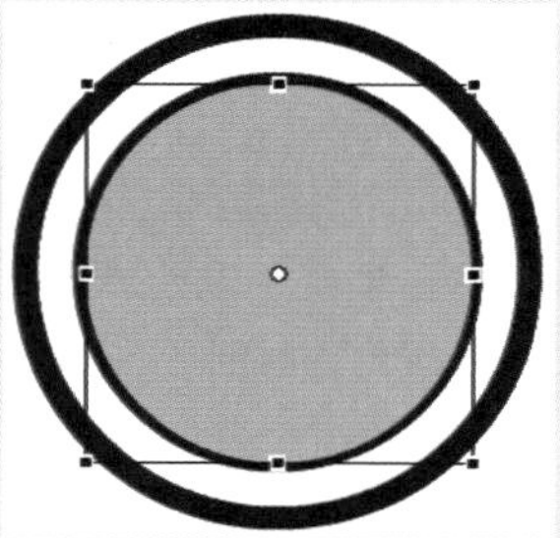
图 4–9

（7）按 Ctrl+C 组合键，复制青色圆形。在“时间轴”面板中创建新图层并将其命名为“内阴影”，如图 4-10 所示。按 Ctrl+Shift+V 组合键，将复制的圆形原位粘贴到“内阴影”图层中。在工具箱中将“填充颜色”设为深蓝色（#65ADD1），效果如图 4-11 所示。按 Ctrl+B 组合键，使图形分离，效果如图 4-12 所示。

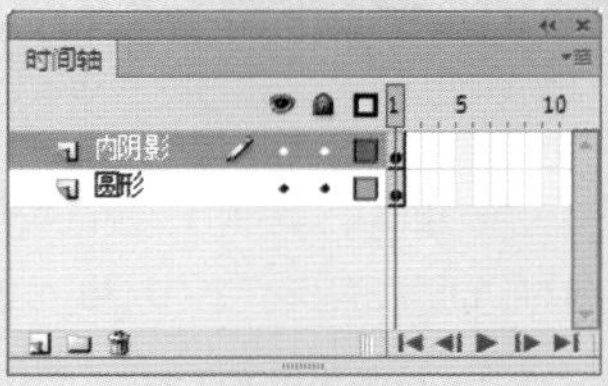

图 4-10

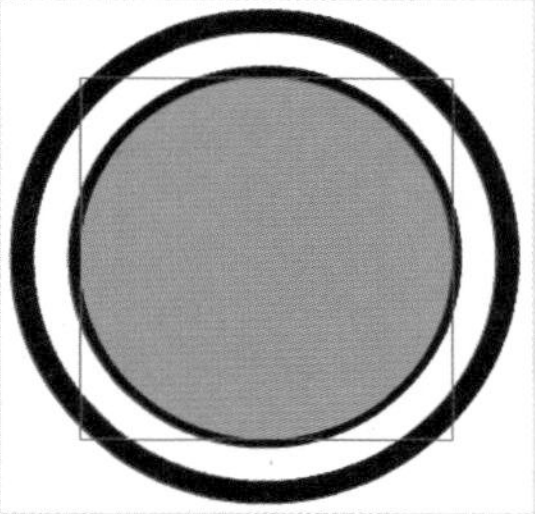
图 4-11

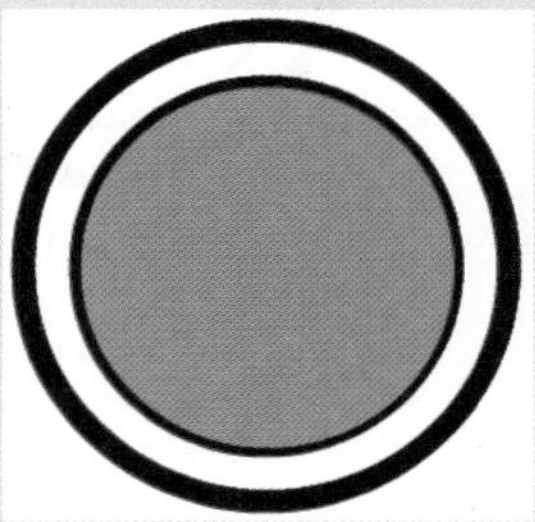
图 4-12

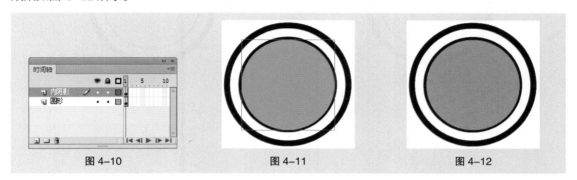

（8）选择“选择”工具，选中图 4-13 所示的图形，按住 Alt 键的同时向下拖曳鼠标到适当的位置，以复制图形，效果如图 4-14 所示。按 Delete 键，将复制的图形删除，效果如图 4-15 所示。

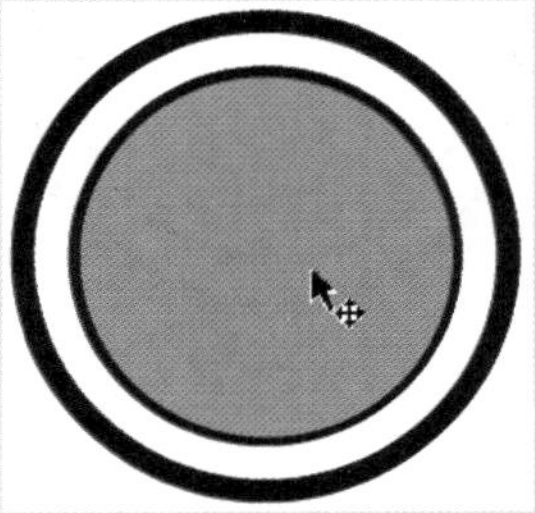
图 4-13

图 4-14

图 4-15

（9）在“时间轴”面板中创建新图层并将其命名为“刻度”。选择“矩形”工具，在矩形工具“属性”面板中，将“笔触颜色”设为无，“填充颜色”设为深蓝色（#4186AE），在舞台中绘制 1 个矩形，如图 4-16 所示。

（10）选择“选择”工具，选中图 4-17 所示的图形，按住 Alt+Shift 组合键的同时，向下拖曳鼠标到适当的位置，以复制图形，效果如图 4-18 所示。

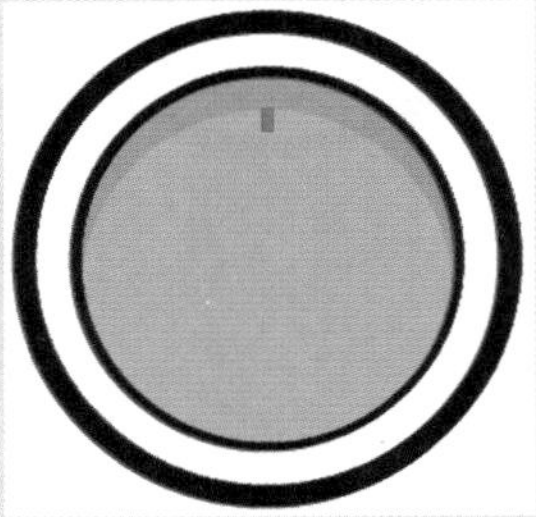
图 4-16

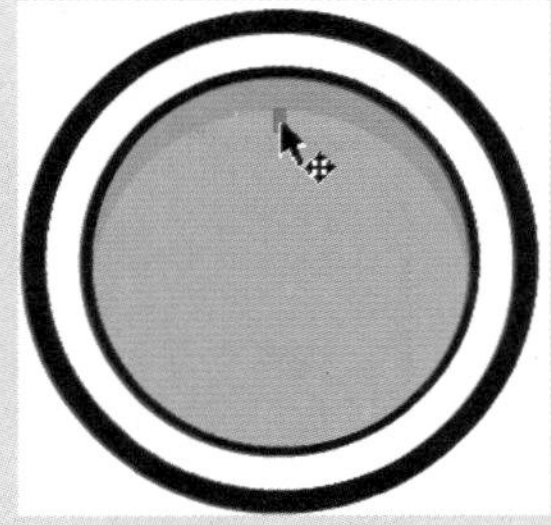
图 4-17

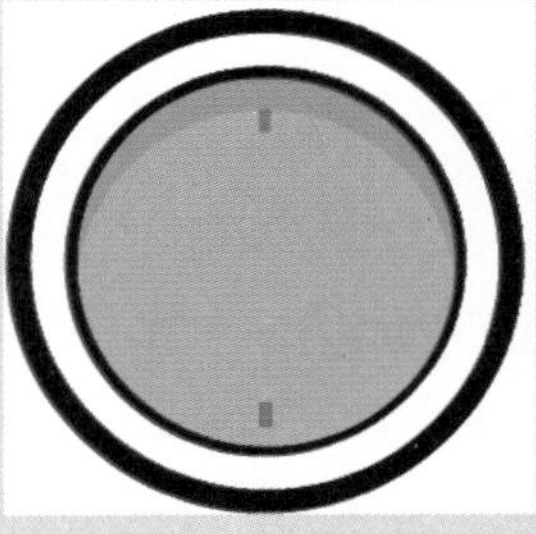
图 4-18

（11）在“时间轴”面板中单击“刻度”图层，将该层中的对象全部选中，如图 4-19 所示。按 Ctrl+G 组合键，将选中的对象编组，效果如图 4-20 所示。

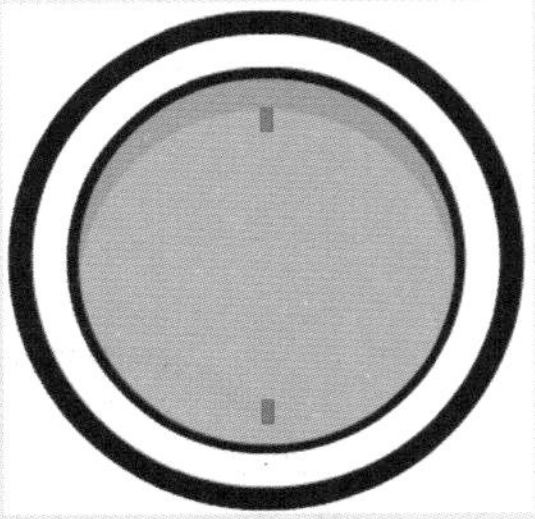

图 4-19

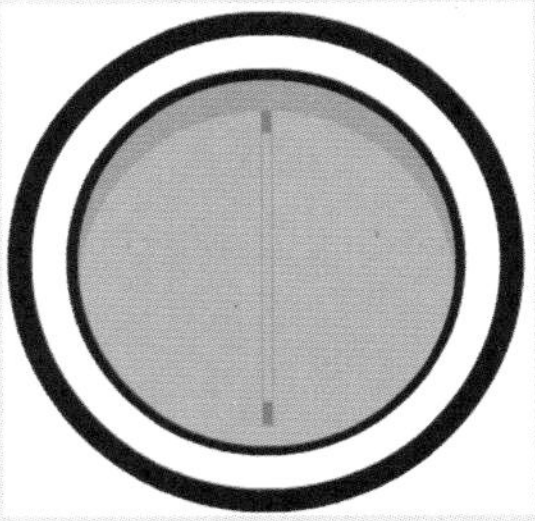

图 4-20

（12）按 Ctrl+T 组合键，弹出“变形”面板，单击“重制选区和变形”按钮，复制出 1 个图形，将“旋转”选项设为 45，如图 4-21 所示，效果如图 4-22 所示。再单击“重制选区和变形”按钮 2 次，以复制图形，效果如图 4-23 所示。

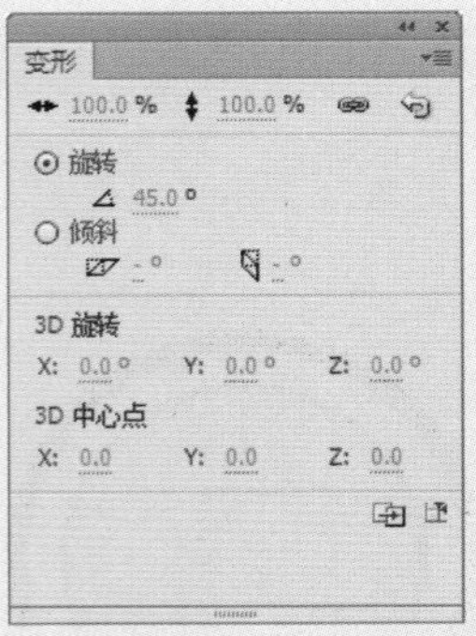

图 4-21

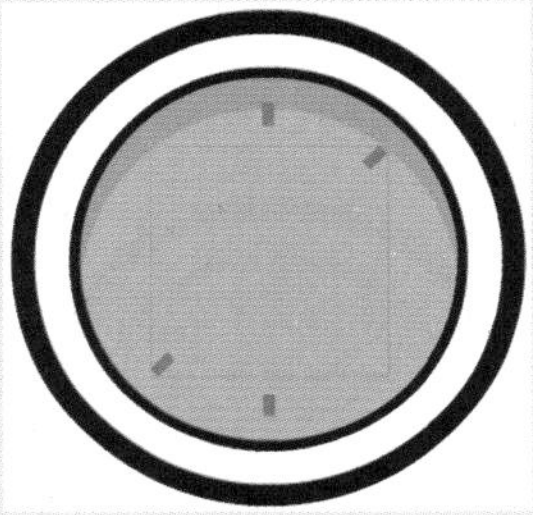

图 4-22

图 4-23

（13）在“时间轴”面板中，按住 Ctrl 键的同时将“圆形”图层和“刻度”图层同时选中，如图 4-24 所示。选择“修改 > 对齐 > 水平居中”命令，将选中的图形水平居中对齐，效果如图 4-25 所示。选择“修改 > 对齐 > 垂直居中”命令，将选中的图形垂直居中对齐，效果如图 4-26 所示。

图 4-24

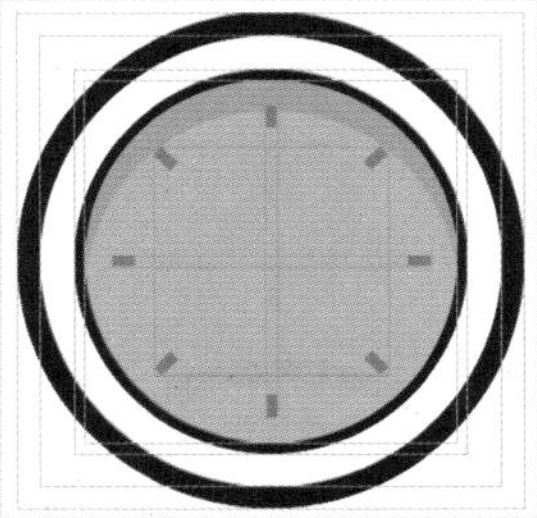

图 4-25

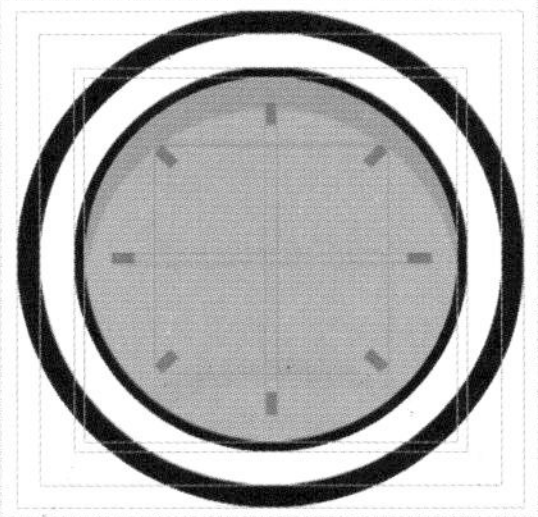

图 4-26

2. 绘制指针

（1）在“时间轴”面板中创建新图层并将其命名为“指针”。选择“多角星形”工具，在多角星形工具“属性”面板中，单击“工具设置”选项组中的“选项”按钮，弹出“工具设置”对话框，将“边数”选项设为 3，其他选项的设置如图 4-27 所示，单击“确定”按钮，完成设置。将“填充颜色”设为红色（#EA5F61），“笔触颜色”设为黑色（#231916），其他选项的设置如图 4-28 所示，在舞台中绘制 1 个三角形，效果如图 4-29 所示。

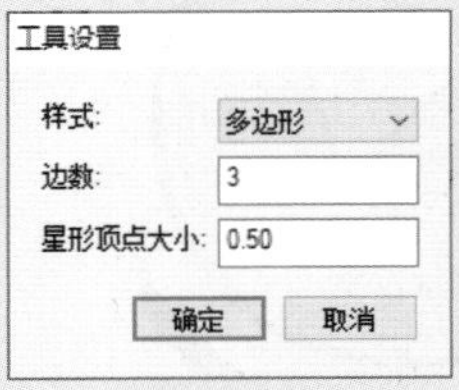

图 4-27

图 4-28

图 4-29

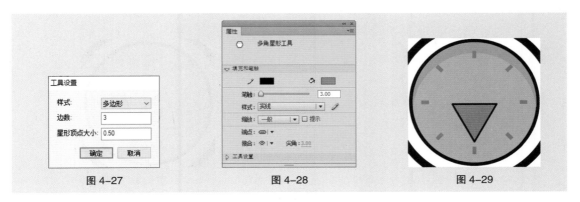

（2）选择“选择”工具，选中绘制的三角形，选择“修改 > 变形 > 封套”命令，在图形周围将出现控制点，如图 4-30 所示，调整各个控制点，使三角形变形，效果如图 4-31 所示。单击工具箱下方的“缩放”按钮，将中心点移动到图 4-32 所示的位置。

图 4-30

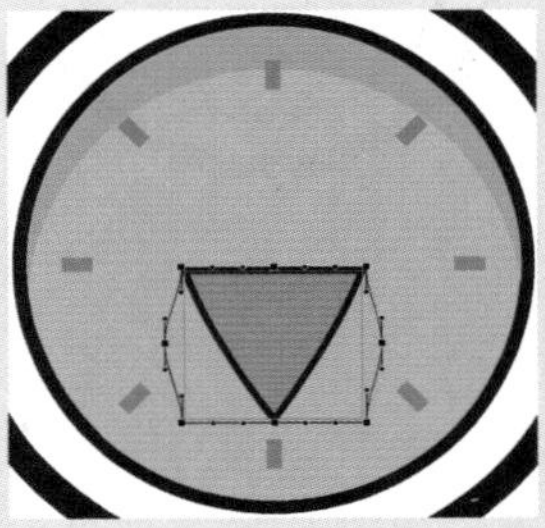

图 4-31

图 4-32

（3）按 Ctrl+T 组合键，弹出“变形”面板，单击“重制选区和变形”按钮，复制出 1 个图形，保持图形处于选取状态，选择“修改 > 变形 > 垂直翻转”命令，将选中的图形垂直翻转，效果如图 4-33 所示。在工具箱中将“填充颜色”设为白色，效果如图 4-34 所示。

（4）在“时间轴”面板中单击“指针”图层，将该层中的对象全部选中，按 Ctrl+G 组合键，将选中的对象编组，效果如图 4-35 所示。

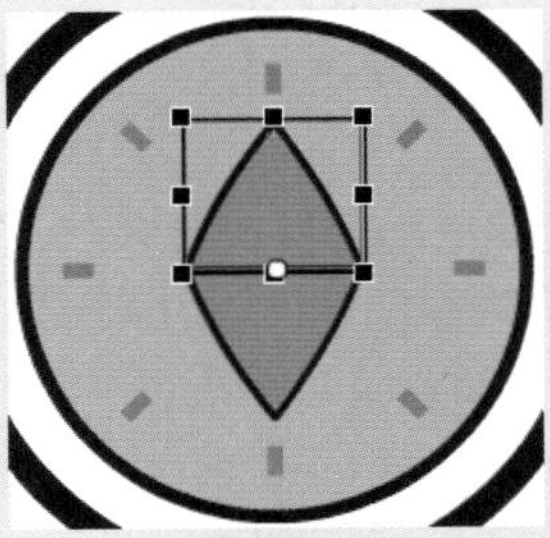

图 4-33

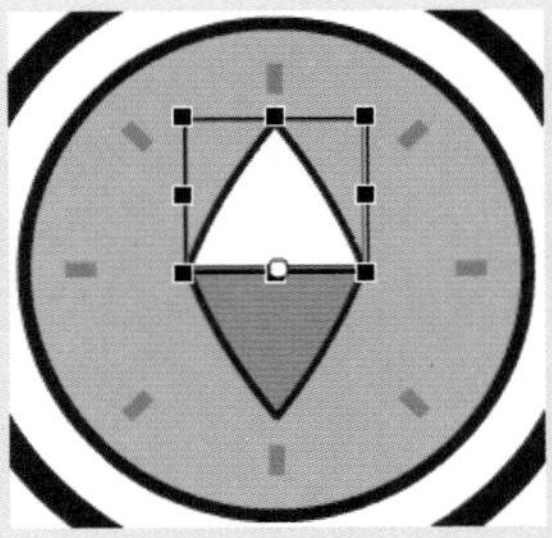

图 4-34

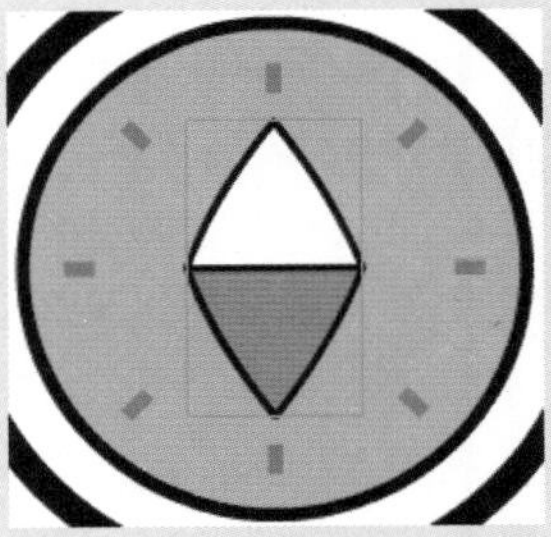

图 4-35

（5）在“变形”面板中，将“旋转”选项设为 45，如图 4-36 所示，效果如图 4-37 所示。

（6）在“时间轴”面板中，按住 Ctrl 键的同时将“圆形”图层、“刻度”图层和“指针”图层同时选中，如图 4-38 所示。选择“修改 > 对齐 > 水平居中”命令，将选中的图形水平居中对齐，效果如图 4-39 所示。选择“修改 > 对齐 > 垂直居中”命令，将选中的图形垂直居中对齐，效果如图 4-40 所示。

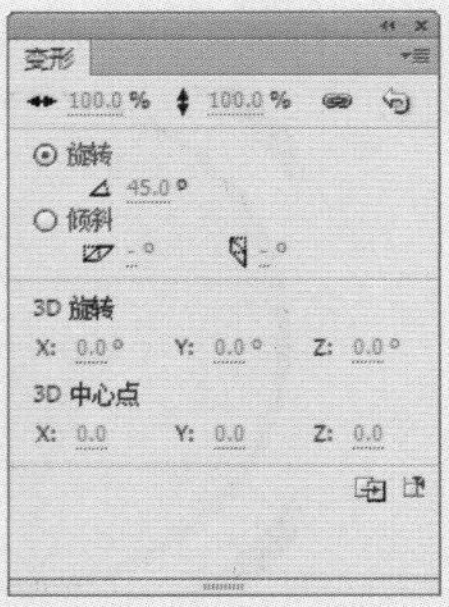

图 4-36

图 4-37

图 4-38

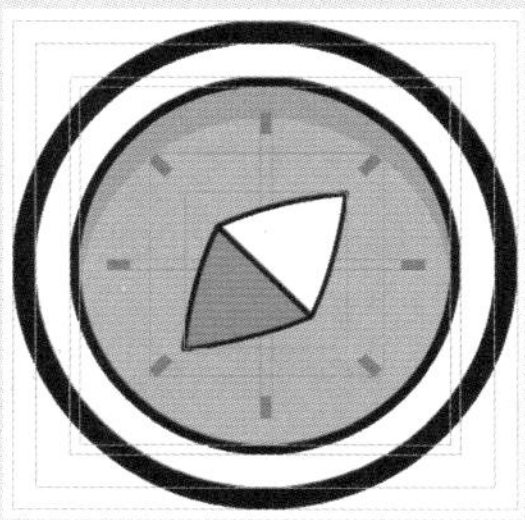

图 4-39

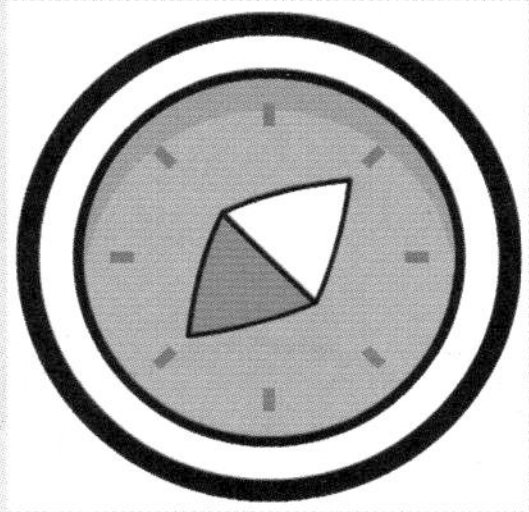

图 4-40

（7）在“时间轴”面板中创建新图层并将其命名为“黑色圆形”，如图 4-41 所示。选择“椭圆”工具，在工具箱中将“笔触颜色”设为无，“填充颜色”设为黑色（#231916），按住 Shift 键的同时，在舞台中绘制 1 个圆形，效果如图 4-42 所示。

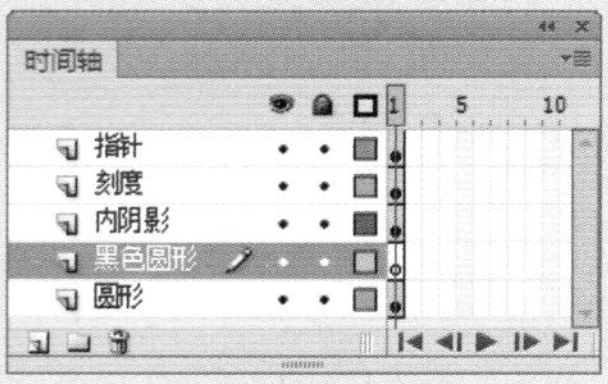

图 4-41

图 4-42

（8）按 Ctrl+C 组合键，复制图形。在“时间轴”面板中创建新图层并将其命名为“圆形 2”。按 Ctrl+Shift+V 组合键，将复制的图形原位粘贴到“圆形 2”图层中。

（9）选择“任意变形”工具，在图形的周围将出现控制框。将鼠标指针放置在右上方的控制点上，当鼠标指针变为形状时，按住 Alt+Shift 组合键向左下方拖曳鼠标到适当的位置，如图 4-43 所示，松开鼠标。在工具箱中将“填充颜色”设为白色，效果如图 4-44 所示。用相同的方法制作出图 4-45 所示的效果。

图 4-43

图 4-44

图 4-45

（10）在“时间轴”面板中，将“黑色圆形”图层拖曳到“圆形”图层的下方，如图 4-46 所示，效果如图 4-47 所示。闪屏页中插画绘制完成，按 Ctrl+Enter 组合键即可查看效果，如图 4-48 所示。

图 4-46

图 4-47

图 4-48

4.1.2 扭曲对象

选择“修改 > 变形 > 扭曲”命令，在当前选择的图形周围将出现控制点，如图 4-49 所示。将鼠标指针放置在控制点上，鼠标指针变为形状，拖曳四角的控制点可以改变图形顶点的形状，如图 4-50 所示，效果如图 4-51 所示。

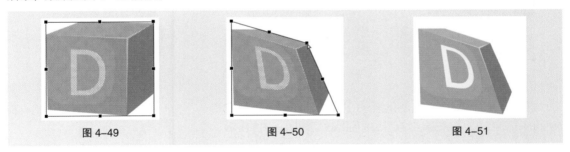

图 4-49

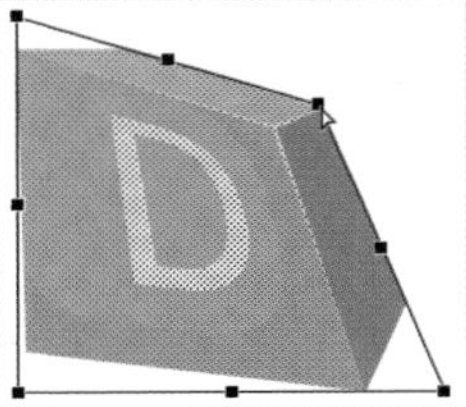

图 4-50

图 4-51

4.1.3 封套对象

选择“修改 > 变形 > 封套”命令，在当前选择的图形周围将出现控制点，如图 4-52 所示。将鼠标指针放置在控制点上，鼠标指针变为形状，拖曳控制点，使图形产生相应的弯曲变化，如图 4-53 所示，效果如图 4-54 所示。

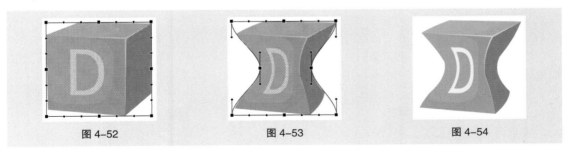

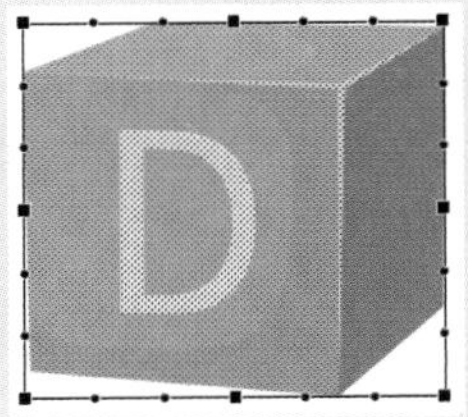

图 4-52

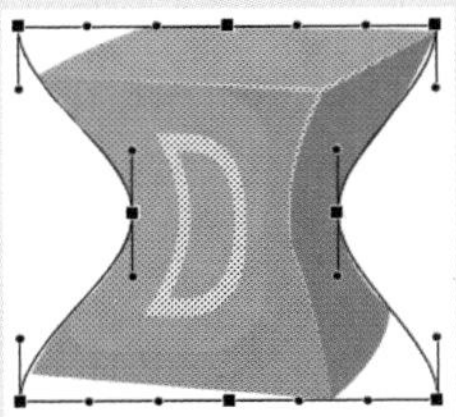
图 4-53

图 4-54

4.1.4 缩放对象

选择“修改 > 变形 > 缩放”命令，在当前选择的图形周围将出现控制点，如图 4-55 所示。将鼠标指针放置在右上方控制点上，鼠标指针变为形状，按住鼠标左键不放，向左下方拖曳控制点，如图 4-56 所示，效果如图 4-57 所示。

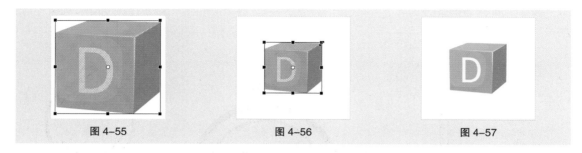

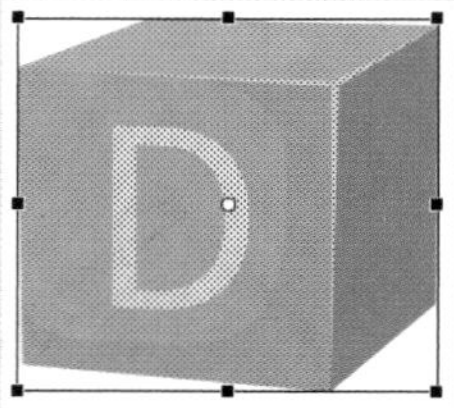
图 4-55

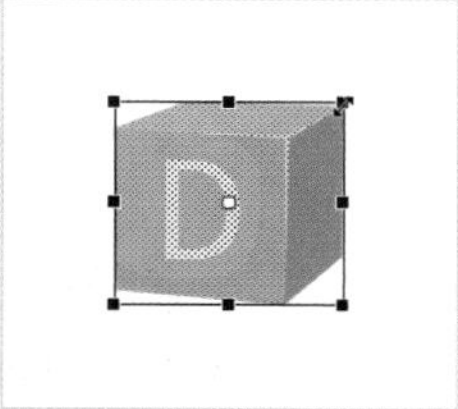
图 4-56

图 4-57

4.1.5 旋转与倾斜对象

选择“修改 > 变形 > 旋转与倾斜”命令，在当前选择的图形周围将出现控制点，如图 4-58 所示。拖曳图形上方中间的控制点倾斜图形时，鼠标指针变为⇋形状，如图 4-59 所示，松开鼠标，图形倾斜，如图 4-60 所示。

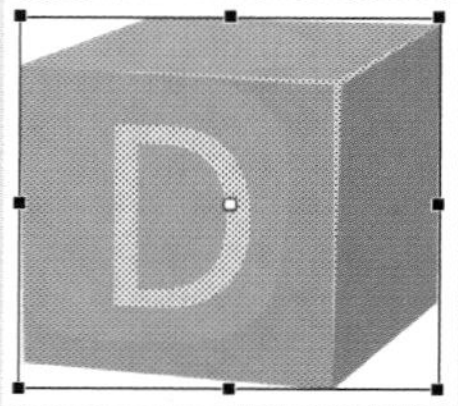
图 4-58

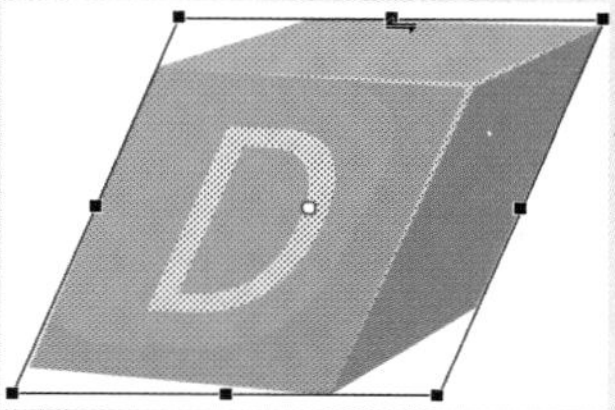
图 4-59

图 4-60

将鼠标指针放在右上角的控制点上时，鼠标指针变为↻形状，如图 4-61 所示。拖曳控制点旋转图形，如图 4-62 所示，旋转完成后的效果如图 4-63 所示。

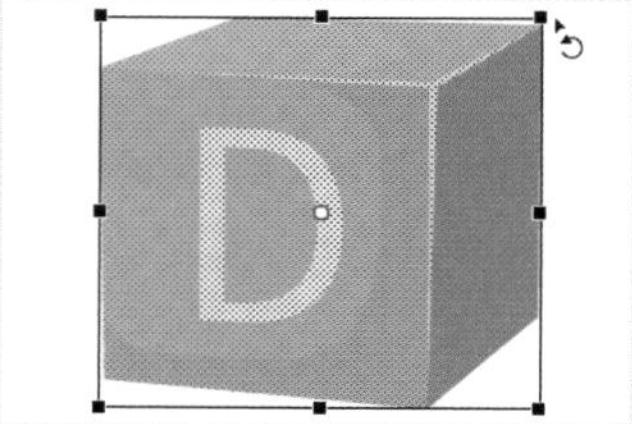
图 4-61

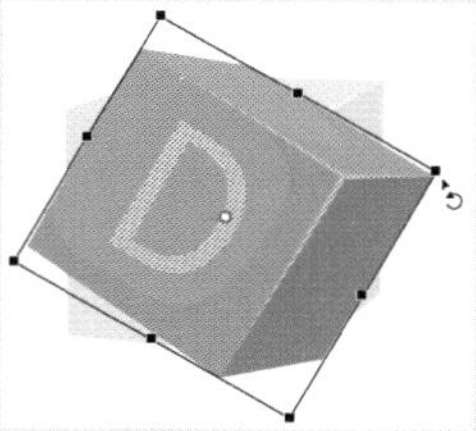
图 4-62

图 4-63

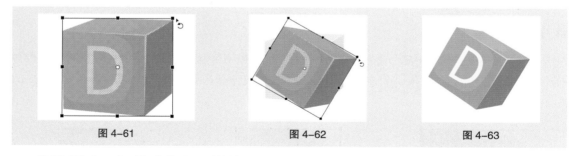

选择“修改 > 变形”中的“顺时针旋转 90°”“逆时针旋转 90°”命令，可以将图形按照规定的度数旋转，效果如图 4-64 和图 4-65 所示。

图 4-64

图 4-65

4.1.6 翻转对象

选择“修改 > 变形”中的“垂直翻转”“水平翻转”命令，可以将图形进行翻转，效果如图 4-66 和图 4-67 所示。

图 4-66

图 4-67

4.1.7 组合对象

选中多个图形，如图 4-68 所示。选择“修改 > 组合”命令，或按 Ctrl+G 组合键，可以将选中的图形进行组合，如图 4-69 所示。

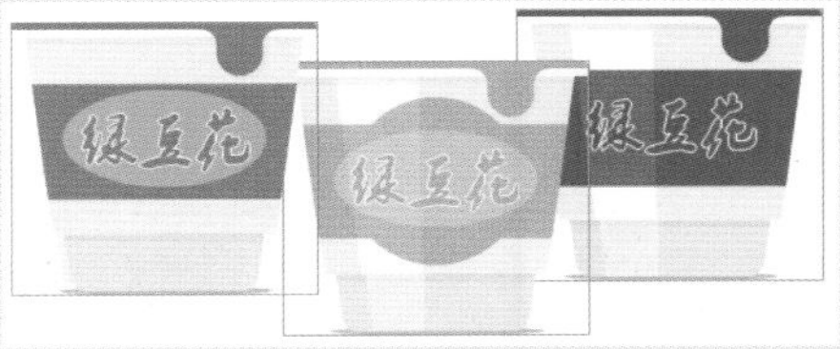

图 4-68

图 4-69

4.1.8 分离对象

要修改多个组合图形，以及图像、文字或组件的一部分时，可以使用“修改 > 分离”命令。另外，制作变形动画时，需用“分离”命令将图像、文字或组件等转换成图形。

选中组合图形，如图 4-70 所示。选择“修改 > 分离”命令，或按 Ctrl+B 组合键，使组合的图形分离，多次使用“分离”命令后的效果如图 4-71 所示。

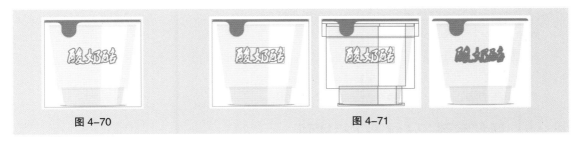

图 4-70

图 4-71

4.1.9 叠放对象

制作复杂图形时，图形的叠放次序不同，产生的效果也不同，可以通过“修改 > 排列”中的命令实现不同的叠放效果。

如果要将某一图形移动到所有图形的顶层，先选中要移动的图形，如图 4-72 所示，再选择“修

改 > 排列 > 移至顶层”命令，将选中的图形移动到所有图形的顶层，效果如图 4–73 所示。

图 4–72

图 4–73

提示

叠放对象只能是图形的组合或组件。

4.1.10 对齐对象

当选择多个图形、图像的组合或组件时，可以通过“修改 > 对齐”中的命令调整它们的相对位置。

如果要将多个图形的顶部对齐，选中多个图形，如图 4–74 所示。选择“修改 > 对齐 > 顶对齐”命令，可以将所有图形的顶部对齐，效果如图 4–75 所示。

图 4–74

图 4–75

4.2 对象的修饰

在制作动画的过程中，可以使用 Flash CS6 自带的一些命令对曲线进行优化，将线条转换为填充色块，对填充色进行修改或对填充边缘进行柔化处理。

常用对象修饰命令如下。

优化曲线：可以优化线条，使其较为平滑。

将线条转换为填充：可以将矢量线条转换为填充色块。

柔化填充边缘：可以使图形的边缘具有柔化效果。

4.2.1 课堂案例——绘制飞机插画

【案例学习目标】使用不同的绘图工具绘制图形，使用形状命令编辑图形。

【案例知识要点】使用“柔化填充边缘”命令制作太阳效果，使用“钢笔”工具绘制白云形状，效果如图 4–76 所示。

【效果所在位置】云盘 /Ch04/ 效果 / 绘制飞机插画。

微课
绘制飞机插画

图 4-76

（1）选择“文件 > 新建”命令，在弹出的“新建文档”对话框中，选择“常规”选项卡中的“ActionScript 3.0”选项，将“宽”选项和“高”选项均设为 594，“背景颜色”设为浅黄色（#FEE48F），单击“确定”按钮，完成文档的创建。

（2）将“图层 1”重新命名为“太阳”，如图 4-77 所示。选择“椭圆”工具，在工具箱中将“笔触颜色”设为无，“填充颜色”设为白色，单击工具箱下方的“对象绘制”按钮，按住 Shift 键的同时在舞台中绘制 1 个圆形，效果如图 4-78 所示。

图 4-77

图 4-78

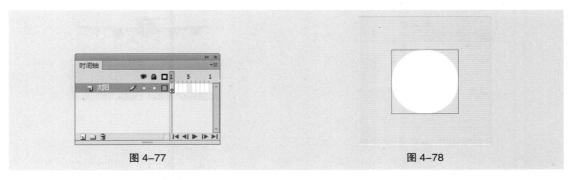

（3）选择“选择”工具，选中白色圆形。选择“修改 > 形状 > 柔化填充边缘”命令，弹出“柔化填充边缘”对话框，在对话框中进行设置，如图 4-79 所示。单击“确定”按钮，效果如图 4-80 所示。

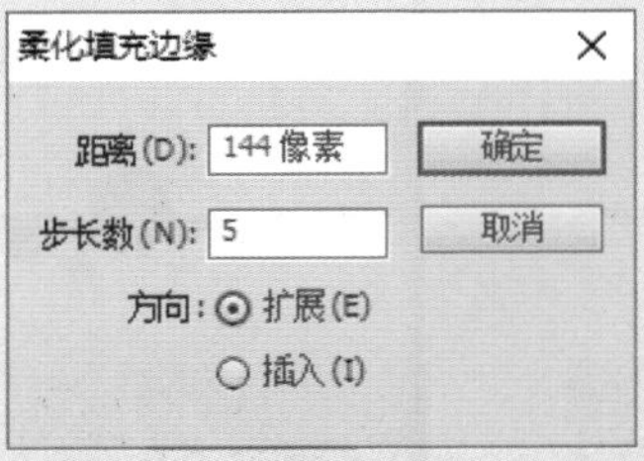

图 4-79

图 4-80

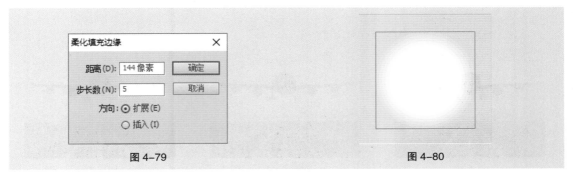

（4）在“时间轴”面板中创建新图层并将其命名为“跑道”。选择“文件 > 导入 > 导入到库”命令，在弹出的“导入到库”对话框中，选择云盘中的“Ch04 > 素材 > 绘制飞机插画 > 01、02”文件，单击“打开”按钮，文件被导入“库”面板中，如图 4-81 所示。将“库”面板中的图形元件“02.ai”拖曳到舞台中适当的位置，效果如图 4-82 所示。

图 4-81

图 4-82

（5）在“时间轴”面板中创建新图层并将其命名为“飞机”，如图 4-83 所示。将“库”面板中的图形元件“01”拖曳到舞台中适当的位置，效果如图 4-84 所示。

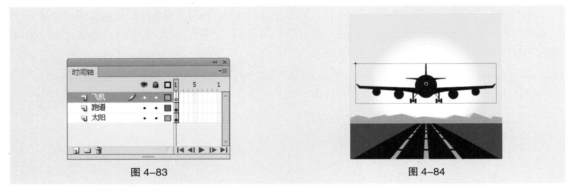

图 4-83

图 4-84

（6）在“时间轴”面板中创建新图层并将其命名为“白云”。选择“钢笔”工具，在钢笔工具“属性”面板中，将“笔触颜色”设为黑色，“笔触”选项设为 1，在舞台中绘制多条闭合边线，如图 4-85 所示。在“时间轴”面板中选中“白云”图层，将该层中的对象全部选中，如图 4-86 所示。在工具箱中将“填充颜色”设为白色，“笔触颜色”设为无，效果如图 4-87 所示。

图 4-85

图 4-86

图 4-87

（7）选择“修改 > 形状 > 柔化填充边缘”命令，弹出“柔化填充边缘”对话框，在对话框中进行设置，如图 4-88 所示，单击“确定”按钮，效果如图 4-89 所示。飞机插画绘制完成，按 Ctrl+Enter 组合键即可查看效果。

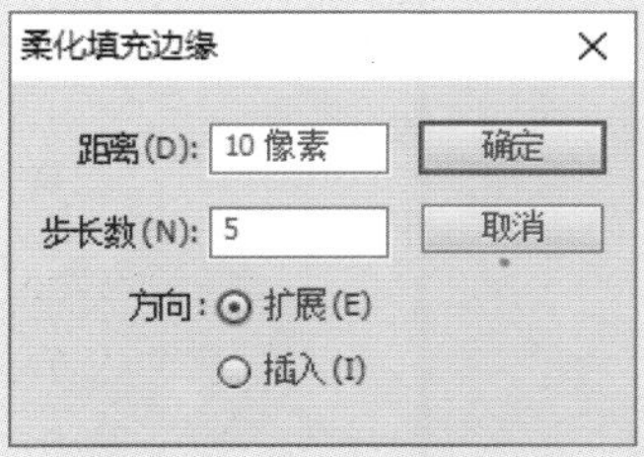

图 4-88

图 4-89

4.2.2 优化曲线

选中要优化的线条，如图 4-90 所示。选择“修改 > 形状 > 优化”命令，弹出“优化曲线”对话框，进行设置后，如图 4-91 所示。单击“确定”按钮，弹出提示对话框，如图 4-92 所示。单击“确定”按钮，线条被优化，如图 4-93 所示。

图 4-90

图 4-91

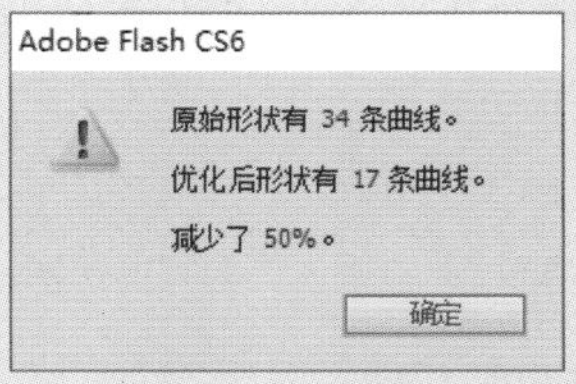

图 4-92

图 4-93

4.2.3 将线条转换为填充

打开云盘中的“基础素材 > Ch04 > 04”文件，如图 4-94 所示，选择“墨水瓶”工具，为图形绘制外边线，效果如图 4-95 所示。

双击图形的外边线将其选中，选择“修改 > 形状 > 将线条转换为填充”命令，将外边线转换为填充色块，如图 4-96 所示。这时，可以使用“颜料桶”工具为填充色块设置其他颜色，设置后的效果如图 4-97 所示。

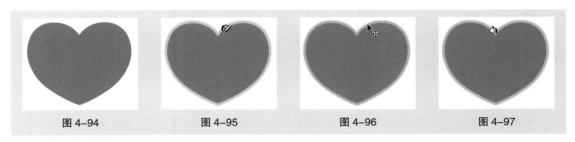

图 4-94

图 4-95

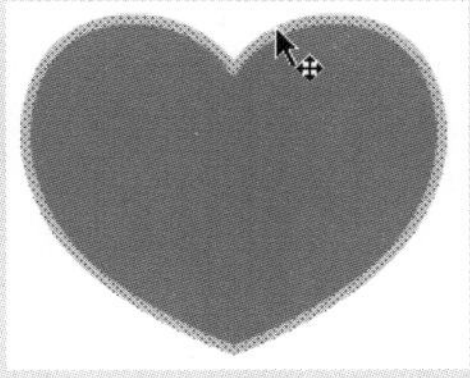

图 4-96

图 4-97

4.2.4 扩展填充

使用“扩展填充”命令可以将填充颜色向外扩展或向内收缩，扩展或收缩的数值可以自行设置。

1. 扩展填充色

打开云盘中的“基础素材 > Ch04 > 05”文件并选中图形的填充颜色，如图 4-98 所示。选择“修

改 > 形状 > 扩展填充”命令，弹出“扩展填充”对话框，在“距离”数值框中输入 6 像素（取值范围为 0.05 ~ 144），选中“扩展”单选项，如图 4-99 所示。单击“确定”按钮，填充色向外扩展，效果如图 4-100 所示。

图 4-98

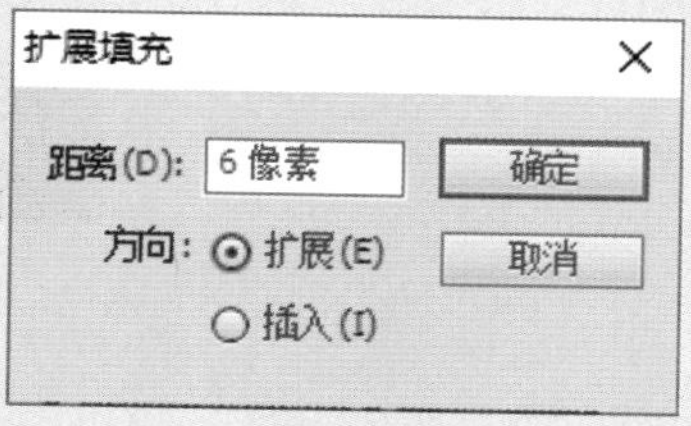

图 4-99

图 4-100

2. 收缩填充色

选中图形的填充颜色，选择“修改 > 形状 > 扩展填充”命令，弹出“扩展填充”对话框，在“距离”数值框中输入 6 像素（取值范围为 0.05 ~ 144），选中“插入”单选项，如图 4-101 所示。单击“确定”按钮，填充色向内收缩，效果如图 4-102 所示。

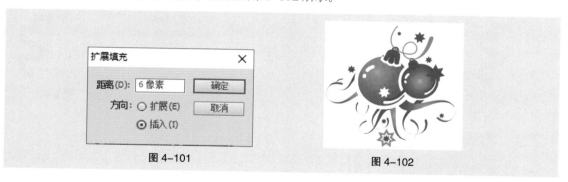

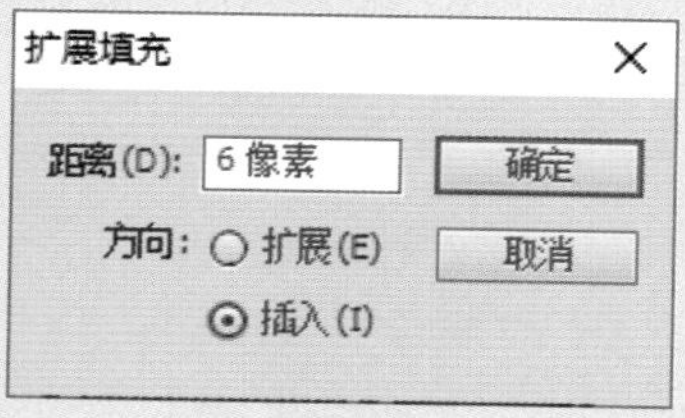

图 4-101

图 4-102

4.2.5 柔化填充边缘

1. 向外柔化填充边缘

打开云盘中的“基础素材 > Ch04 > 06”文件，选中需要的图形，如图 4-103 所示，选择“修改 > 形状 > 柔化填充边缘”命令，弹出“柔化填充边缘”对话框，在“距离”数值框中输入 60 像素，在“步长数”数值框中输入 5，选中“扩展”单选项，如图 4-104 所示。单击“确定”按钮，效果如图 4-105 所示。

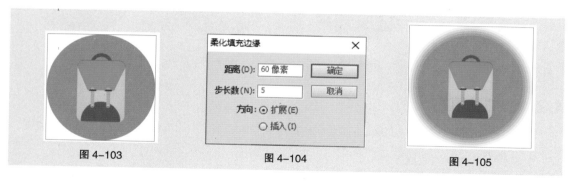

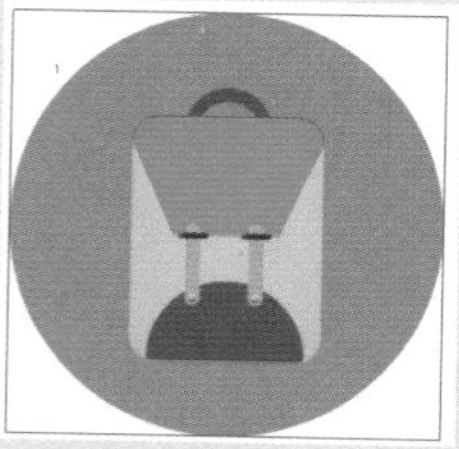

图 4-103

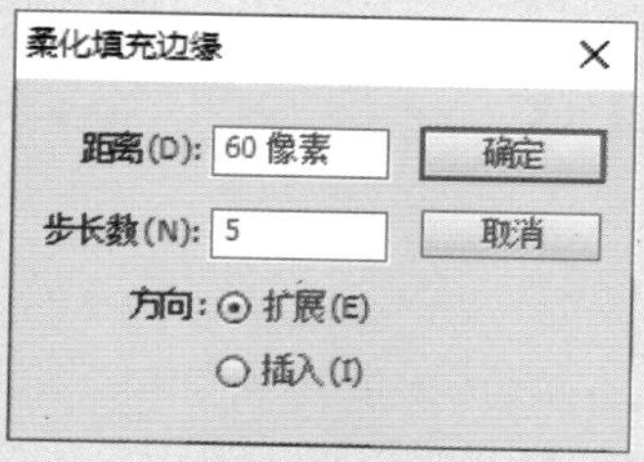

图 4-104

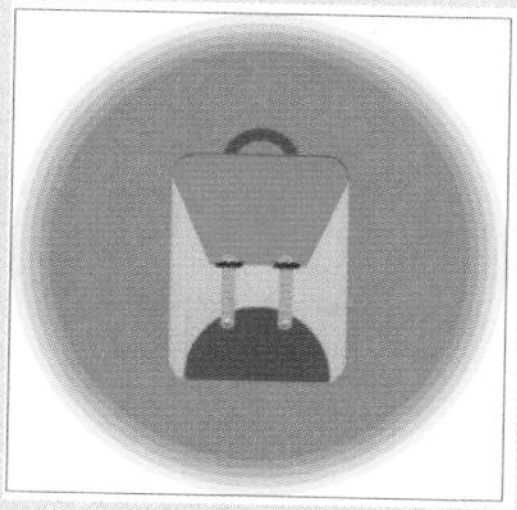

图 4-105

在“柔化填充边缘”对话框中设置不同的数值，所产生的效果也各不相同。

选中图形，选择“修改 > 形状 > 柔化填充边缘”命令，弹出“柔化填充边缘”对话框，在“距离”数值框中输入 60 像素，在“步长数”数值框中输入 30，选中“扩展”单选项，如图 4–106 所示。单击“确定”按钮，效果如图 4–107 所示。

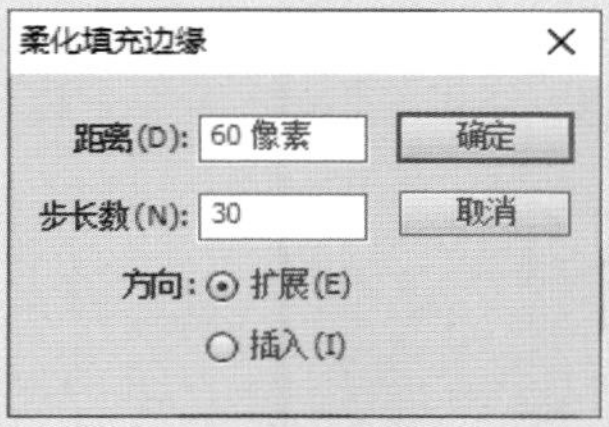

图 4–106

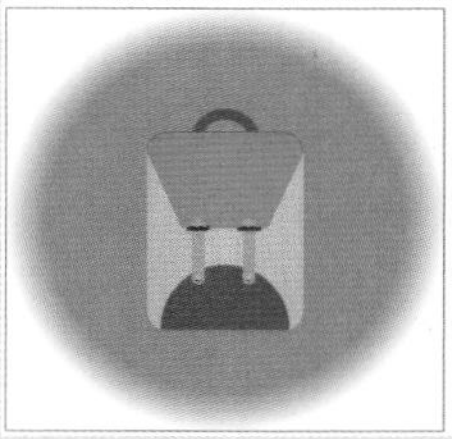
图 4–107

2. 向内柔化填充边缘

选中图形，如图 4–108 所示，选择“修改 > 形状 > 柔化填充边缘”命令，弹出“柔化填充边缘”对话框，在“距离”数值框中输入 60 像素，在“步长数”数值框中输入 5，选中“插入”单选项，如图 4–109 所示。单击“确定”按钮，效果如图 4–110 所示。

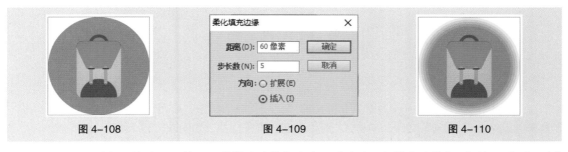

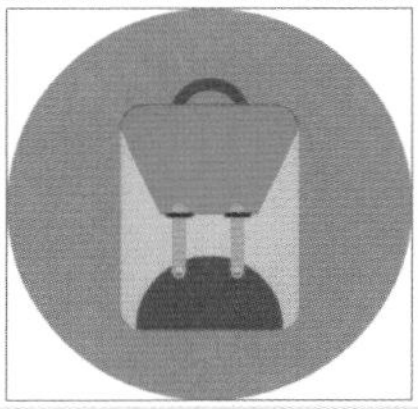
图 4–108

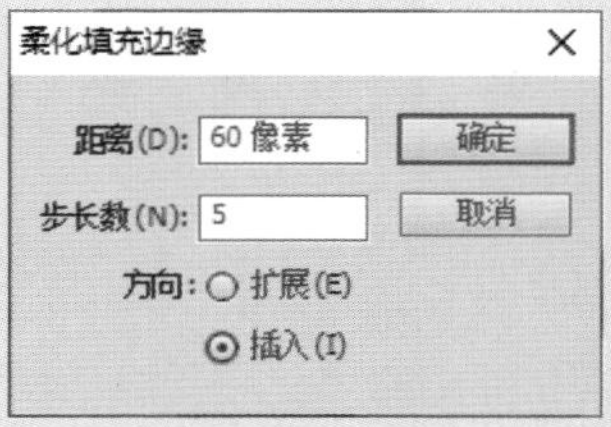

图 4–109

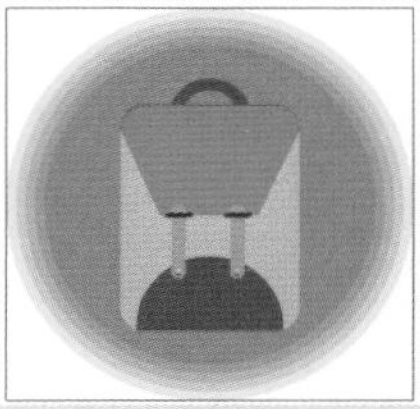
图 4–110

选中图形，选择“修改 > 形状 > 柔化填充边缘”命令，弹出“柔化填充边缘”对话框，在“距离”数值框中输入 60 像素，在“步长数”数值框中输入 30，选中“插入”单选项，如图 4–111 所示。单击“确定”按钮，效果如图 4–112 所示。

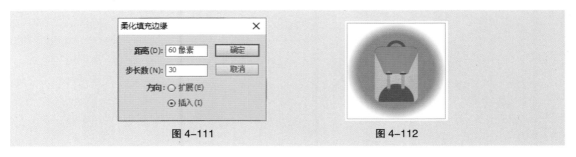

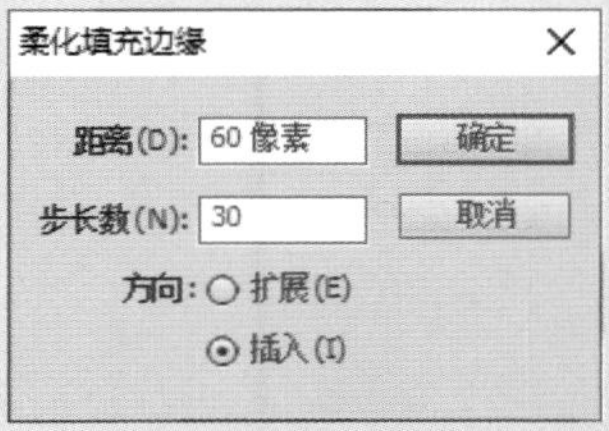

图 4–111

图 4–112

4.3 对齐与变形

可以使用“对齐”面板来设置多个对象之间的对齐方式，还可以使用“变形”面板来改变对象的大小以及倾斜度。

“对齐”面板：可以将多个图形按照一定的规律进行排列，能够快速地调整图形之间的相对位置、平分间距、对齐方向。

“变形”面板：可以使图形、组、文本以及实例变形。

4.3.1 课堂案例——制作茶叶网站首页

【案例学习目标】使用“变形”面板和“对齐”面板编辑图形。

【案例知识要点】使用“导入到库”命令导入素材，使用“变形”面板缩放图像，使用“对齐”面板设置图像的对齐方式，如图 4-113 所示。

【效果所在位置】云盘 /Ch04/ 效果 / 制作茶叶网站首页。

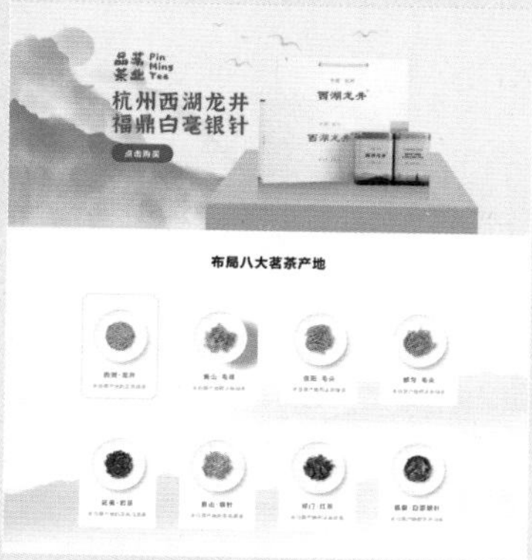

微课
制作茶叶网站首页

图 4-113

（1）选择“文件 > 打开”命令，在弹出的“打开”对话框中，选择云盘中的“Ch04 > 素材 > 制作茶叶网站首页 > 01”文件，单击“打开”按钮，打开文件，如图 4-114 所示。

（2）选择“文件 > 导入 > 导入到库”命令，在弹出的“导入到库”对话框中，选择云盘中的“Ch04 > 素材 > 制作茶叶网站首页 > 02 ~ 09”文件，单击“打开”按钮，文件被导入“库”面板，如图 4-115 所示。

图 4-114

图 4-115

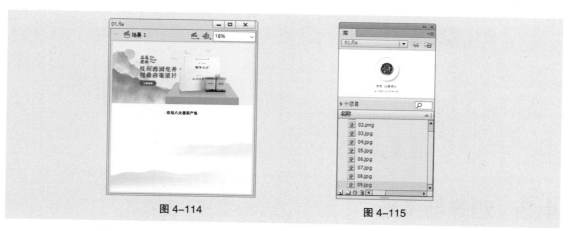

（3）在“时间轴”面板中创建新图层并将其命名为“分类”。将“库”面板中的位图“02”拖曳到舞台中，如图 4-116 所示。保持图像处于选取状态，按 Ctrl+T 组合键，弹出“变形”面板，将“缩放宽度”和“缩放高度”选项均设为 90，如图 4-117 所示，效果如图 4-118 所示。

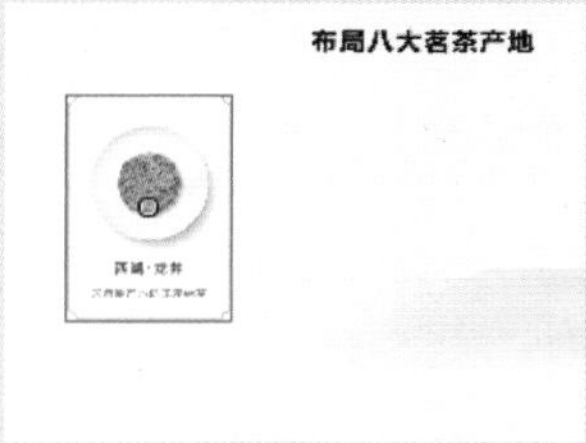

图 4-116

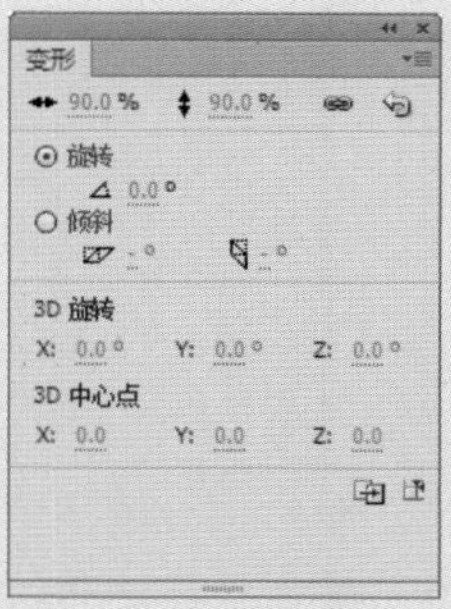

图 4-117

图 4-118

（4）用相同的方法将“库”面板中的位图“03”～“05”拖曳到舞台中并调整图片大小，效果如图 4-119 所示。在“时间轴”面板中单击“分类”图层，将该图层中的对像全部选中，如图 4-120 所示。

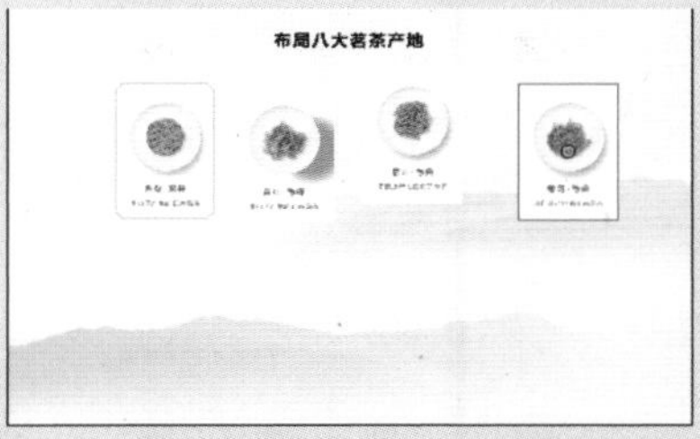

图 4-119

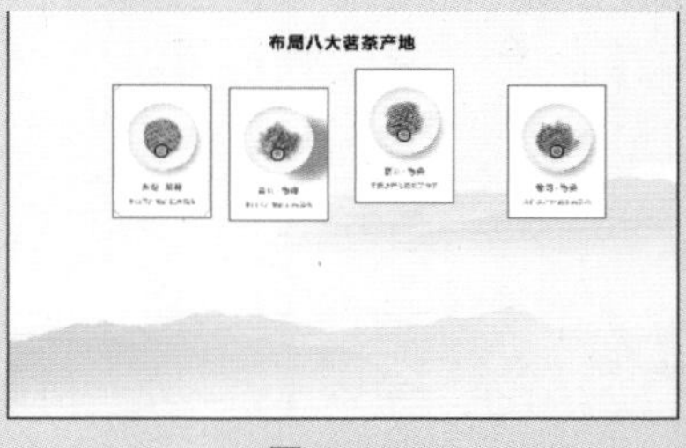

图 4-120

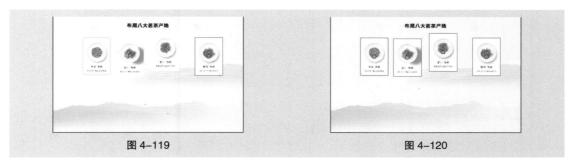

（5）按 Ctrl+K 组合键，弹出“对齐”面板，单击面板中的“垂直中齐”按钮，如图 4-121 所示，使选中的对象垂直居中对齐，效果如图 4-122 所示。

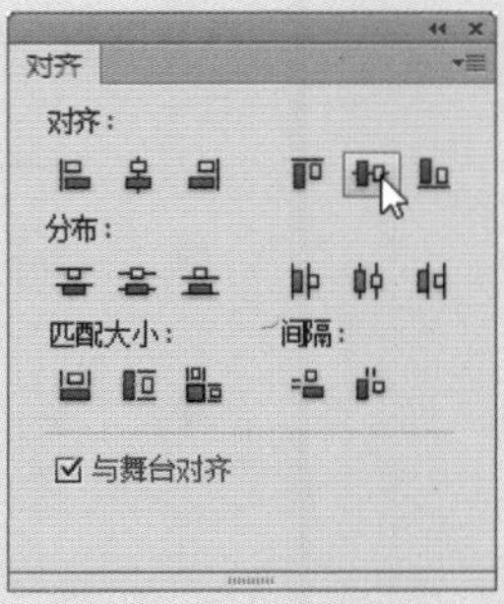

图 4-121

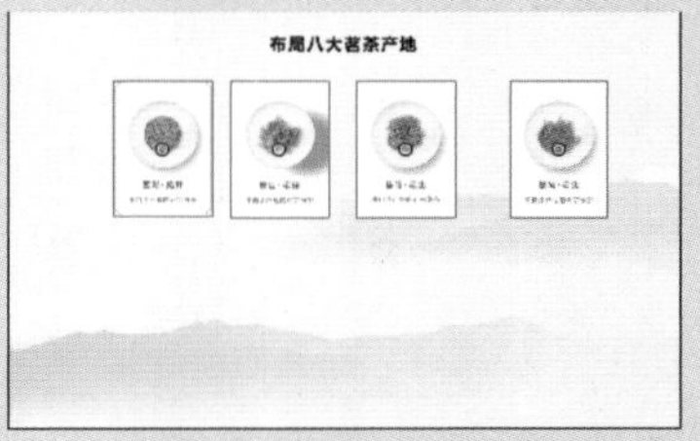

图 4-122

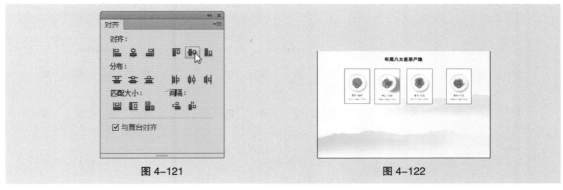

（6）用步骤（3）中的方法将“库”面板中的位图“06”～“09”拖曳到舞台中并调整图片大小，效果如图 4-123 所示。

（7）选择“选择”工具，按住 Shift 键的同时，在舞台中选中需要的对像，如图 4-124 所示。单击“对齐”面板中的“左对齐”按钮，将选中的对像左对齐，效果如图 4-125 所示。

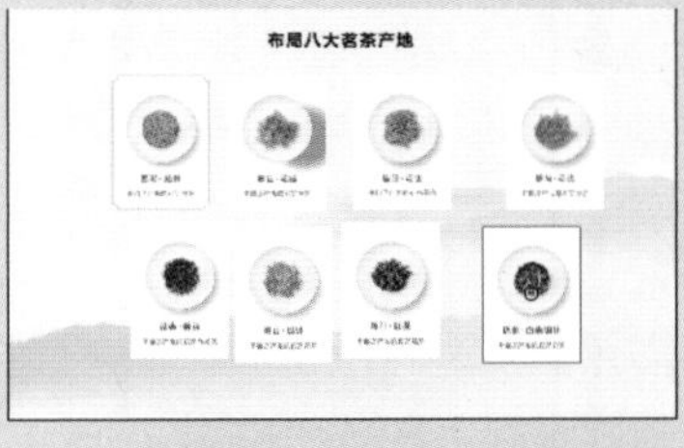

图 4-123

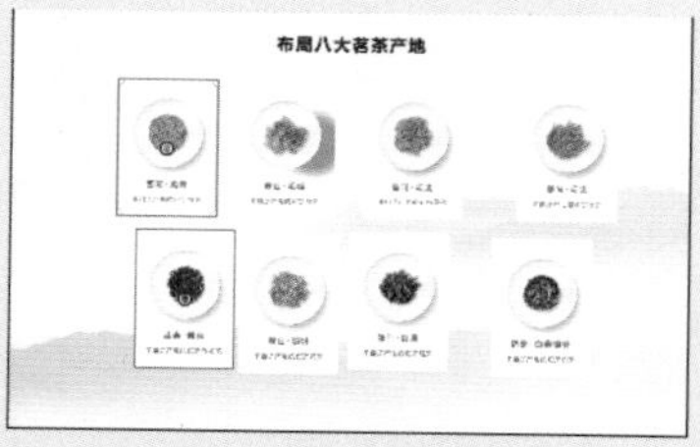

图 4-124

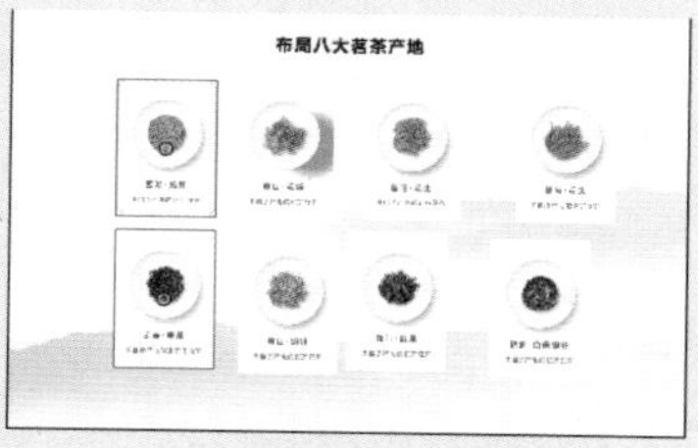

图 4-125

（8）选择“选择”工具，按住 Shift 键的同时，在舞台中选中需要的对像，如图 4-126 所示。单击“对齐”面板中的“右对齐”按钮，将选中的对像右对齐，效果如图 4-127 所示。

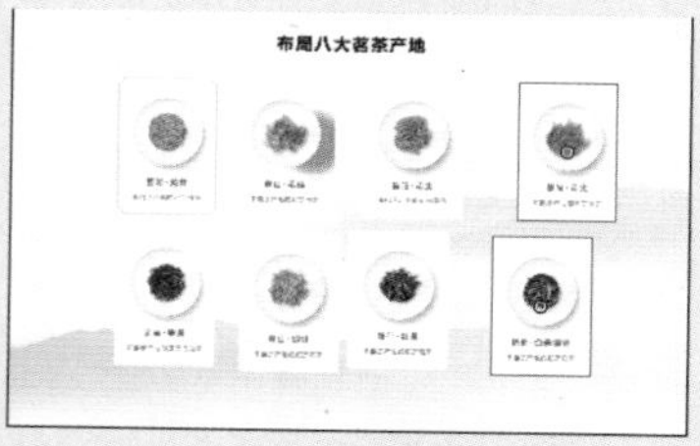

图 4-126

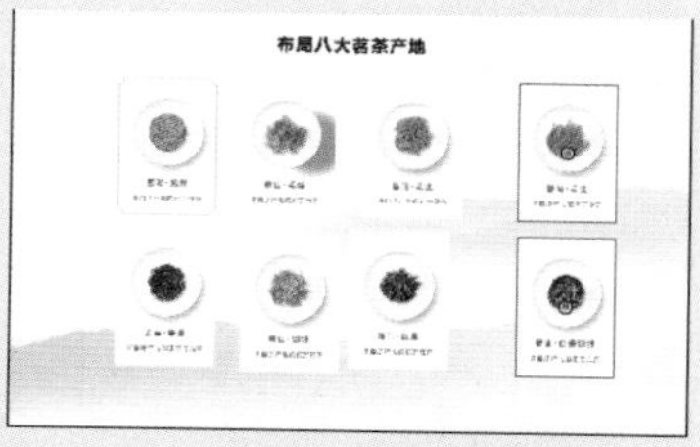

图 4-127

（9）选中第 1 行的所有对像，如图 4-128 所示。单击“对齐”面板中的“水平居中分布”按钮，使选中的对象水平居中分布，效果如图 4-129 所示。用相同的方法使第 2 行的对像水平居中分布，效果如图 4-130 所示。保持第 2 行对像处于选取状态，单击“对齐”面板中的“垂直中齐”按钮，使选中的对象垂直居中对齐，效果如图 4-131 所示。

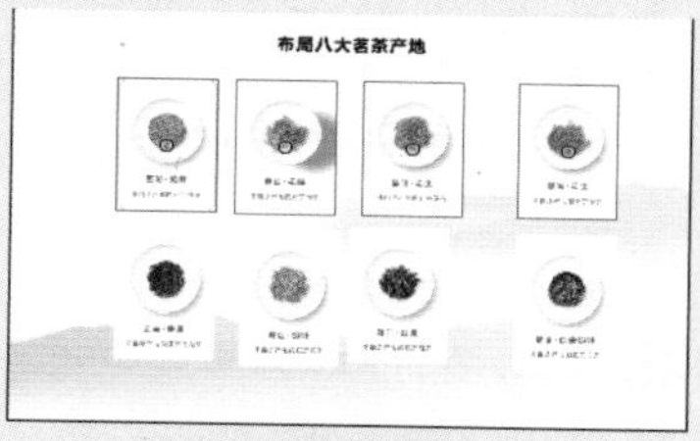

图 4-128

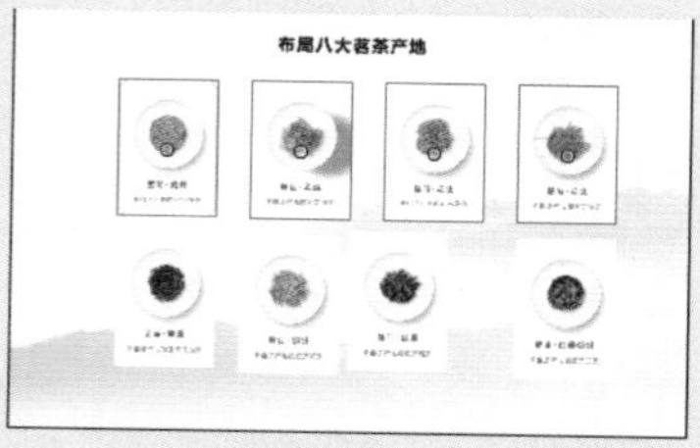

图 4-129

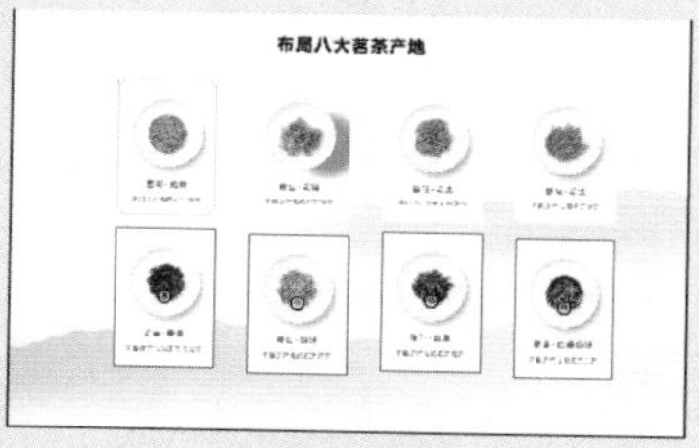

图 4-130

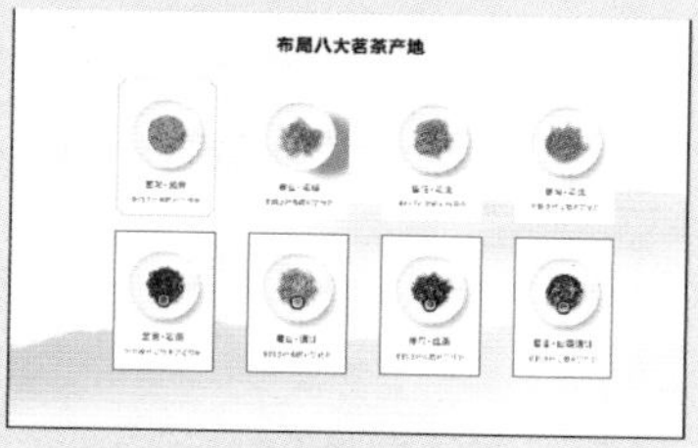

图 4-131

（10）保持第 2 行对像处于选取状态并将其垂直向下拖曳到适当的位置，效果如图 4-132 所示。在“时间轴”面板中单击“分类”图层，将该图层中的对像全部选中，按 Ctrl+G 组合键，将选中的对像编组，效果如图 4-133 所示。

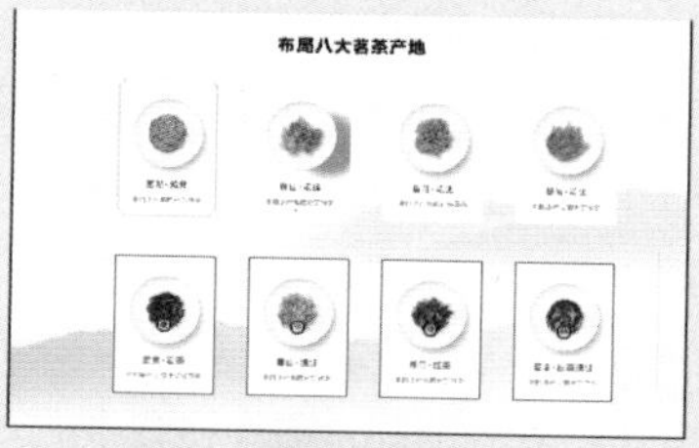

图 4-132

（11）勾选“对齐”面板中的“与舞台对齐”复选框，单击“水平中齐”按钮，使编组对象相对于舞台水平居中对齐，效果如图 4-134 所示。茶叶网站首页制作完成。

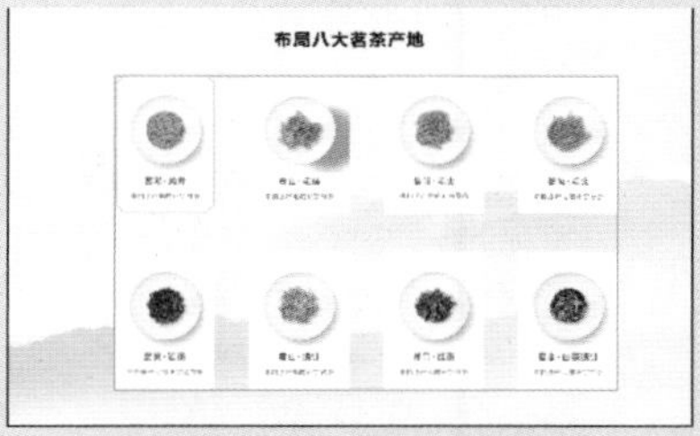

图 4-133

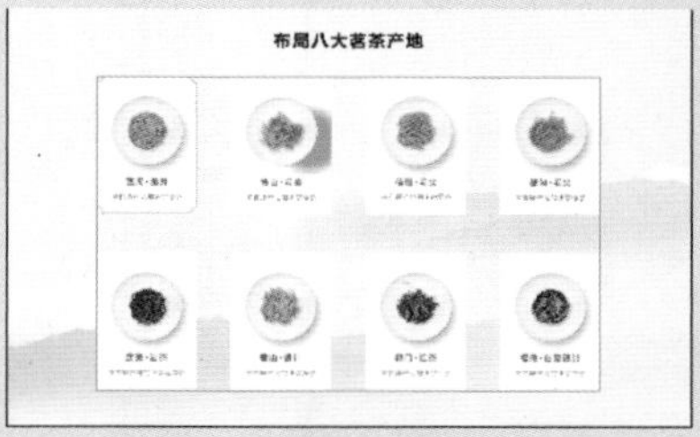

图 4-134

4.3.2　“对齐”面板

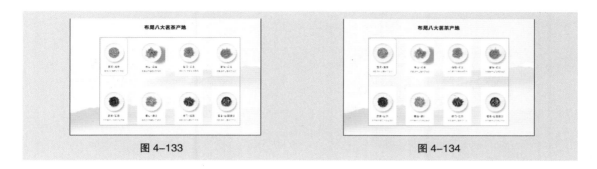

选择“窗口 > 对齐”命令，弹出“对齐”面板，如图 4-135 所示。

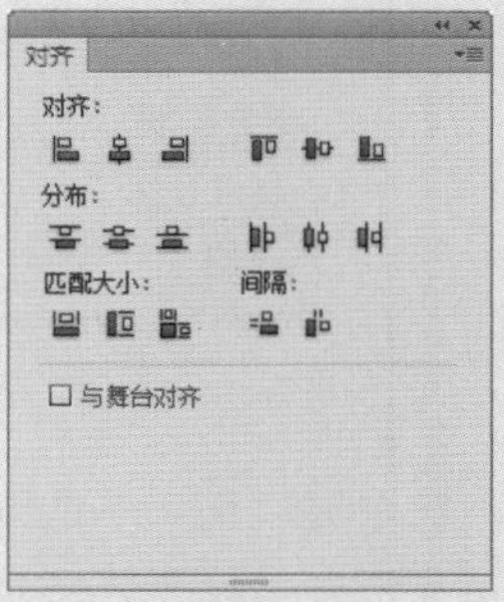

图 4-135

1.“对齐”选项组

“左对齐”按钮：用于设置选取对象左端对齐。

“水平中齐”按钮：用于设置选取对象沿垂直线居中对齐。

“右对齐”按钮：用于设置选取对象右端对齐。

“顶对齐”按钮：用于设置选取对象上端对齐。

“垂直中齐”按钮：用于设置选取对象垂直居中对齐。

“底对齐”按钮：用于设置选取对象下端对齐。

2.“分布”选项组

“顶部分布”按钮：用于设置选取对象在横向上上端间距相等。

“垂直居中分布”按钮：用于设置选取对象在横向上中心间距相等。

“底部分布”按钮：用于设置选取对象在横向上、下端间距相等。

“左侧分布”按钮：用于设置选取对象在纵向上左端间距相等。

“水平居中分布”按钮：用于设置选取对象在纵向上中心间距相等。

“右侧分布”按钮：用于设置选取对象在纵向上右端间距相等。

3.“匹配大小”选项组

“匹配宽度”按钮：用于设置选取对象在水平方向上等尺寸变形（以所选对象中宽度最大的为基准）。

“匹配高度”按钮：用于设置选取对象在垂直方向上等尺寸变形（以所选对象中高度最大的为基准）。

“匹配宽和高”按钮：用于设置选取对象在水平方向和垂直方向同时进行等尺寸变形（同时以所选对象中宽度和高度最大的为基准）。

4.“间隔”选项组

“垂直平均间隔”按钮：用于设置选取对象在纵向上间距相等。

“水平平均间隔”按钮：用于设置选取对象在横向上间距相等。

5.“与舞台对齐”复选框

“与舞台对齐”复选框：勾选此复选框后，上述所有的设置操作都是以整个舞台的宽度或高度为基准的。

打开云盘中的“基础素材 > Ch04 > 07”文件，选中要对齐的图形，如图 4-136 所示。单击“底对齐”按钮，图形底端对齐，如图 4-137 所示。

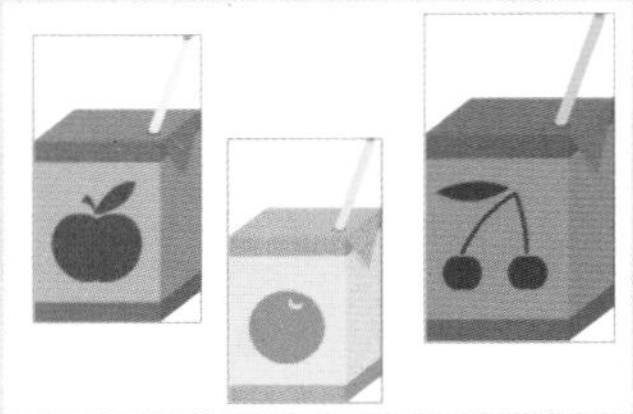
图 4–136

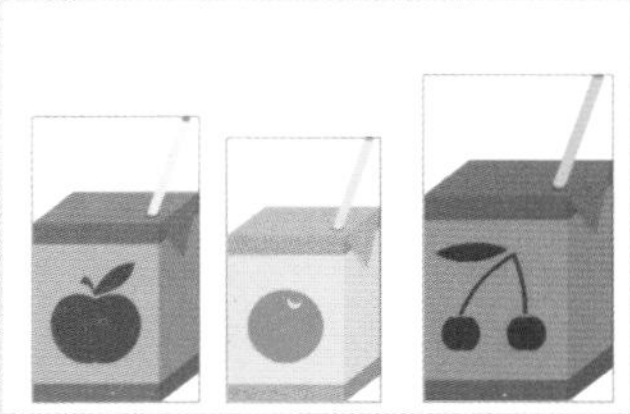
图 4–137

选中需要的图形，如图 4–138 所示。单击“水平居中分布”按钮，图形在纵向上中心间距相等，如图 4–139 所示。

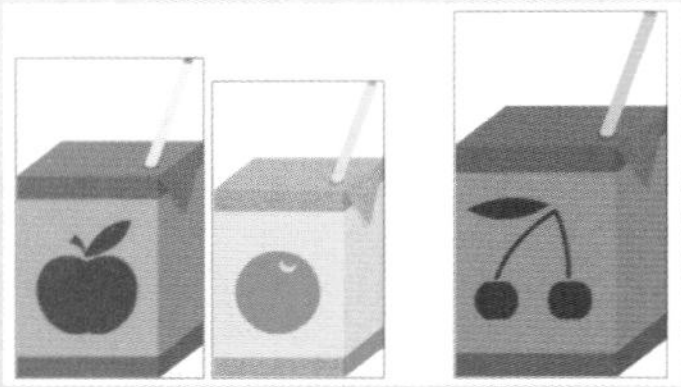
图 4–138

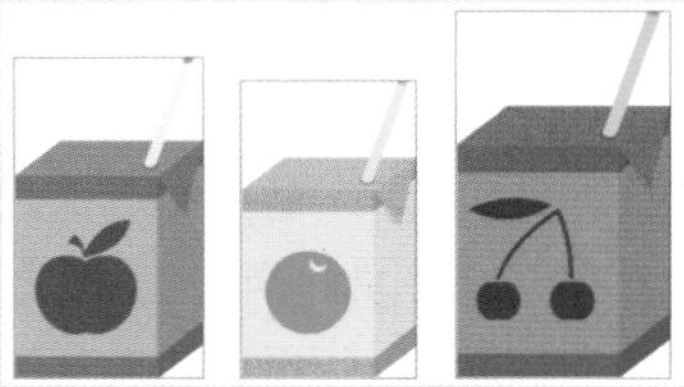
图 4–139

选中要匹配大小的图形，如图 4–140 所示。单击“匹配高度”按钮，图形在垂直方向上等尺寸变形，如图 4–141 所示。

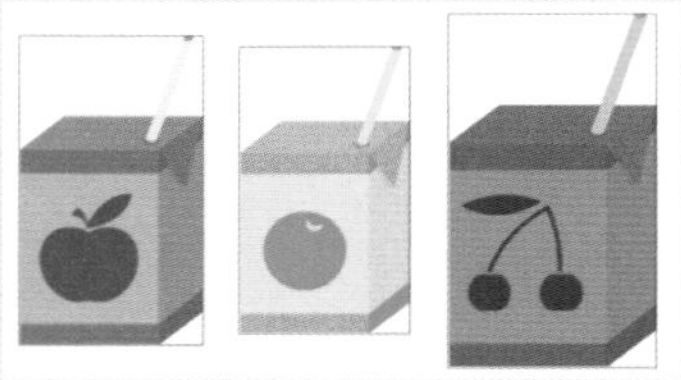
图 4–140

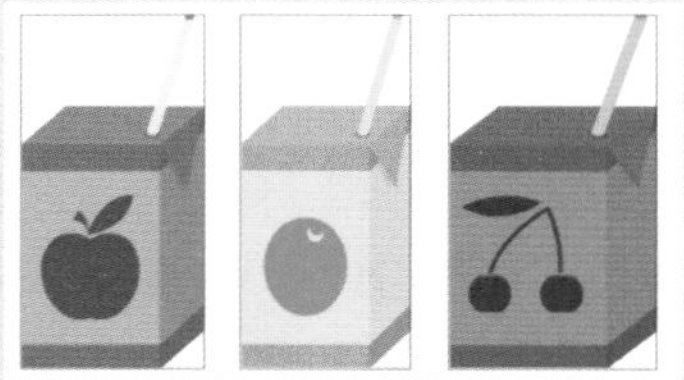
图 4–141

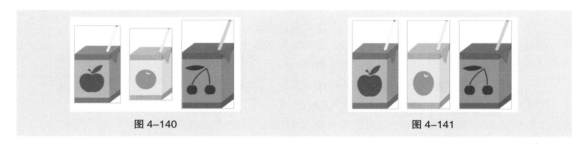

勾选“与舞台对齐”复选框前后，使用同一个命令产生的效果不同。选中图形，如图 4–142 所示。单击“左侧分布”按钮，效果如图 4–143 所示。勾选“与舞台对齐”复选框后，单击“左侧分布”按钮，效果如图 4–144 所示。

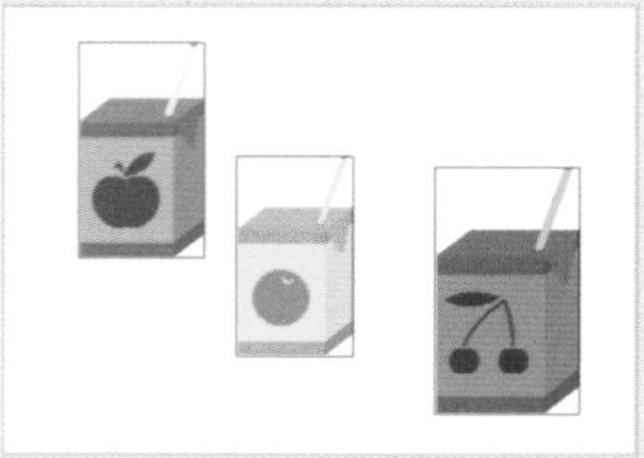
图 4–142

图 4–143

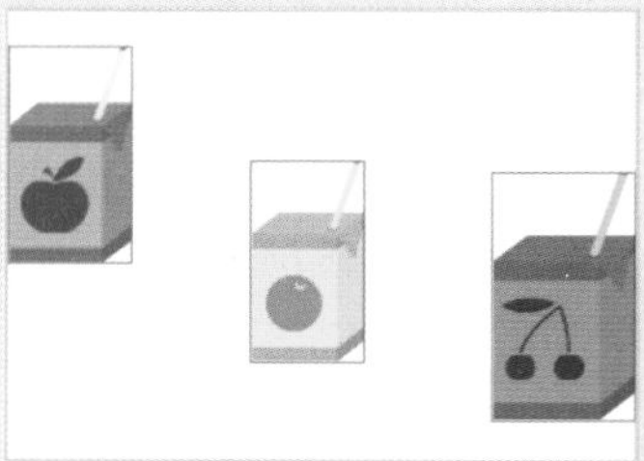
图 4–144

4.3.3 “变形”面板

选择“窗口 > 变形”命令，弹出“变形”面板，如图 4–145 所示。

"缩放宽度"和"缩放高度"选项：用于设置图形的宽度和高度。

"约束"按钮：用于约束"宽度"和"高度"选项，使图形能够成比例地变形。

"旋转"选项：用于设置图形的旋转角度。

"倾斜"选项：用于设置图形水平倾斜或垂直倾斜的角度。

"重制选区和变形"按钮：用于复制图形并将变形设置应用于图形。

"取消变形"按钮：用于将图形属性恢复到初始状态。

"变形"面板中的设置不同，所产生的效果也各不相同。打开"13"文件，如图 4-146 所示。选中图片，在"变形"面板中将"宽度"选项设为 50，如图 4-147 所示。按 Enter 键确认操作，图形的宽度被改变，效果如图 4-148 所示。

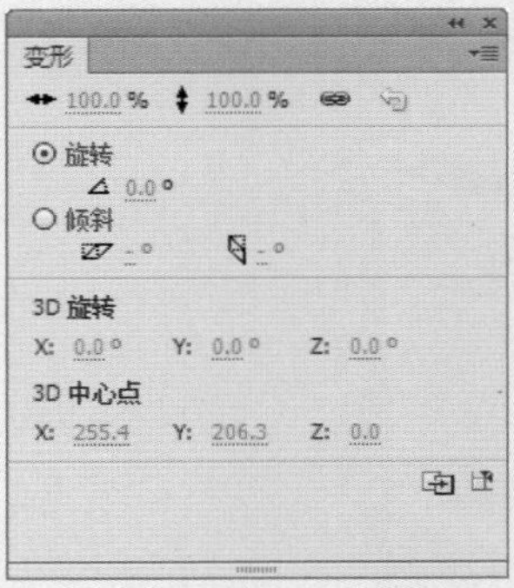

图 4-145

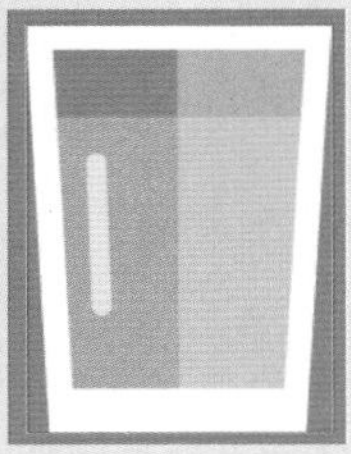
图 4-146

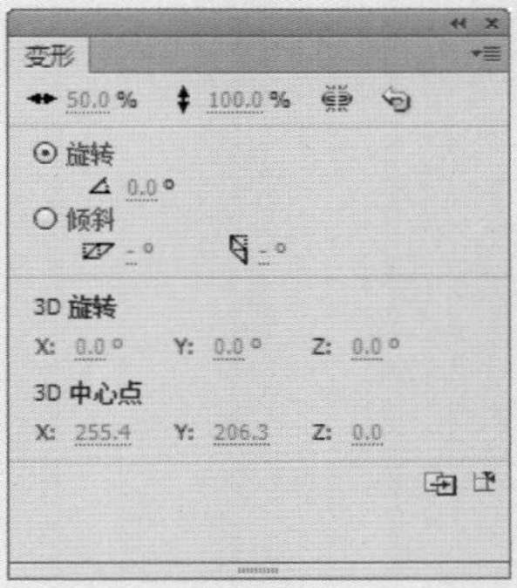

图 4-147

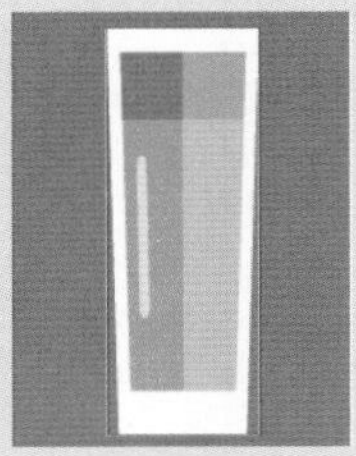
图 4-148

选中图形，在"变形"面板中单击"约束"按钮，将"缩放宽度"选项设为 50，"缩放高度"选项也随之变为 50，如图 4-149 所示。按 Enter 键确认操作，图形的宽度和高度成比例地缩小，效果如图 4-150 所示。

选中图形，在"变形"面板中，将"旋转"选项设为 50，如图 4-151 所示。按 Enter 键确认操作，图形被旋转，效果如图 4-152 所示。

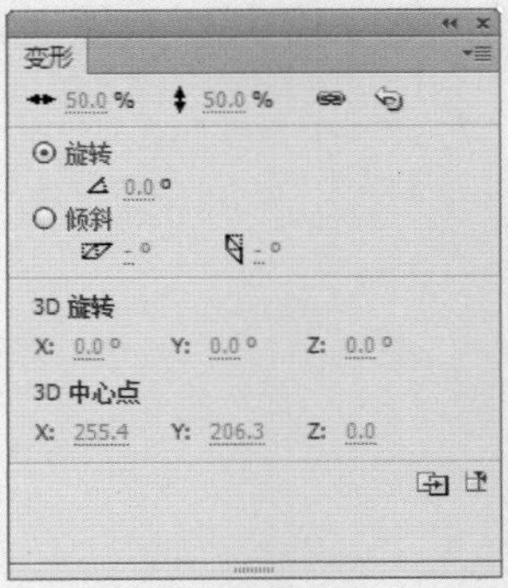

图 4-149

图 4-150

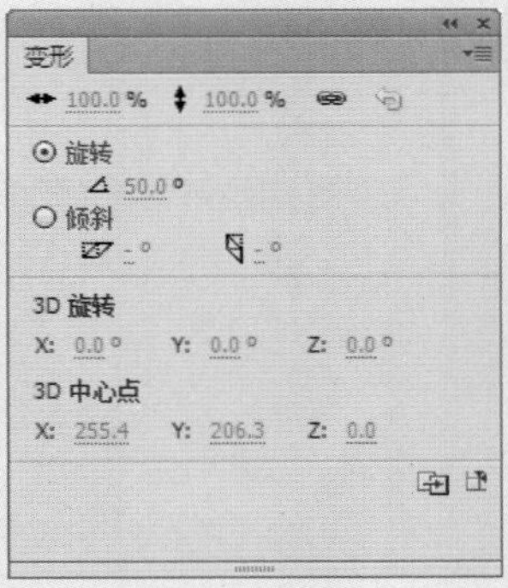

图 4-151

图 4-152

选中图形，在"变形"面板中选中"倾斜"单选项，将"水平倾斜"选项设为 40，如图 4-153 所示。按 Enter 键确认操作，图形发生水平倾斜变形，效果如图 4-154 所示。

选中图形，在"变形"面板中选中"倾斜"单选项，将"垂直倾斜"选项设为 -20，如图 4-155 所示。按 Enter 键确认操作，图形发生垂直倾斜变形，效果如图 4-156 所示。

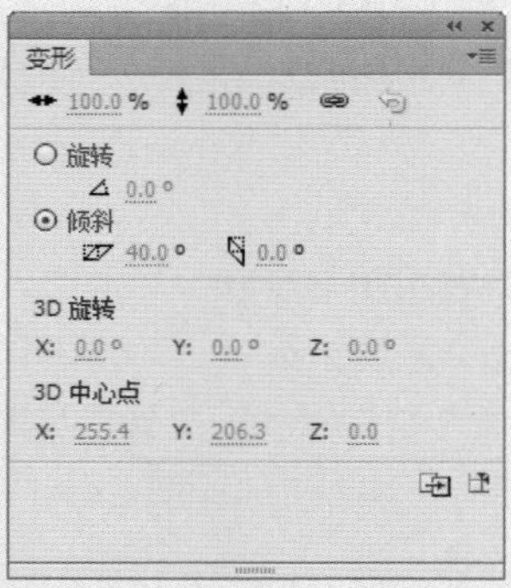

图 4-153

图 4-154

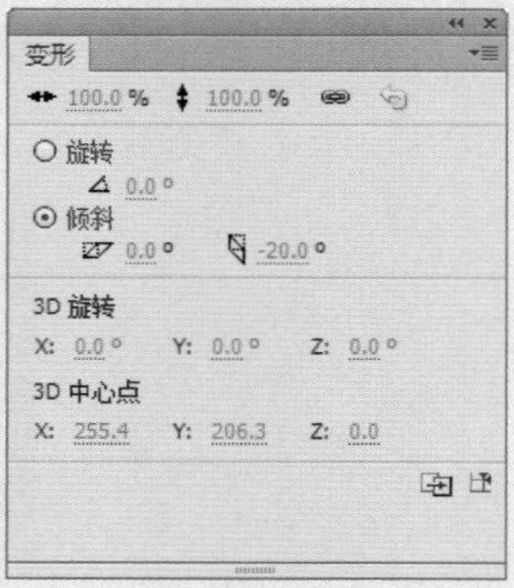

图 4-155

图 4-156

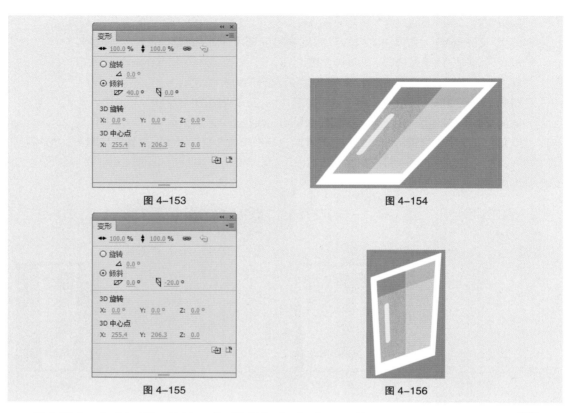

选中图形，在“变形”面板中，将“旋转”选项设为 45，单击“重制选区和变形”按钮，如图 4-157 所示，图形被复制并沿其中心点旋转了 45°，效果如图 4-158 所示。

再次单击“重制选区和变形”按钮，图形再次被复制并旋转了 45°，如图 4-159 所示。此时，面板中“旋转”选项显示为 90°，表示复制出的图形的当前角度为 90°，如图 4-160 所示。

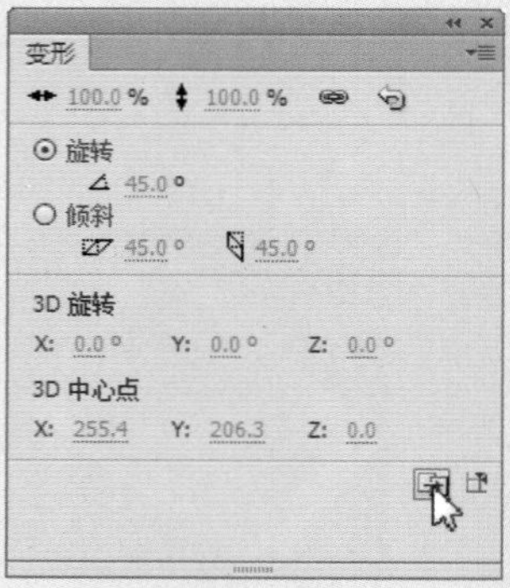

图 4-157

图 4-158

图 4-159

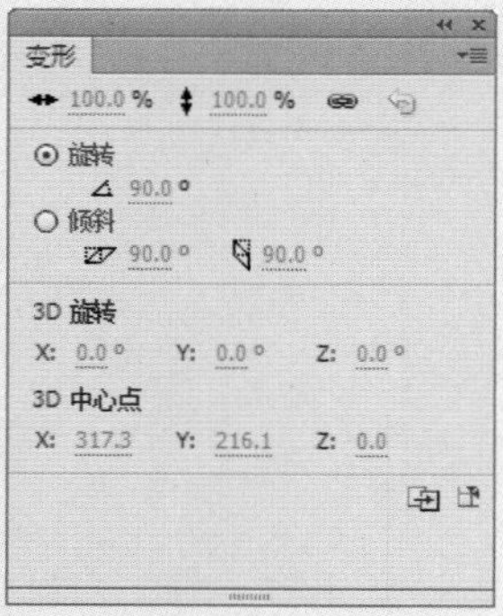

图 4-160

4.4 元件与库

元件就是可以被重复使用的特殊对象符号。当不同的舞台剧幕上有相同的对象进行表演时，用户可先建立该对象的元件，需要时只需在舞台上创建该元件的实例。在 Flash CS6 的“库”

面板中可以存储创建的元件及导入的元件文件。只要建立 Flash CS6 文档，就可以使用相应的库。

元件：在 Flash CS6 中可以将元件分为 3 种类型，即图形元件、按钮元件、影片剪辑元件。在创建元件时，可根据作品的需要来选择元件的类型。

4.4.1 课堂案例——制作新年贺卡

【案例学习目标】使用插入元件命令添加图形、按钮和影片剪辑元件。

【案例知识要点】使用“影片剪辑”元件制作心动效果，使用“任意变形”工具调整元件的大小及角度，如图 4-161 所示。

【效果所在位置】云盘 /Ch04/ 效果 / 制作新年贺卡。

微课

制作新年贺卡

图 4-161

1. 制作图形元件

（1）选择“文件 > 新建”命令，在弹出的“新建文档”对话框中，选择“常规”选项卡中的“ActionScript 3.0”选项，将“宽”选项设为 2598，“高”选项设为 1240，“背景颜色”设为浅黄色（#F0D8BC），单击“确定”按钮，完成文档的创建。

（2）按 Ctrl+F8 组合键，弹出“创建新元件”对话框，在“名称”文本框中输入“梅花”，在“类型”下拉列表中选择“图形”选项，单击“确定”按钮，新建图形元件“梅花”，“库”面板如图 4-162 所示。舞台窗口也随之转换为图形元件的舞台窗口。

（3）选择“文件 > 导入 > 导入到舞台”命令，在弹出的“导入”对话框中选择“Ch04 > 素材 > 制作新年贺卡 > 03”文件，单击“打开”按钮，文件被导入舞台，如图 4-163 所示。

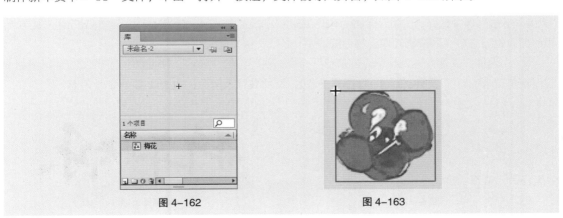

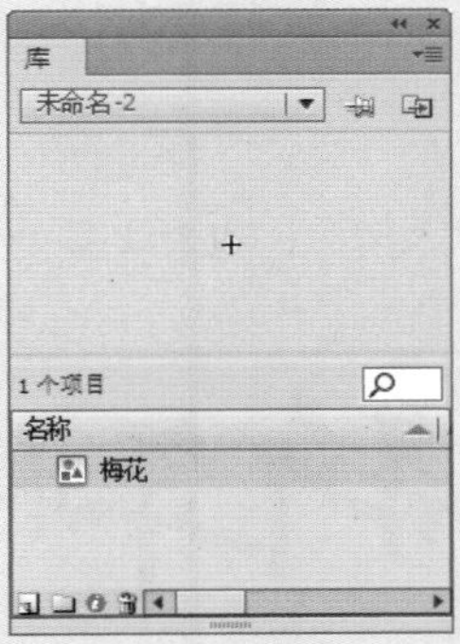

图 4-162

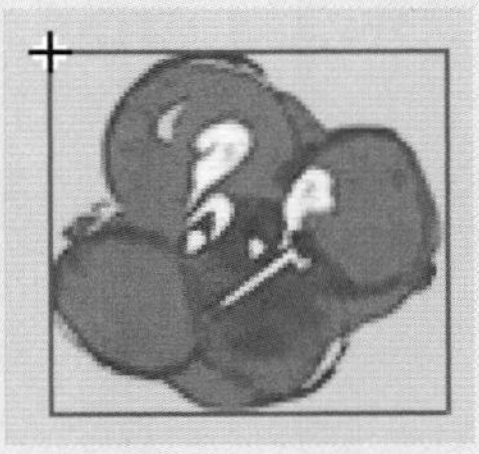

图 4-163

2. 制作影片剪辑元件

（1）按 Ctrl+F8 组合键，弹出“创建新元件”对话框，在“名称”文本框中输入“梅花动”，在“类型”下拉列表中选择“影片剪辑”选项，单击“确定”按钮，新建影片剪辑元件“梅花动”，“库”面板如图 4-164 所示。舞台窗口也随之转换为影片剪辑元件的舞台窗口。

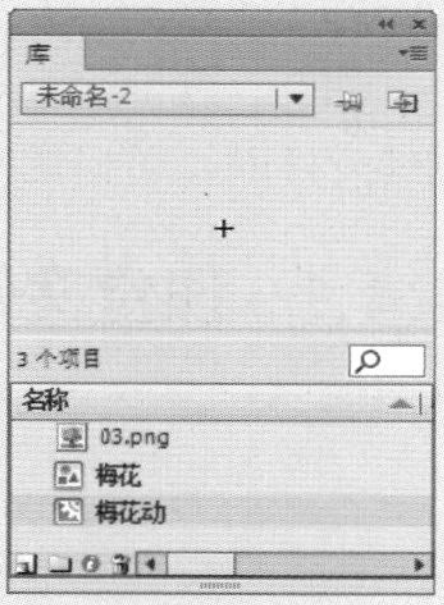

图 4-164

（2）将“库”面板中的图形元件“梅花”拖曳到舞台中，并放置在适当的位置，如图 4-165 所示。分别选中“图层 1”的第 10 帧、第 20 帧，按 F6 键插入关键帧，如图 4-166 所示。

（3）选中“图层 1”的第 10 帧，按 Ctrl+T 组合键，弹出“变形”面板，将“缩放宽度”选项和“缩放高度”选项均设为 120，如图 4-167 所示。按 Enter 键确认操作，效果如图 4-168 所示。

（4）分别用鼠标右键单击“图层 1”的第 1 帧和第 10 帧，在弹出的快捷菜单中选择“创建传统补间”命令，生成传统补间动画，如图 4-169 所示。

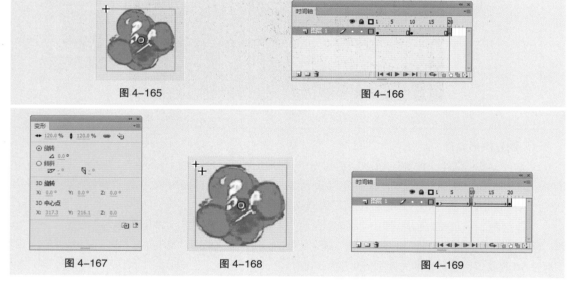

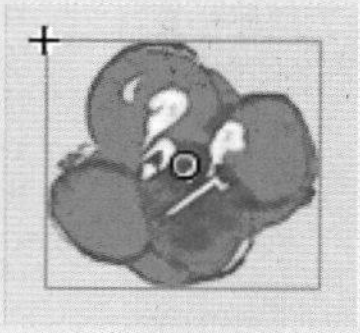
图 4-165

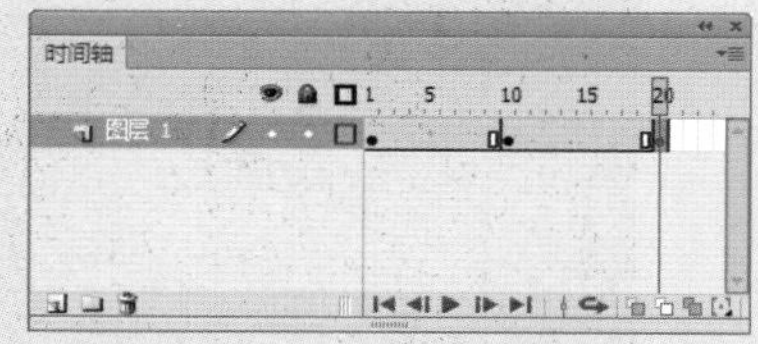

图 4-166

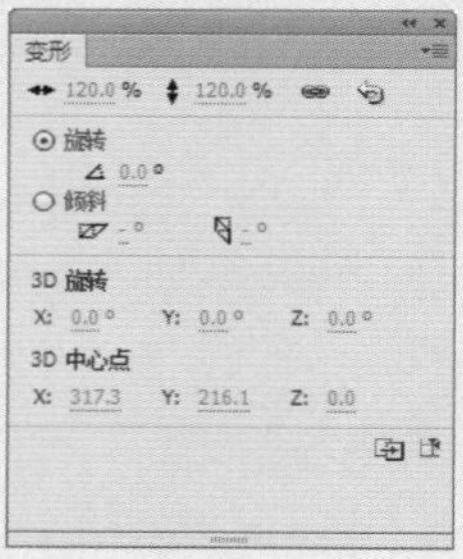

图 4-167

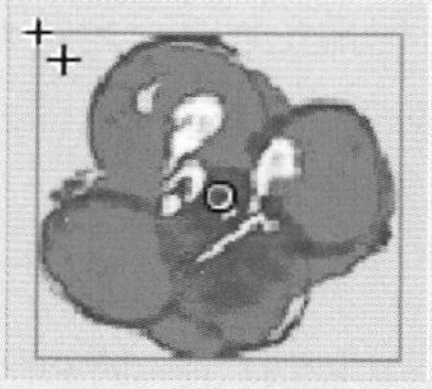
图 4-168

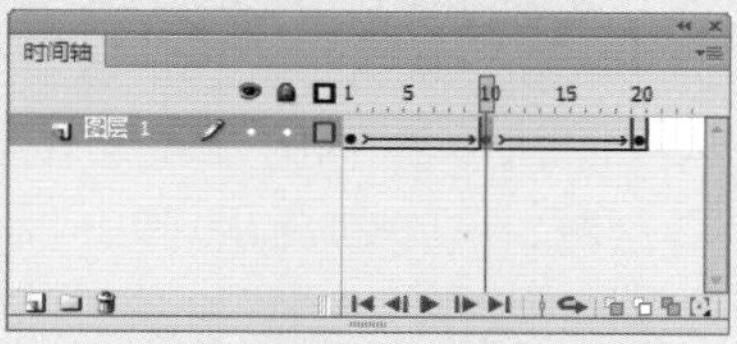

图 4-169

3. 制作按钮元件

（1）按 Ctrl+F8 组合键，弹出“创建新元件”对话框，在“名称”文本框中输入“文字”，在“类型”下拉列表中选择“按钮”选项，单击“确定”按钮，如图 4-170 所示，新建按钮元件“文字”。舞台窗口也随之转换为按钮元件的舞台窗口。

（2）选择“文件 > 导入 > 导入到舞台”命令，在弹出的“导入”对话框中选择“Ch04 > 素材 > 制作新年贺卡 > 02”文件，单击“打开”按钮，文件被导入舞台，效果如图 4-171 所示。

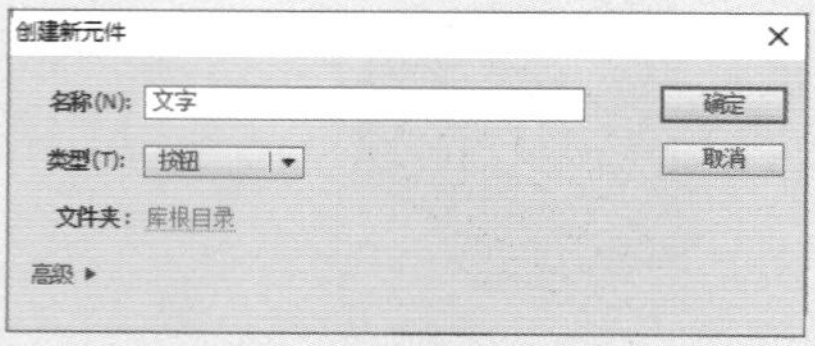

图 4-170

图 4-171

（3）选中“图层 1”的“鼠标经过”帧，按 F6 键插入关键帧。按 Ctrl+T 组合键，弹出“变形”面板，将“缩放宽度”选项和“缩放高度”选项均设为 110，如图 4-172 所示。按 Enter 键确认操作，效果如图 4-173 所示。

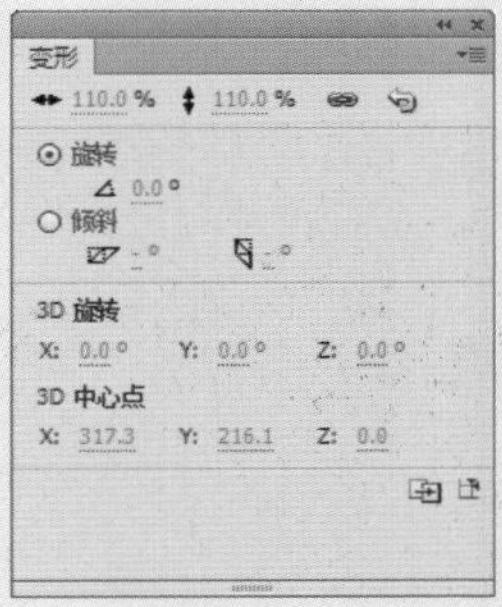

图 4-172

图 4-173

（4）选中“图层 1”的“按下”帧，按 F6 键插入关键帧。按 Ctrl+T 组合键，弹出“变形”面板，将“缩放宽度”选项和“缩放高度”选项均设为 90，如图 4-174 所示。按 Enter 键确认操作，效果如图 4-175 所示。

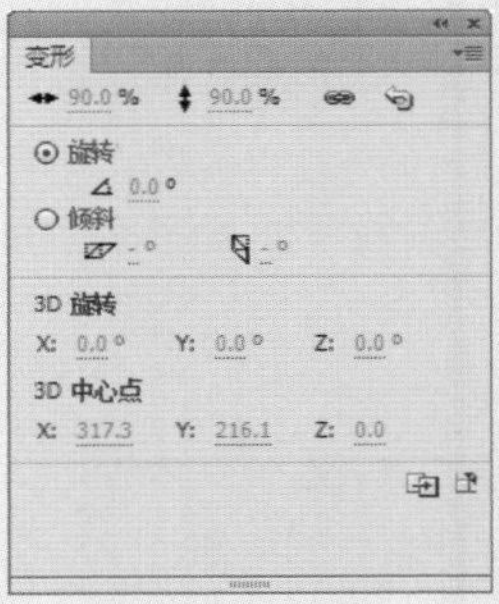

图 4-174

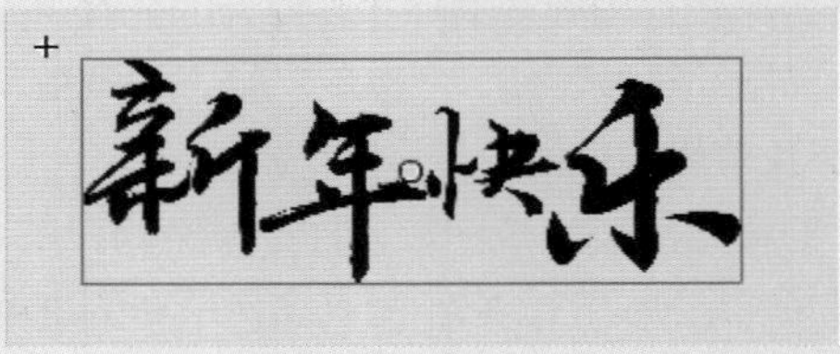

图 4-175

4. 制作场景画面

（1）单击舞台窗口左上方的“场景 1”图标 场景 1，进入“场景 1”的舞台窗口。将“图层 1”重新命名为“底图”。

（2）选择“文件 > 导入 > 导入到舞台”命令，在弹出的“导入”对话框中选择“Ch04 > 素材 > 制作新年贺卡 > 01”文件，单击“打开”按钮，文件被导入舞台，效果如图 4-176 所示。

（3）在“时间轴”面板中创建新图层并将其命名为“文字”。将“库”面板中的按钮元件“文字”拖曳到舞台中，并放置在适当的位置，如图 4-177 所示。

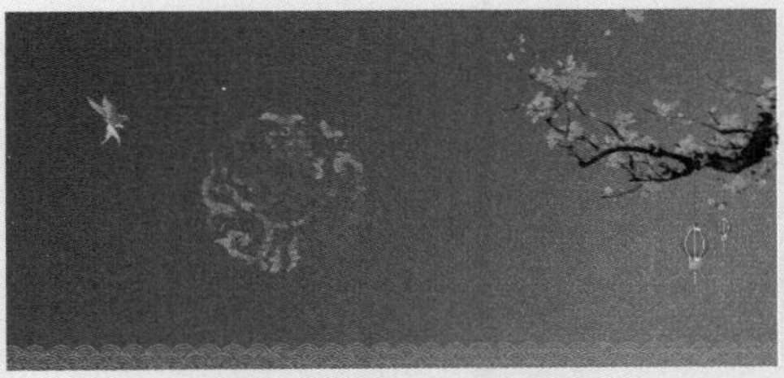

图 4-176

图 4-177

（4）在“时间轴”面板中创建新图层并将其命名为“梅花”。将“库”面板中的影片剪辑元件“梅花动”拖曳到舞台中，并放置在适当的位置，如图 4–178 所示。用相同的方法将影片剪辑元件“梅花动”向舞台中拖曳多次，并放置在适当的位置，如图 4–179 所示。

（5）新年贺卡制作完成，按 Ctrl+Enter 组合键即可查看效果，如图 4–180 所示。

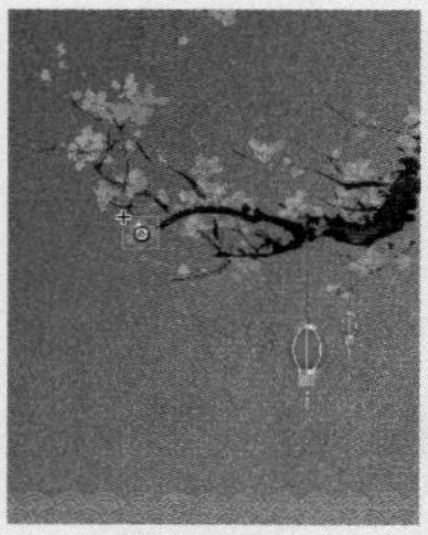
图 4–178

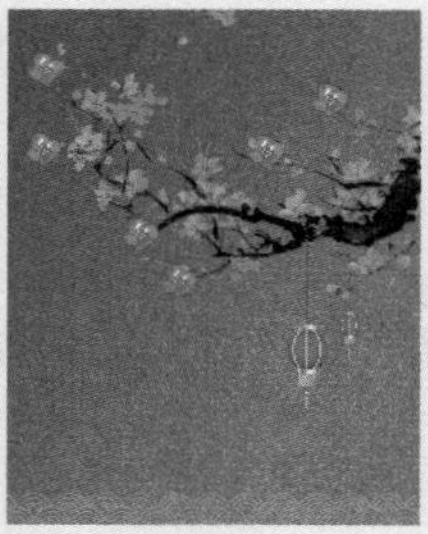
图 4–179

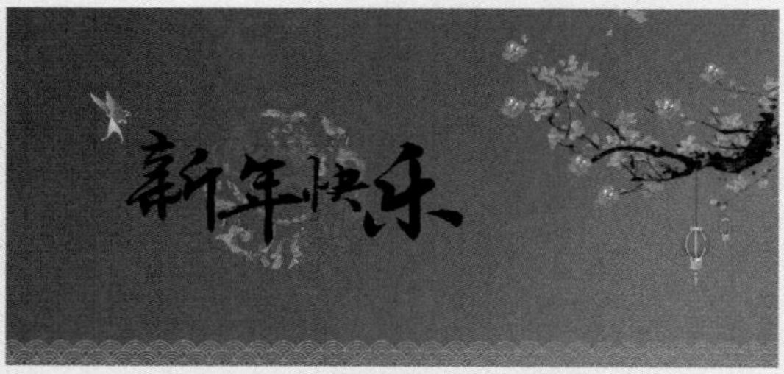

图 4–180

4.4.2 元件的类型

1. 图形元件

图形元件一般用于创建静态图像或可重复使用的、与主时间轴关联的动画。它有自己的编辑区和时间轴。如果在场景中创建该元件的实例，那么实例将受到主场景中时间轴的约束。

2. 按钮元件

按钮元件是能激发某种交互行为的元件。创建按钮元件的关键是设置 4 种不同状态的帧，即“弹起”帧、“指针经过”帧、“按下”帧、“点击”帧。

3. 影片剪辑元件

影片剪辑元件也像图形元件一样有自己的编辑区和时间轴，但二者又不完全相同。影片剪辑元件的时间轴是独立的，它不受其实例所在的主场景的时间轴（主时间轴）的控制。

4.4.3 创建图形元件

选择“插入 > 新建元件”命令或按 Ctrl+F8 组合键，弹出“创建新元件”对话框，在“名称”文本框中输入“杯子”，在“类型”下拉列表中选择“图形”选项，如图 4–181 所示。

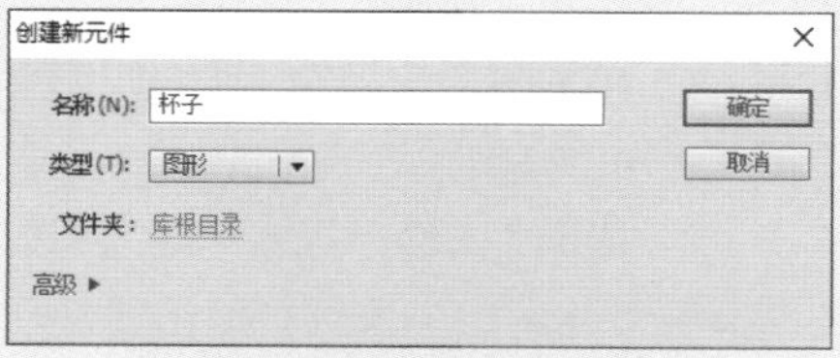

图 4–181

单击“确定”按钮，创建一个新的图形元件“杯子”。图形元件的名称出现在舞台的上方。切换到图形元件“杯子”的舞台窗口，窗口中间出现“ + ”图标，表示图形元件的中心定位点，如图 4–182 所示。“库”面板中的图形元件如图 4–183 所示。

选择“文件 > 导入 > 导入到舞台”命令，弹出“导入”对话框，选择云盘中的“基础素材 > Ch04 > 08”文件，单击“打开”按钮，将素材导入舞台，如图 4–184 所示，完成图形元件的创建。单击舞台窗口左上方的“场景 1”图标 场景 1，返回“场景 1”的舞台窗口。

还可以使用“库”面板创建图形元件。单击“库”面板右上方的按钮，在弹出的菜单中选择“新建元件”命令，弹出“创建新元件”对话框，在“类型”下拉列表中选择“图形”选项，单击“确定”按钮，创建图形元件。也可在“库”面板中创建按钮元件或影片剪辑元件。

图 4-182

图 4-183

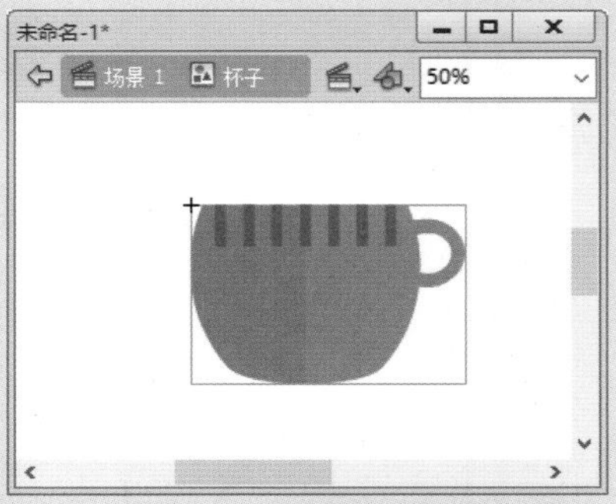

图 4-184

4.4.4 创建按钮元件

Flash CS6 中提供了一些简单的按钮，但如果需要复杂的按钮，还是需要自己创建。

选择“插入 > 新建元件”命令，弹出“创建新元件”对话框，在“名称”文本框中输入“树”，在“类型”下拉列表中选择“按钮”选项，如图 4–185 所示。

单击“确定”按钮，创建一个新的按钮元件“树”。按钮元件的名称出现在舞台的左上方。切换到按钮元件的舞台窗口，窗口中间出现“ + ”图标，表示按钮元件的中心定位点。在“时间轴”面板中显示出 4 个状态帧：“弹起”帧、“指针经过”帧、“按下”帧和“点击”帧，如图 4–186 所示。

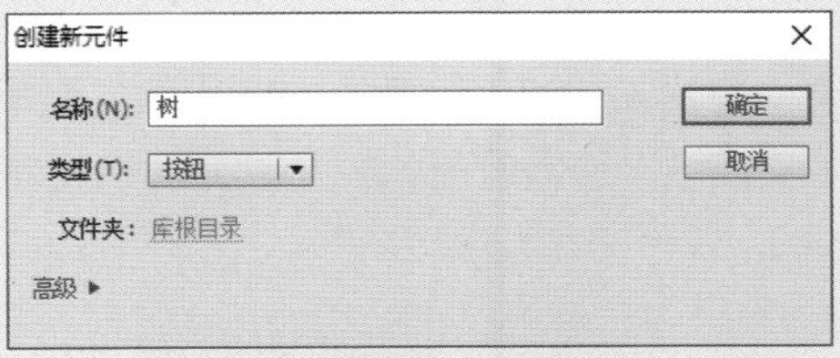

图 4–185

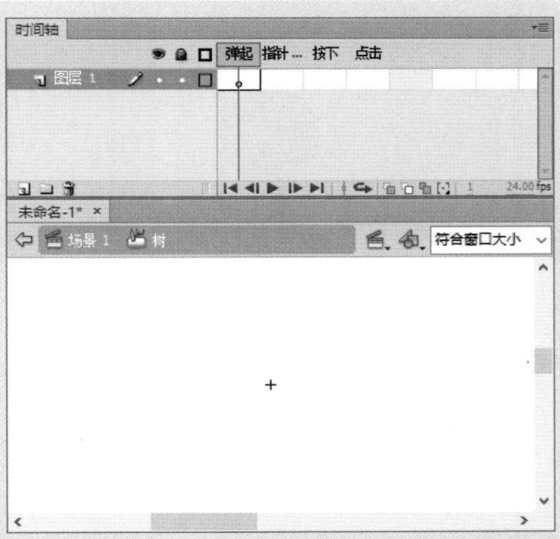

图 4–186

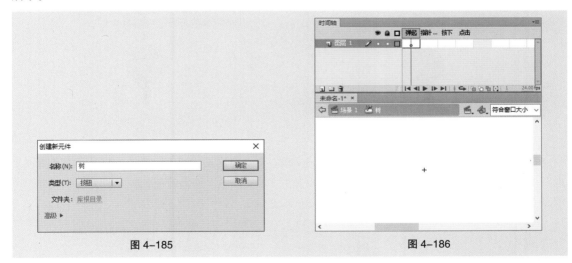

“弹起”帧：用于设置鼠标指针不在按钮上时按钮的外观。

“指针经过”帧：用于设置鼠标指针放在按钮上时按钮的外观。

“按下”帧：用于设置按钮被单击时的外观。

“点击”帧：用于设置响应鼠标单击的区域。此区域在影片里不可见。

“库”面板中的效果如图 4–187 所示。

选择“文件 > 导入 > 导入到舞台”命令，弹出“导入”对话框，在弹出的对话框中选择云盘中的“基础素材 > Ch04 > 09”文件，单击“打开”按钮，将素材导入舞台，效果如图 4–188 所示。在“时间轴”面板中选中“指针经过”帧，按 F7 键，插入空白关键帧，如图 4–189 所示。

图 4-187

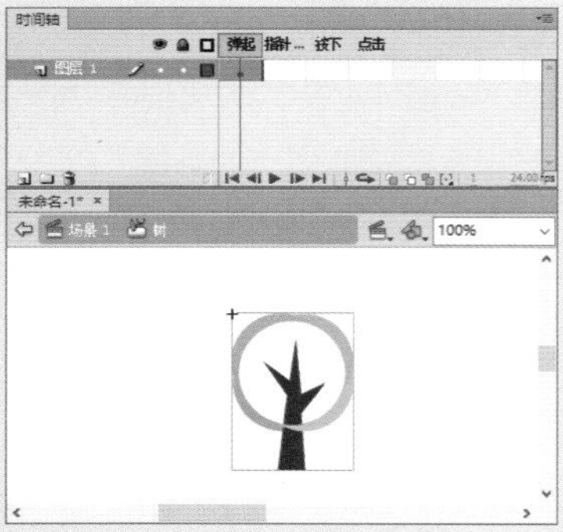

图 4-188

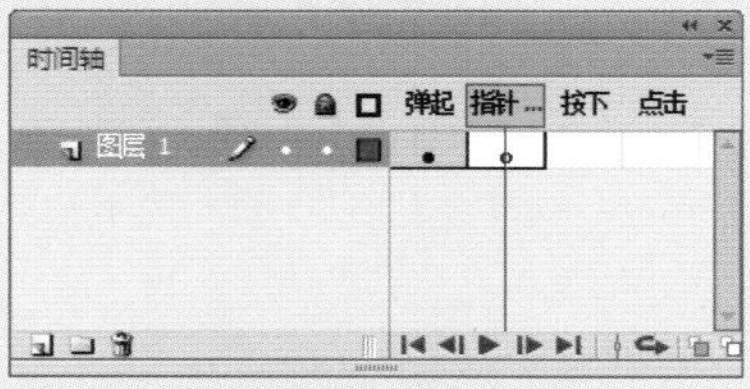

图 4-189

选择“文件 > 导入 > 导入到库”命令，弹出“导入到库”对话框，在弹出的对话框中选择云盘中的“基础素材 > Ch04 > 10、11”文件，单击“打开”按钮，将素材导入“库”面板。将“库”面板中的图形元件“10”拖曳到舞台窗口中，并放置在适当的位置，如图 4-190 所示。

在“时间轴”面板中选中“按下”帧，按 F7 键，插入空白关键帧。将“库”面板中的图形元件“11”拖曳到舞台窗口中，并放置在适当的位置，如图 4-191 所示。

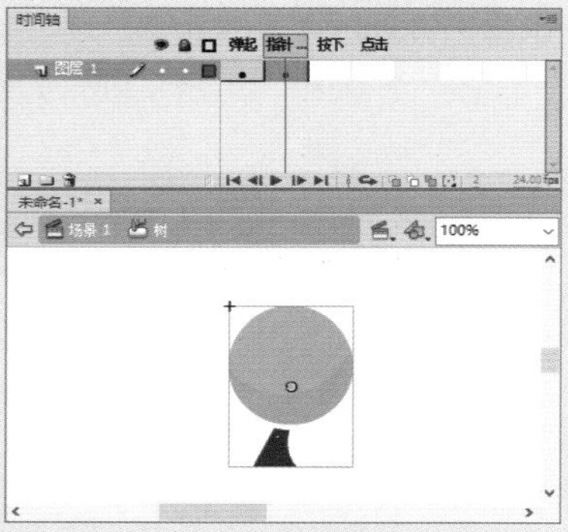

图 4-190

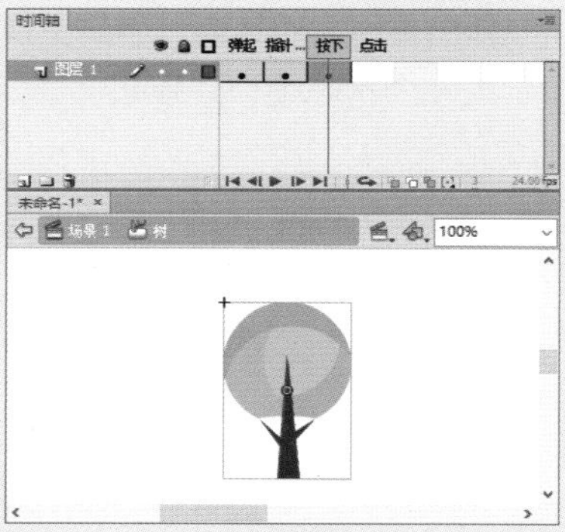

图 4-191

在“时间轴”面板中选中“点击”帧，按 F7 键，插入空白关键帧，如图 4-192 所示。选择“矩形”工具，在工具箱中将“笔触颜色”设为无，“填充颜色”设为蓝色（#27A9DF），在舞台中绘制 1 个矩形，作为按钮动画应用时响应鼠标操作的区域，如图 4-193 所示。

图 4-192

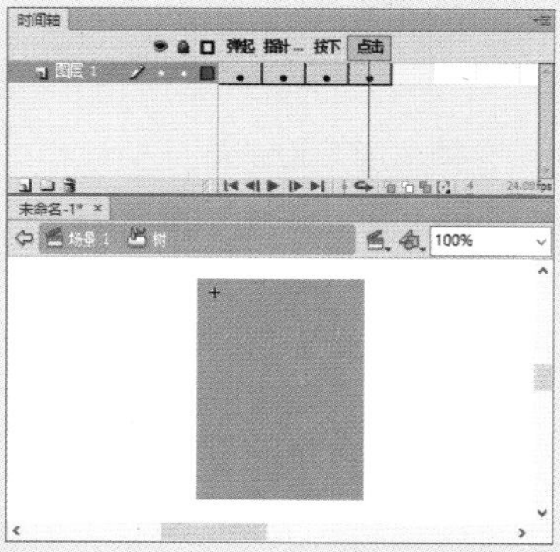

图 4-193

按钮元件制作完成，在各关键帧上，舞台中显示的效果如图 4-194 所示。单击舞台窗口左上方的“场景 1”图标 场景 1，返回到“场景 1”的舞台窗口。

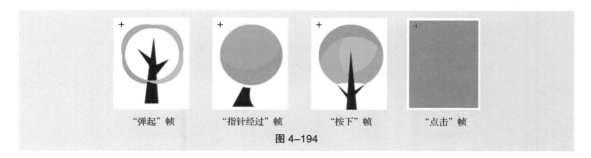

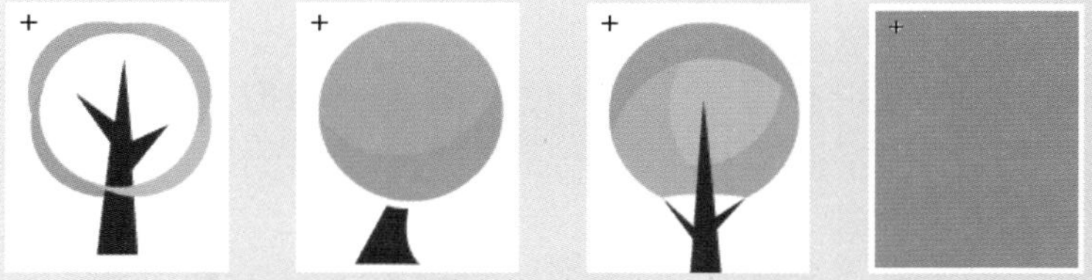

“弹起”帧　“指针经过”帧　“按下”帧　“点击”帧

图 4-194

4.4.5 创建影片剪辑元件

选择“插入 > 新建元件”命令，弹出“创建新元件”对话框，在“名称”文本框中输入“字母变形”，在“类型”下拉列表中选择“影片剪辑”选项，如图 4-195 所示。

单击“确定”按钮，创建一个影片剪辑元件“字母变形”。影片剪辑元件的名称出现在舞台的左上方。切换到影片剪辑元件“字母变形”的舞台窗口，窗口中间出现“ + ”图标，表示影片剪辑元件的中心定位点，如图 4-196 所示。“库”面板中的影片剪辑元件如图 4-197 所示。

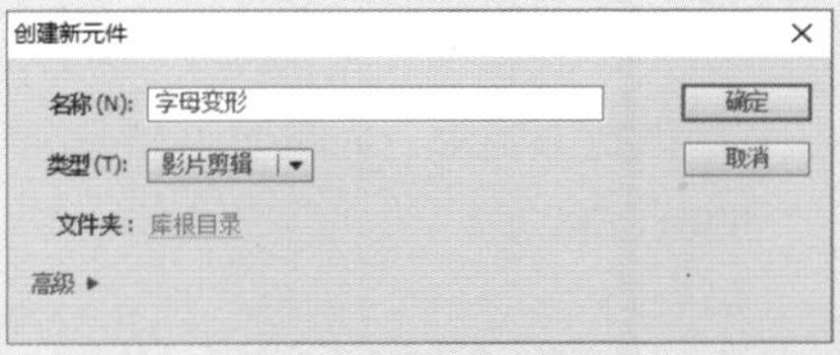

图 4-195

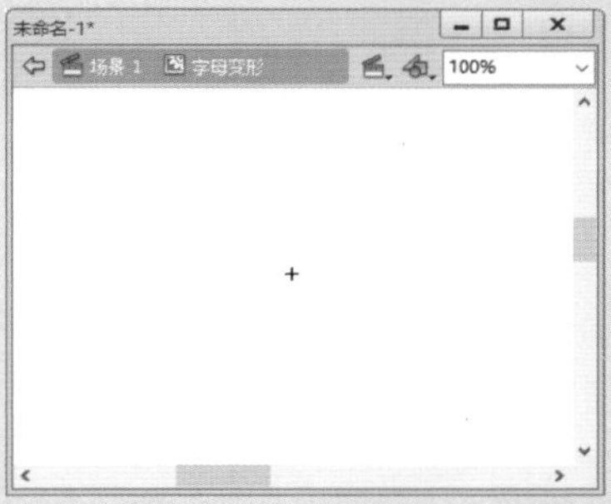

图 4-196

图 4-197

选择“文本”工具 T，在文本工具“属性”面板中进行设置，在舞台中适当的位置输入大小为 200，字体为“方正水黑简体”的红色（#FF0000）字母“A”，效果如图 4-198 所示。选择“选择”工具 ，选中字母，按 Ctrl+B 组合键，使其分离，效果如图 4-199 所示。在“时间轴”面板中选中第 20 帧，按 F7 键，插入空白关键帧，如图 4-200 所示。

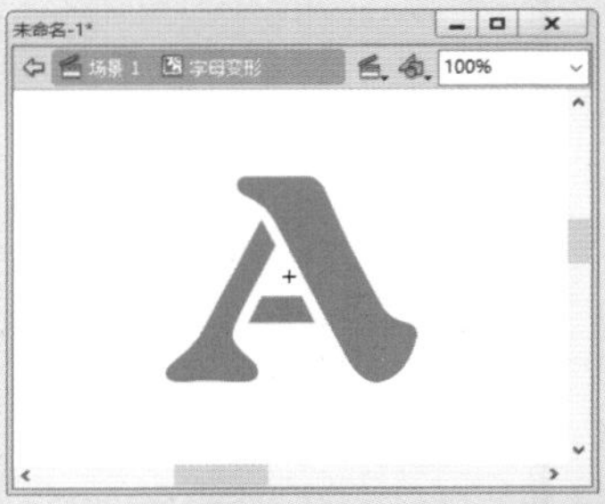

图 4-198

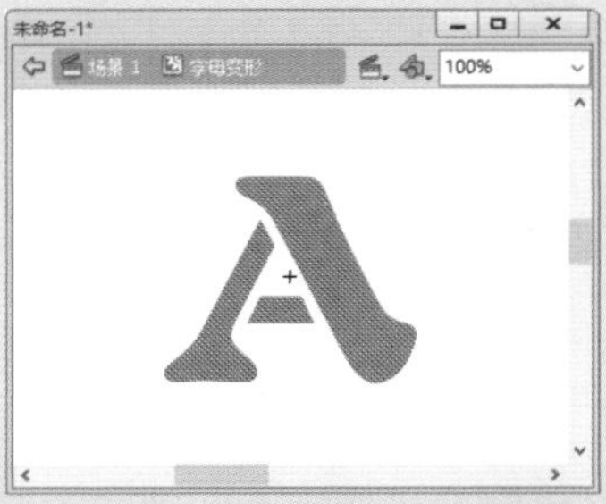

图 4-199

图 4-200

选择“文本”工具 T，在文本工具“属性”面板中进行设置，在舞台中适当的位置输入大小为 200，字体为“方正水黑简体”的橙黄色（#FF9900）字母“B”，效果如图 4-201 所示。选择“选择”工具，选中字母，按 Ctrl+B 组合键，使其分离，效果如图 4-202 所示。

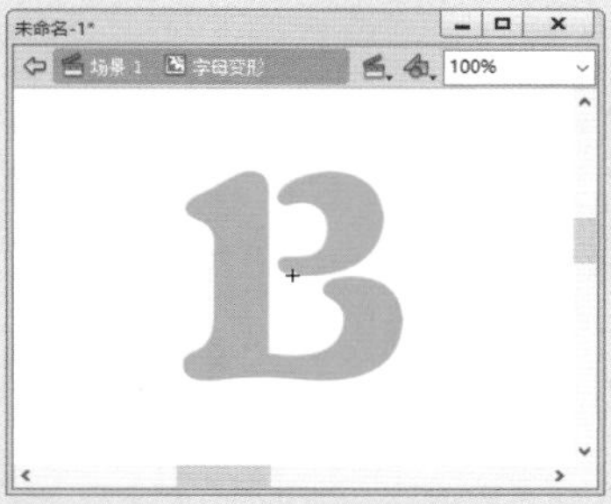

图 4-201

图 4-202

在“时间轴”面板中选中第 1 帧，如图 4-203 所示。单击鼠标右键，在弹出的快捷菜单中选择“创建补间形状”命令，如图 4-204 所示。

“时间轴”面板中出现箭头标志线，如图 4-205 所示。

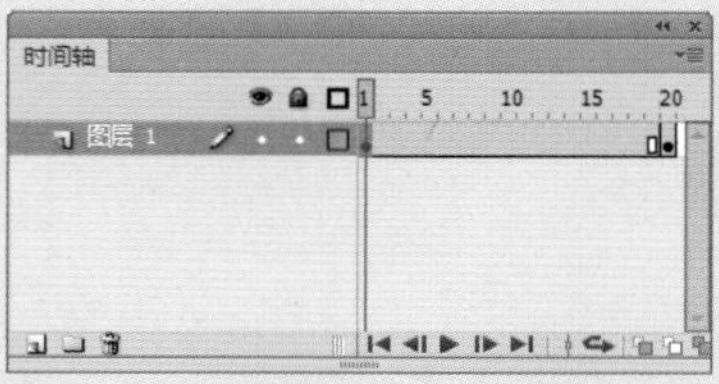

图 4-203

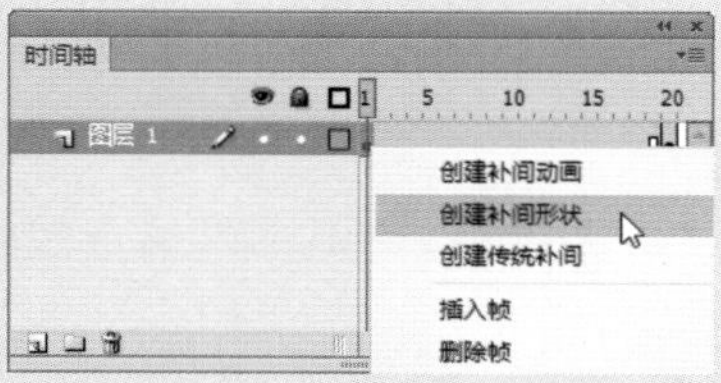

图 4-204

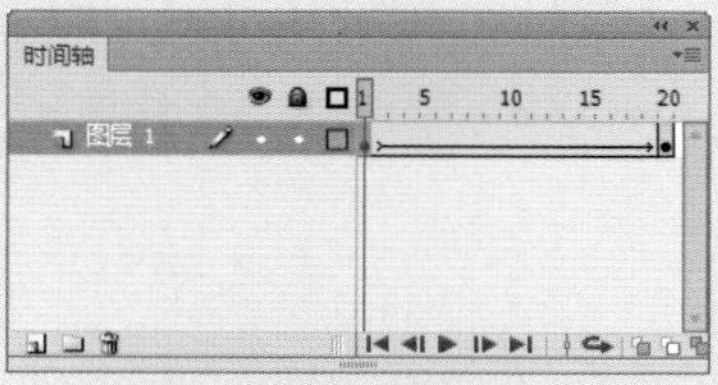

图 4-205

影片剪辑元件制作完成，在不同的关键帧上，舞台中显示出不同的变形图形，如图 4-206 所示。单击舞台窗口左上方的“场景 1”图标 场景 1，返回到“场景 1”的舞台窗口。

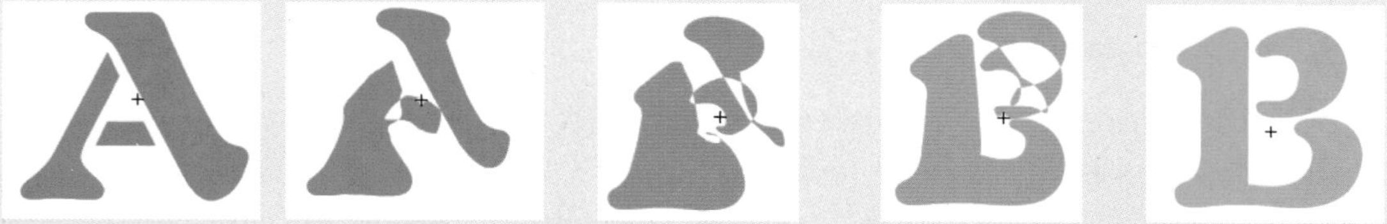

第 1 帧　第 5 帧　第 10 帧　第 15 帧　第 20 帧

图 4-206

4.4.6 转换元件

1. 将图形转换为图形元件

如果在舞台上已经创建好矢量图形，并且以后还要应用，可将其转换为图形元件。

打开云盘中的”基础素材 > Ch04 > 12”文件，选中矢量图形，如图 4-207 所示。

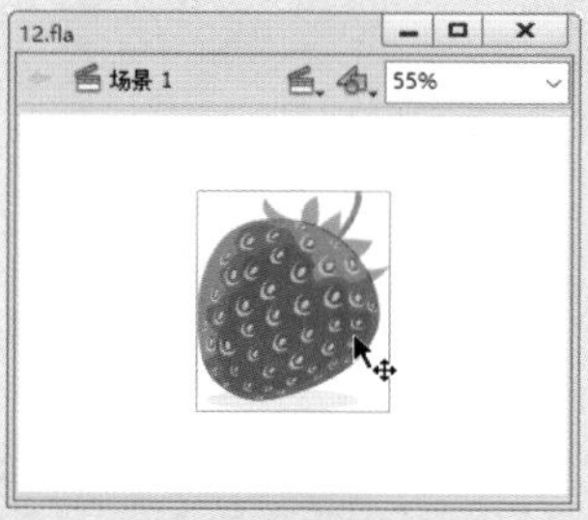

图 4-207

选择“修改 > 转换为元件”命令，或按 F8 键，弹出“转换为元件”对话框，在“名称”文本框中输入元件的名称，在“类型”下拉列表中选择“图形”选项，如图 4–208 所示。单击“确定”按钮，矢量图形被转换为图形元件，舞台和“库”面板中的效果分别如图 4–209 和图 4–210 所示。

图 4–208

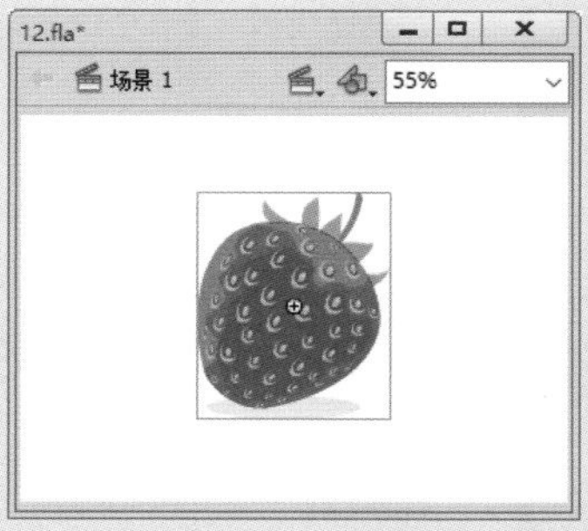

图 4–209

图 4–210

2. 设置图形元件的中心点

选中矢量图形，选择“修改 > 转换为元件”命令，弹出“转换为元件”对话框，在对话框的“对齐”选项后有 9 个中心定位点，可以用来设置元件的中心点。选中右下方的定位点，如图 4–211 所示。单击“确定”按钮，矢量图形被转换为图形元件，且该元件的中心点在其右下方，如图 4–212 所示。

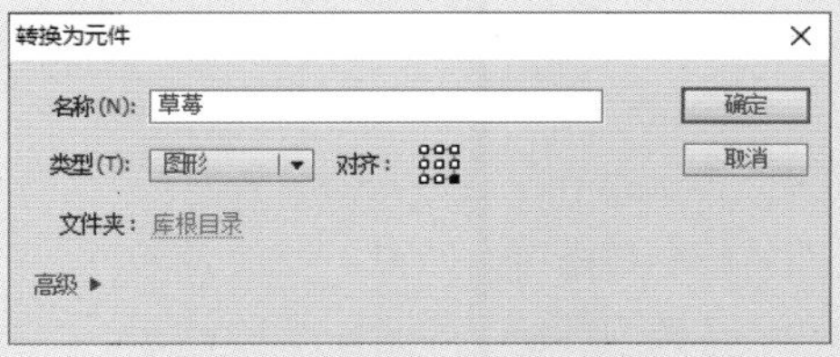

图 4–211

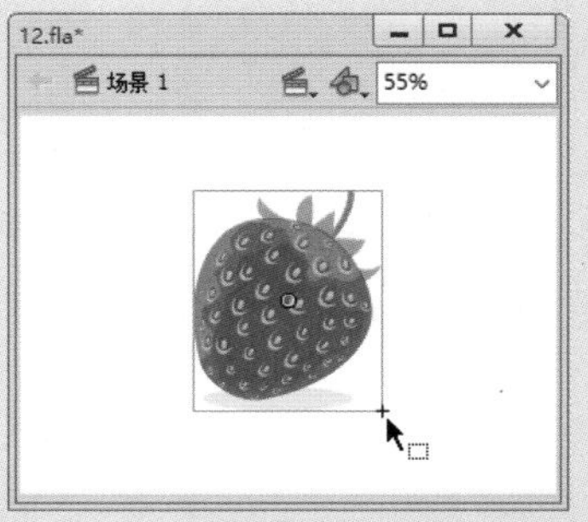

图 4–212

在“对齐”选项中可以设置不同的中心点，转换后的图形元件效果（部分）如图 4–213 所示。

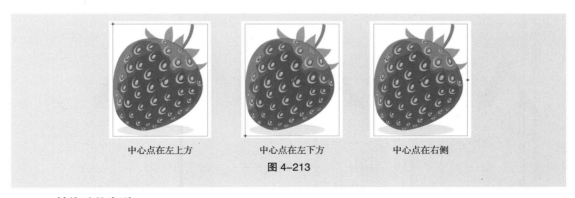

中心点在左上方　　中心点在左下方　　中心点在右侧

图 4–213

3. 转换元件类型

在制作的过程中，可以根据需要转换元件的类型。

选中“库”面板中的图形元件，如图 4–214 所示，单击面板下方的“属性”按钮，弹出“元件属性”对话框，在“类型”下拉列表中选择“影片剪辑”选项，如图 4–215 所示。单击“确定”按钮，图形元件被转换为影片剪辑元件，如图 4–216 所示。

图 4–214

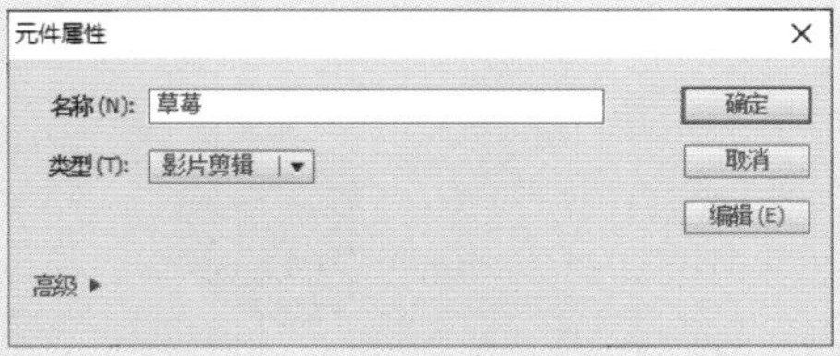

图 4–215

图 4–216

4.4.7 “库”面板

选择“窗口＞库”命令，或按 Ctrl+L 组合键，弹出“库”面板，如图 4–217 所示。

在“库”面板的上方显示了与“库”面板相对应的文档的名称。文档名称的下方为预览区域，可以在此观察选定元件的效果。如果选定的元件为多帧的动画，在预览区域的右上方将显示出两个按钮，如图 4–218 所示。单击“播放”按钮，可以在预览区域里播放动画。单击“停止”按钮，将停止播放动画。在预览区域的下方显示了当前“库”面板中的所有元件。

图 4–217

图 4–218

当“库”面板以最大宽度显示时，将出现一些按钮，具体如下。

“名称”按钮：单击此按钮，“库”面板中的元件将按名称排序，如图 4–219 所示。

“类型”按钮：单击此按钮，“库”面板中的元件将按类型排序，如图 4–220 所示。

“使用次数”按钮：单击此按钮，“库”面板中的元件将按被使用的次数排序。

“AS 链接”按钮：与“库”面板弹出式菜单中“链接”命令的设置相关。

“修改日期”按钮：单击此按钮，“库”面板中的元件将按被修改的日期排序，如图 4–221 所示。

图 4–219

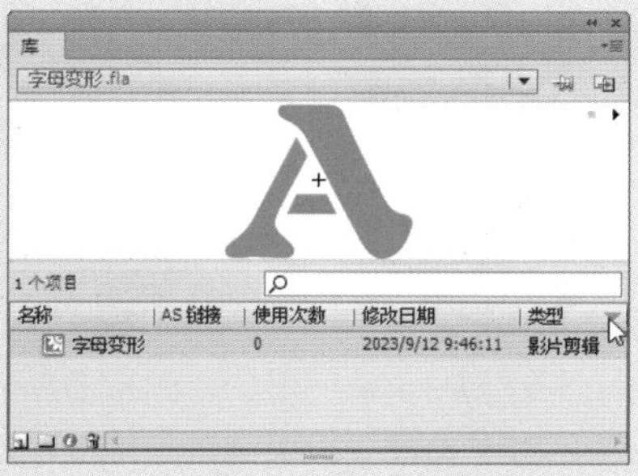

图 4–220

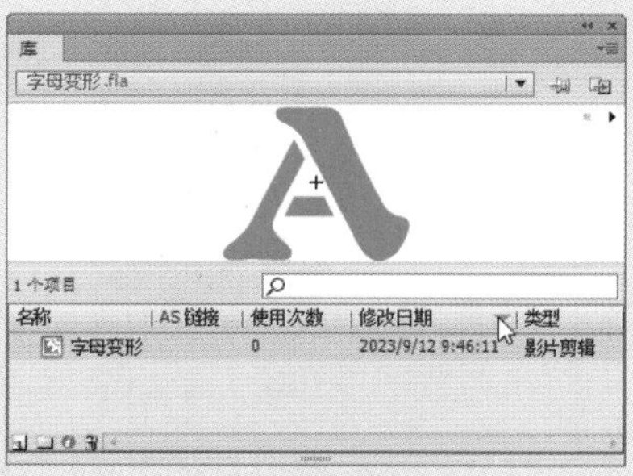

图 4–221

在“库”面板的底部有 4 个按钮，它们的作用如下。

“新建元件”按钮：用于创建元件。单击此按钮，弹出“创建新元件”对话框，可以通过对各选项进行设置来创建新的元件，如图 4–222 所示。

“新建文件夹”按钮：用于创建文件夹。可以分门别类地建立文件夹，并将相关的元件放入对应的文件夹中，以便管理。单击此按钮，在“库”面板中将生成新的文件夹，可以设定文件夹的名称，如图 4-223 所示。

“属性”按钮：用于转换元件的类型。单击此按钮，弹出“元件属性”对话框，可以对元件类型进行转换，如图 4-224 所示。

“删除”按钮：用于删除“库”面板中被选中的元件或文件夹。单击此按钮，所选的元件或文件夹将被删除。

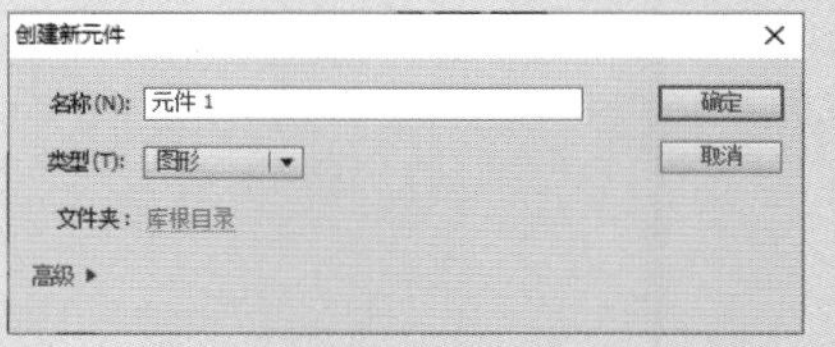

图 4-222

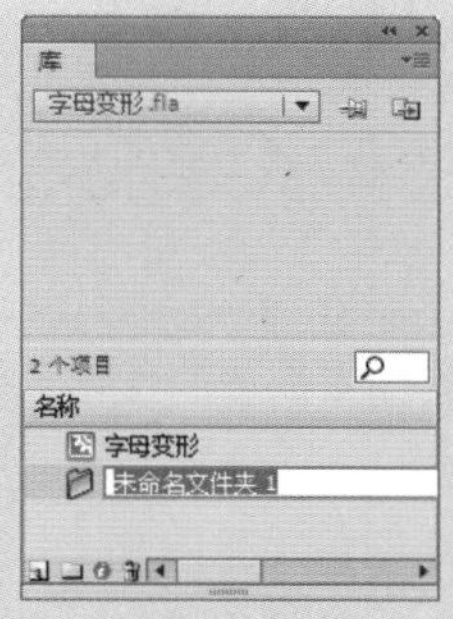

图 4-223

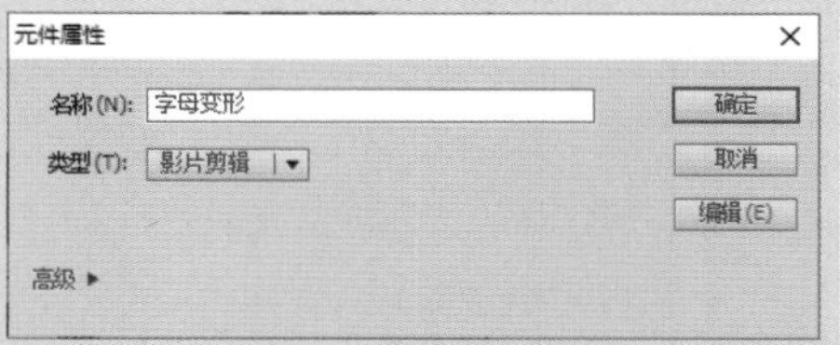

图 4-224

4.4.8 “库”面板的弹出式菜单

单击“库”面板右上方的按钮，出现弹出式菜单，其中提供了多个实用命令，如图 4-225 所示。

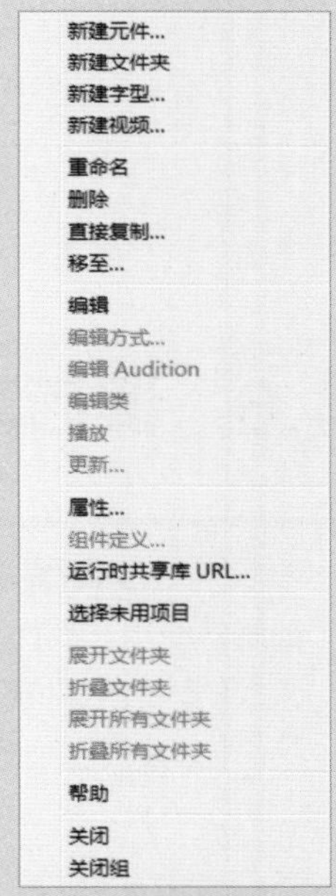

图 4-225

“新建元件”命令：用于创建一个新的元件。

“新建文件夹”命令：用于创建一个新的文件夹。

“新建字型”命令：用于设置嵌入字体。

“新建视频”命令：用于创建视频资源。

“重命名”命令：用于重新设定元件的名称，也可双击要重命名的元件，再直接更改名称。

“删除”命令：用于删除当前选中的元件。

“直接复制”命令：用于复制当前选中的元件，此命令不能用于复制文件夹。

“移至”命令：用于移动选中的元件。

“编辑”命令：选择此命令，将从主场景舞台切换到当前被选中的元件的舞台。

“编辑方式”命令：用于选择外部编辑器。

“编辑 Audition”命令：用于打开 Adobe Audition 软件，对音频进行润饰、音乐自定、添加声音效果等操作。

“播放”命令：用于播放按钮元件或影片剪辑元件中的动画。

“更新”命令：用于更新资源文件。

“属性”命令：用于查看元件的属性或更改元件的名称和类型。

“组件定义”命令：用于介绍组件的类型、数值和描述语句等属性。

"运行时共享库 URL"命令：用于设置公用库的链接。

"选择未用项目"命令：用于选出"库"面板中未使用的元件。

"展开文件夹"命令：用于展开所选文件夹。

"折叠文件夹"命令：用于折叠所选文件夹。

"展开所有文件夹"命令：用于展开"库"面板中的所有文件夹。

"折叠所有文件夹"命令：用于折叠"库"面板中的所有文件夹。

"帮助"命令：用于调出软件的帮助文件。

"关闭"命令：选择此命令可以将"库"面板关闭。

"关闭组"命令：选择此命令将关闭面板组。

4.5 课堂练习——制作水果标牌

【练习知识要点】使用"文本"工具输入需要的文字，使用"封套"命令对文字进行变形，使用"墨水瓶"工具为文字添加描边效果。

【素材所在位置】云盘 /Ch04/ 素材 / 制作水果标牌 /01。

【效果所在位置】云盘 /Ch04/ 效果 / 制作水果标牌，如图 4-226 所示。

图 4-226

4.6 课后习题——制作城市动画

【习题知识要点】使用"导入"命令导入素材，使用"创建传统补间"命令制作传统补间动画，使用"属性"面板设置动画的旋转次数。

【素材所在位置】云盘 /Ch04/ 素材 / 制作城市动画 /01 ～ 03。

【效果所在位置】云盘 /Ch04/ 效果 / 制作城市动画，如图 4-227 所示。

图 4-227

05 第 5 章 基本动画

本章介绍

在 Flash CS6 动画的制作过程中，时间轴和帧起到了关键性的作用。本章介绍动画制作中帧和时间轴的使用方法及使用技巧。读者通过对本章的学习，可以掌握灵活地使用帧和时间轴的方法，并根据需要制作出基本的动画效果。

学习目标

第 5 章简介

- 了解动画和帧的基本概念。
- 掌握逐帧动画的制作方法。
- 掌握形状补间动画的制作方法。
- 掌握传统补间动画的制作方法。
- 掌握动画预设的使用方法。

技能目标

- 掌握打字效果的制作方法和技巧。
- 掌握文化动态海报的制作方法和技巧。
- 掌握饰品类公众号封面首图的制作方法和技巧。
- 掌握运动鞋横版海报的制作方法和技巧。

素养目标

- 培养细致的工作作风。

5.1 帧动画

要将一系列静止的画面按照某种顺序快速地、连续地播放，需要用时间轴和帧对它们的持续时间和顺序进行安排。

帧：动画通过连续播放一系列静止画面，可以在视觉上产生连续变化的效果。这一系列单幅的画面就叫帧，它是 Flash 动画中最小的时间单位。

“时间轴”面板：它是实现动画效果最基本、最重要的面板。

5.1.1 课堂案例——制作打字效果

【案例学习目标】使用不同的绘图工具绘制图形，使用“时间轴”面板制作动画。

【案例知识要点】使用“线条”工具绘制光标图形，使用“文本”工具添加文字，使用“翻转帧”命令对帧进行翻转，如图 5-1 所示。

【效果所在位置】云盘 /Ch05/ 效果 / 制作打字效果。

微课
制作打字效果

图 5-1

1. 导入文件并制作元件

（1）按 Ctrl+O 组合键，在弹出的“打开”对话框中，选择云盘中的“Ch05 > 素材 > 制作打字效果 > 01”文件，单击“打开”按钮，打开文件。

（2）按 Ctrl+F8 组合键，弹出“创建新元件”对话框，在“名称”文本框中输入“光标”，在“类型”下拉列表中选择“图形”选项，单击“确定”按钮，新建图形元件“光标”，如图 5-2 所示。舞台窗口也随之转换为该图形元件的舞台窗口。

（3）选择“线条”工具，在线条工具“属性”面板中，将“笔触颜色”设为黑色，将“笔触”选项设为 2，其他选项的设置如图 5-3 所示。按住 Shift 键的同时，在舞台中绘制 1 条直线段，效果如图 5-4 所示。

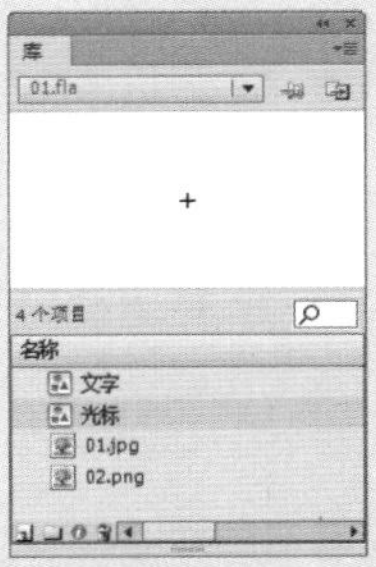

图 5-2

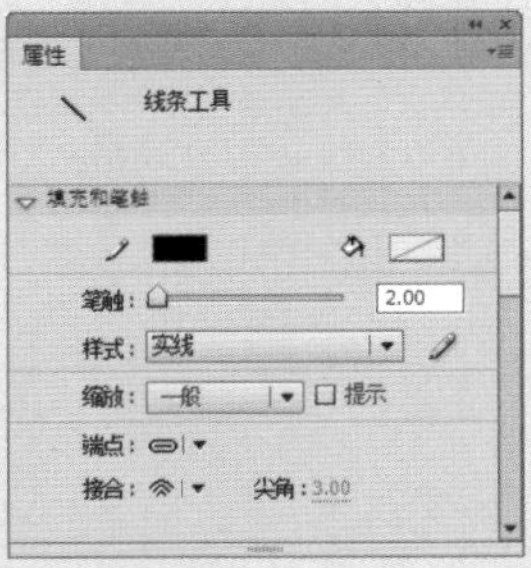

图 5-3

图 5-4

2. 添加文字并制作打字效果

（1）按 Ctrl+F8 组合键，弹出“创建新元件”对话框，在“名称”文本框中输入“文字动画”，在“类型”下拉列表中选择“影片剪辑”选项，单击“确定”按钮，新建影片剪辑元件“文字动画”，如图 5-5 所示。舞台窗口也随之转换为该影片剪辑元件的舞台窗口。

（2）将“图层 1”重新命名为“文字”。选择“文本”工具 T，在文本工具“属性”面板中，将“大小”选项设为 28，“字母间距”选项设为 -2，“行距”选项设为 -5，“系列”选项设为“方正字迹－邢体隶一简体”，“颜色”选项设为黑色。在舞台中适当的位置输入文字，效果如图 5-6 所示。

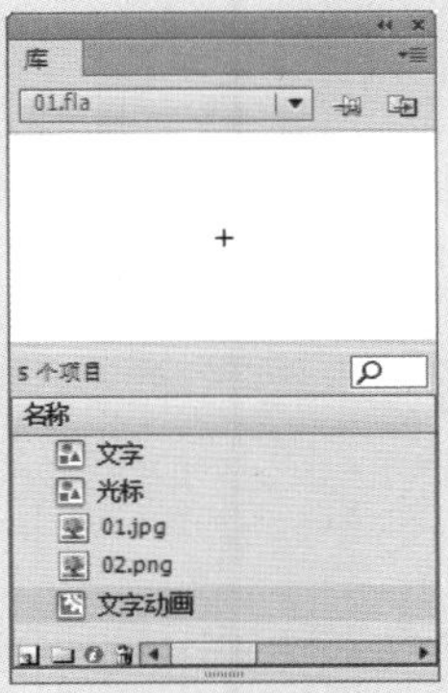

图 5-5

图 5-6

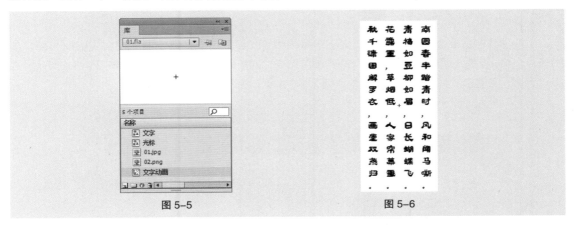

（3）在“时间轴”面板中创建新图层并将其命名为“光标”。分别选中“文字”图层和“光标”图层的第 5 帧，按 F6 键，插入关键帧，如图 5-7 所示。选中“光标”图层的第 5 帧，将“库”面板中的图形元件“光标”拖曳舞台中，并将其放置在文字的最后 1 段的句号下方，如图 5-8 所示。

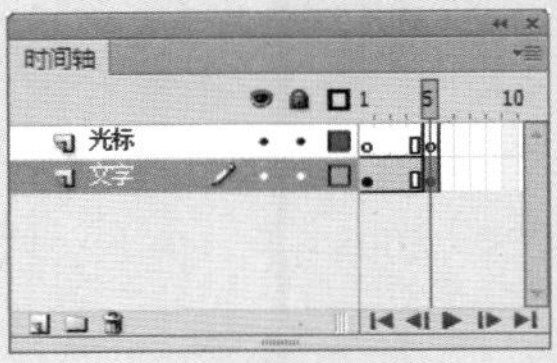

图 5-7

图 5-8

（4）选中“文字”图层的第 5 帧，选择“文本”工具 T，将光标上方的句号删除，效果如图 5-9 所示。分别选中“文字”图层和“光标”图层的第 10 帧，按 F6 键，插入关键帧。

（5）选中“光标”图层的第 10 帧，将光标垂直拖曳到文字“归”的下方，如图 5-10 所示。选中“文字”图层的第 10 帧，将光标上方的“归”字删除，效果如图 5-11 所示。

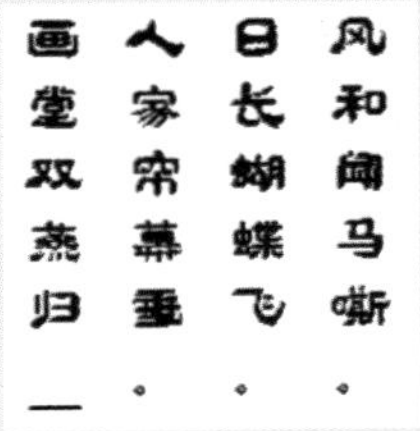

图 5-9

图 5-10

图 5-11

（6）用相同的方法，每间隔 5 帧插入一个关键帧，在插入的帧处将光标拖曳到前一个字的下方，并删除该字，直到删除完所有的字，如图 5-12 所示，舞台窗口中的效果如图 5-13 所示。

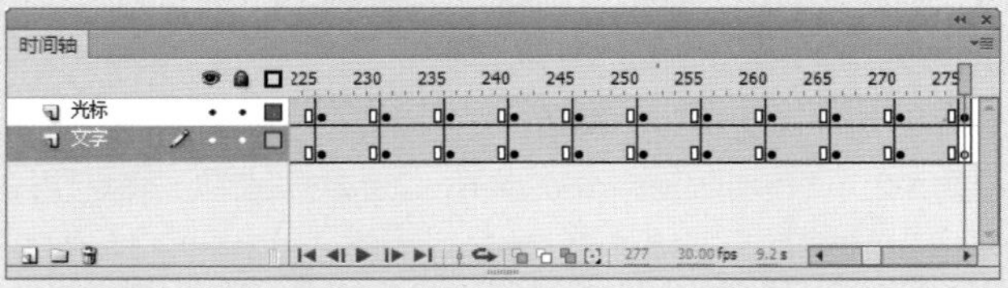

图 5-12

图 5-13

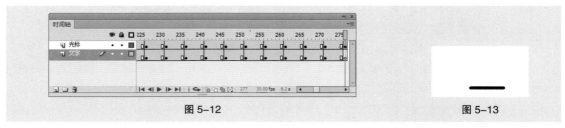

（7）按住 Shift 键的同时单击“文字”图层和“光标”图层，选中两个图层中的所有帧，如图 5-14 所示，选择“修改 > 时间轴 > 翻转帧”命令，对所有帧进行翻转，效果如图 5-15 所示。选中“文字”图层和“光标”图层的第 310 帧，按 F5 键，插入普通帧。

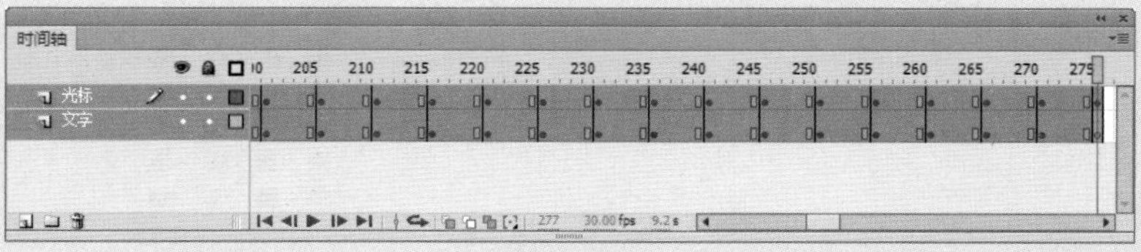

图 5-14

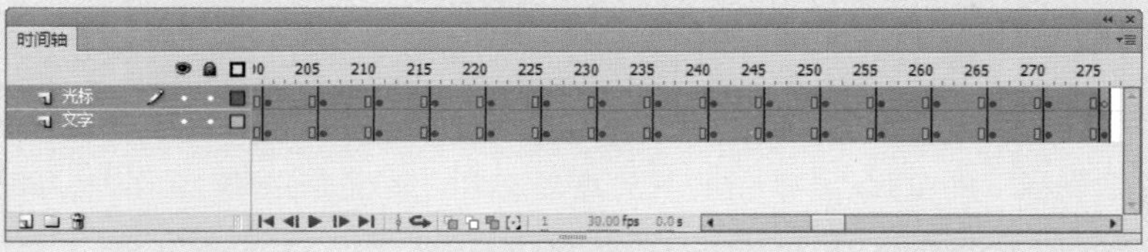

图 5-15

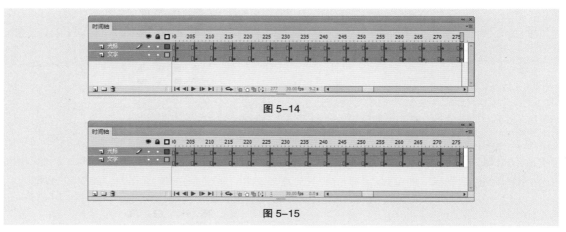

（8）单击舞台窗口左上方的“场景 1”图标场景 1，进入“场景 1”的舞台窗口。在“时间轴”面板中创建新图层并将其命名为“文字”。选中“文字”图层的第 20 帧，按 F6 键，插入关键帧。将“库”面板中的影片剪辑元件“文字动画”拖曳到舞台中适当的位置，如图 5-16 所示。打字效果制作完成，按 Ctrl+Enter 组合键即可查看效果，如图 5-17 所示。

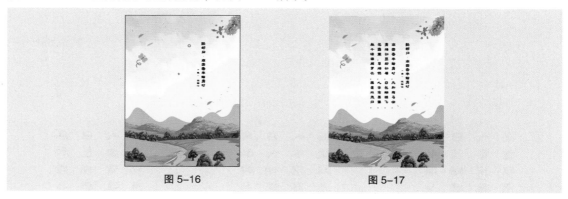

图 5-16

图 5-17

5.1.2 动画中帧的概念

相关研究证明，人眼具有视觉暂留的特点，即人眼看到物体或画面后，该物体或画面在 1/24 秒内不会消失。利用这一原理，在一幅画消失之前播放下一幅画，就会给人一种流畅的视觉变化效果。所以，通过连续播放一系列静止画面，在视觉上产生连续变化的效果，就能制作出动画。

在 Flash CS6 中，这一系列单幅的画面就叫帧，它是 Flash CS6 动画中最小的时间单位。每秒显示的帧数叫帧率，如果帧率太低就会给人造成视觉上不流畅的感觉。所以，按照人眼的视觉暂留特点，一般将动画的帧率设为 24 帧 / 秒。

在 Flash CS6 中，动画制作的过程就是决定动画每一帧显示什么内容的过程。用户可以像制作传统动画那样自己绘制动画的每一帧，即逐帧动画。但制作逐帧动画的工作量非常大，为此，Flash CS6 还提供了一种简单的动画制作方法，即采用关键帧处理技术的插值动画。插值动画又分为运动动画和变形动画两种。

制作插值动画的关键是确定动画的起始帧和结束帧，中间帧由 Flash CS6 自动计算得出。为此，Flash CS6 提供了关键帧、过渡帧、空白关键帧。当动画内容发生变化时必须插入关键帧，即使是逐帧动画也要为每个变化的画面创建关键帧。关键帧有延续性，起始关键帧中的对象会延续到结束关键帧。过渡帧是动画起始关键帧、结束关键帧中间由系统自动生成的帧。空白关键帧是不包含任何对象的关键帧。因为 Flash CS6 只支持在关键帧中绘制或插入对象，所以，当动画内容发生变化而又不希望延续前面关键帧中的内容时需要插入空白关键帧。

5.1.3 帧的显示形式

在 Flash CS6 动画的制作过程中，帧包括以下多种显示形式。

1. 空白关键帧

在“时间轴”面板中，白色背景且带有黑圈的帧为空白关键帧，表示在当前舞台中没有任何内容，如图 5-18 所示。

2. 关键帧

在“时间轴”面板中，灰色背景且带有黑点的帧为关键帧，表示在当前场景中存在一个关键帧，且关键帧中存在一些内容，如图 5-19 所示。

在“时间轴”面板中存在多个帧，带有黑色圆点的第 1 帧为关键帧，最后一帧上带有黑色的矩形框，为普通帧；除了第 1 帧以外，其他帧均为普通帧，如图 5-20 所示。

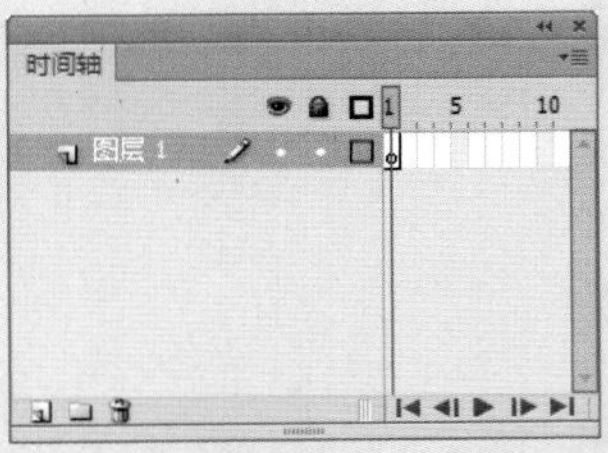

图 5-18

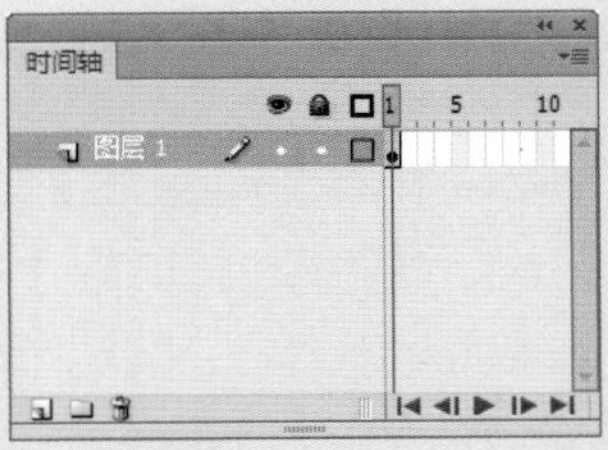

图 5-19

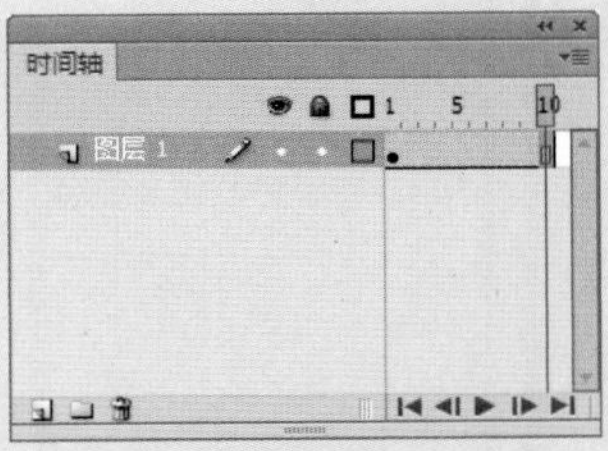

图 5-20

3. 传统补间帧

在“时间轴”面板中，带有黑色圆点的第 1 帧和最后一帧为关键帧，中间蓝色背景且带有黑色箭头的帧传统为补间帧，如图 5-21 所示。

4. 形状补间帧

在“时间轴”面板中，带有黑色圆点的第 1 帧和最后一帧为关键帧，中间绿色背景且带有黑色箭头的帧为形状补间帧，如图 5-22 所示。

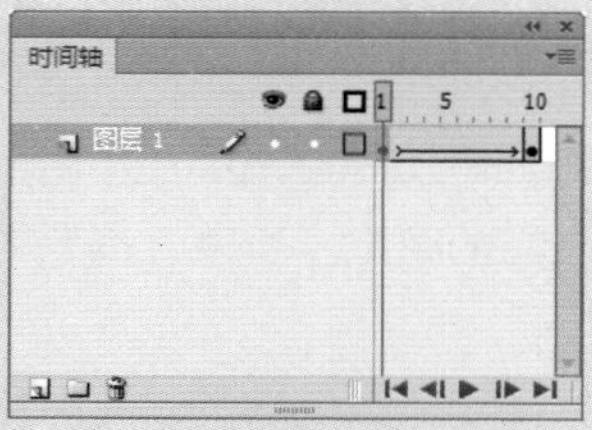

图 5-21

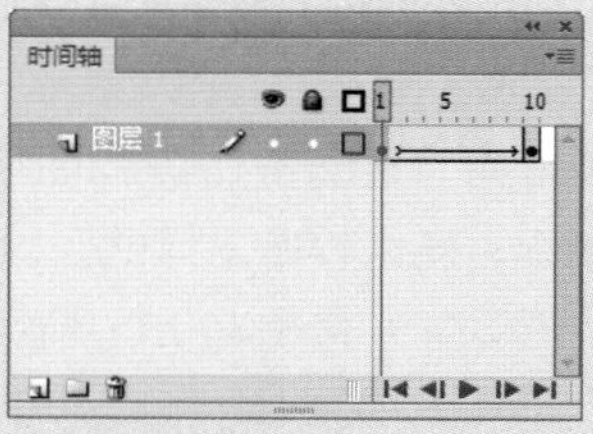

图 5-22

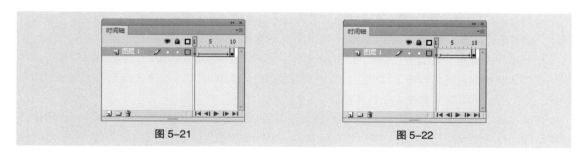

在“时间轴”面板中，帧上出现虚线，表示当前为未完成或中断了的补间动画，但此处不能生成补间帧，如图 5-23 所示。

5．包含动作语句的帧

在“时间轴”面板中，第 1 帧上出现一个字母“a”，表示这一帧中包含使用“动作”面板设置的动作语句，如图 5-24 所示。

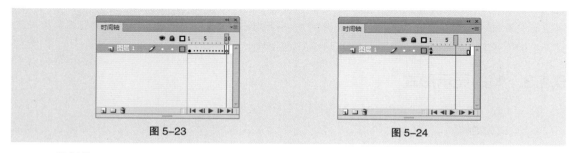

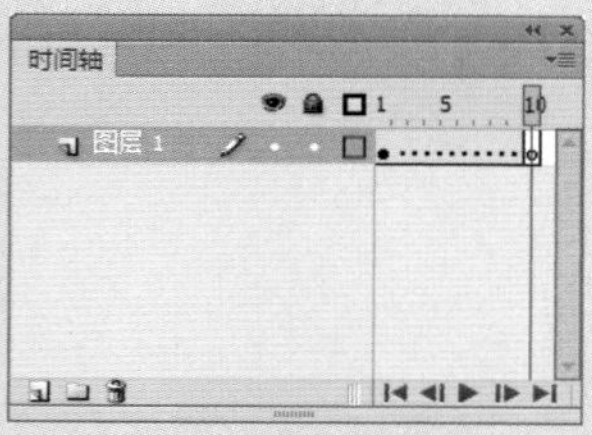

图 5-23

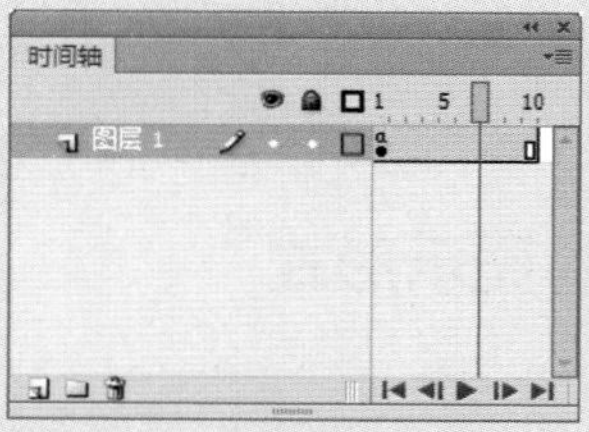

图 5-24

6．帧标签

在“时间轴”面板中，第 1 帧上出现一面红旗，表示这一帧的标签类型是名称。红旗右侧的“mc”是帧标签的名称，如图 5-25 所示。

在“时间轴”面板中，第 1 帧上出现两条绿色斜杠，表示这一帧的标签类型是注释，如图 5-26 所示。帧注释是对帧的解释，以帮助他人理解该帧在影片中的作用。

在“时间轴”面板中，第 1 帧上出现一个金色的锚，表示这一帧的标签类型是锚记，如图 5-27 所示。帧锚记表示该帧是一个定位帧，方便浏览者在浏览器中快进、快退。

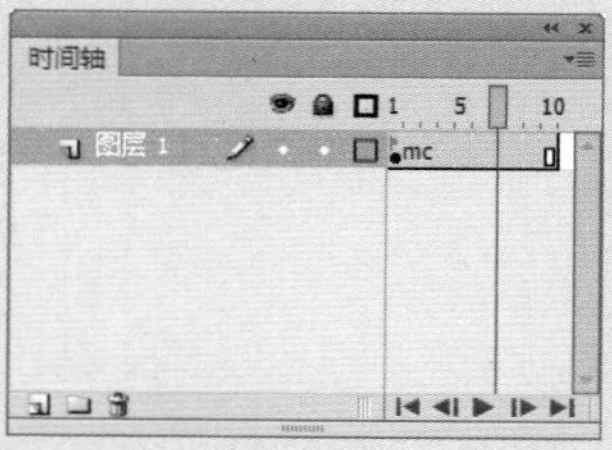

图 5-25

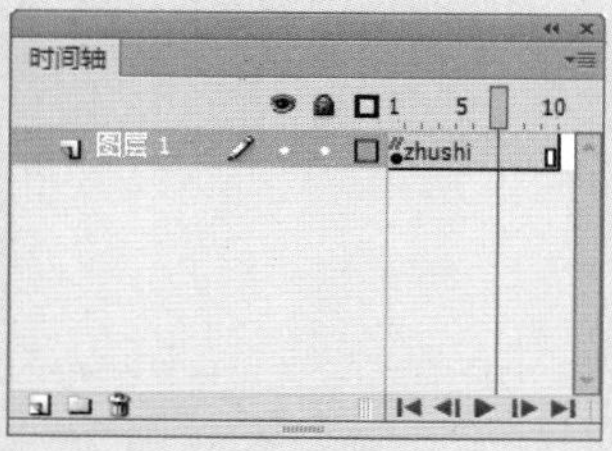

图 5-26

图 5-27

5.1.4 “时间轴”面板

“时间轴”面板如图 5-28 所示。

眼睛图标：单击此图标，可以隐藏或显示图层中的内容。

锁状图标：单击此图标，可以锁定或解锁图层。

线框图标：单击此图标，可以将图层中的内容以线框的方式显示。

"新建图层"按钮：用于创建图层。

"新建文件夹"按钮：用于创建图层文件夹。

"删除"按钮：用于删除无用的图层。

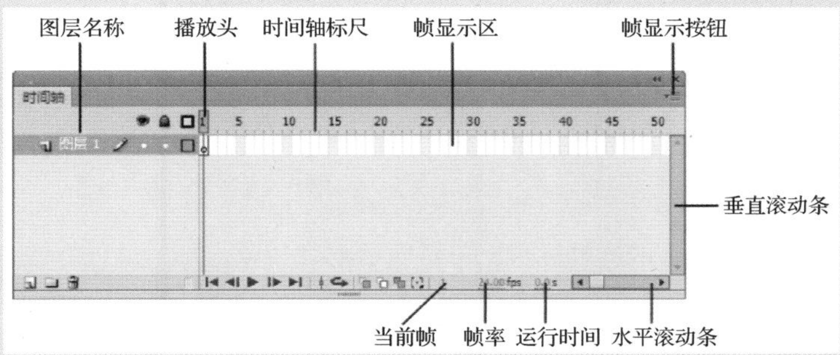

图 5-28

5.1.5 绘图纸（洋葱皮）功能

一般情况下，Flash CS6 的舞台只能显示当前帧中的对象。如果希望在舞台上出现多帧对象以辅助当前帧对象的定位和编辑，可以利用 Flash CS6 提供的绘图纸（洋葱皮）功能。

打开文件。"时间轴"面板下方的按钮介绍如下。

"帧居中"按钮：单击此按钮，播放头所在帧会显示在时间轴标尺的中间位置。

"绘图纸外观"按钮：单击此按钮，时间轴标尺上会出现绘图纸的标记，如图 5-29 所示，在标记范围内的帧中的对象将同时显示在舞台中，如图 5-30 所示。可以拖曳标记点来增加显示的帧数，如图 5-31 所示。

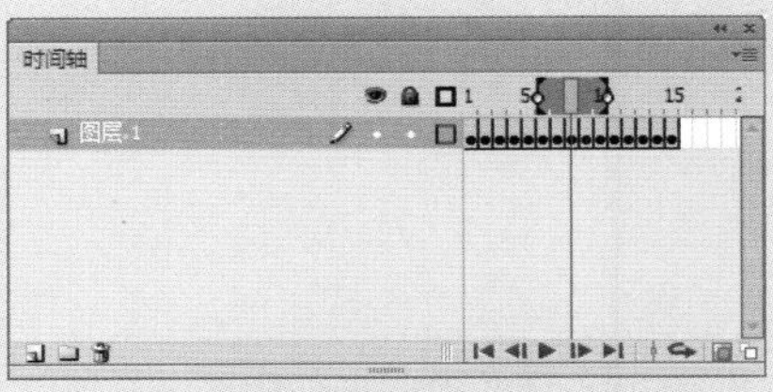

图 5-29

图 5-30

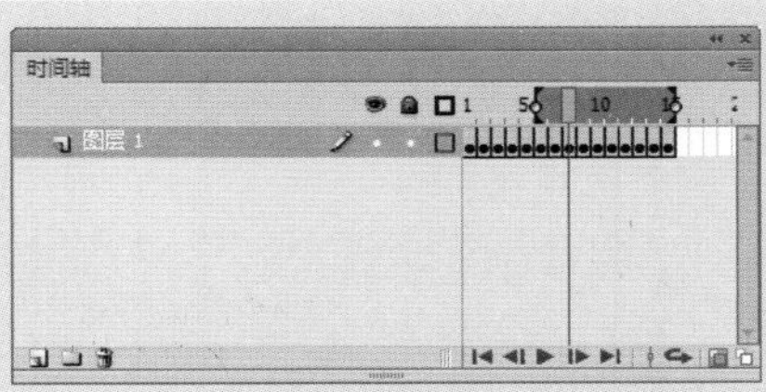

图 5-31

"绘图纸外观轮廓"按钮：单击此按钮，时间轴标尺上会出现绘图纸的标记，如图 5-32 所示，在标记范围内的帧中的对象将以轮廓线的形式同时显示在舞台中，如图 5-33 所示。

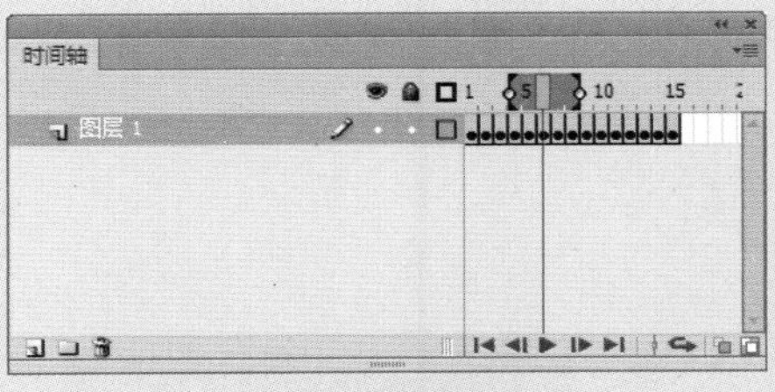

图 5-32

图 5-33

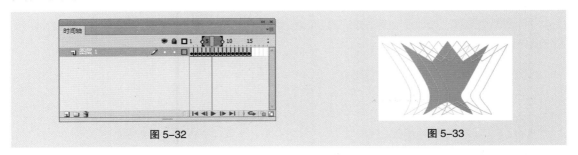

"编辑多个帧"按钮：单击此按钮，如图 5-34 所示，绘图纸标记范围内的帧中的对象将同时显示在舞台中，可以同时编辑所有的对象，如图 5-35 所示。

“修改标记”按钮：单击此按钮，弹出的下拉列表如图 5-36 所示。

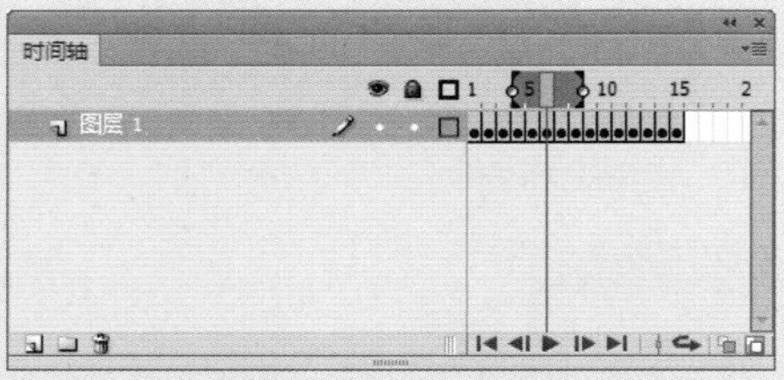

图 5-34

图 5-35

图 5-36

“始终显示标记”选项：在时间轴标尺上总是显示出绘图纸标记。

“锚定标记”选项：将锁定绘图纸标记的显示范围，移动播放头将不会改变其显示范围，如图 5-37 所示。

“标记范围 2”选项：绘图纸标记的显示范围为从当前帧的前 2 帧开始，到当前帧的后 2 帧结束，如图 5-38 所示，图形显示效果如图 5-39 所示。

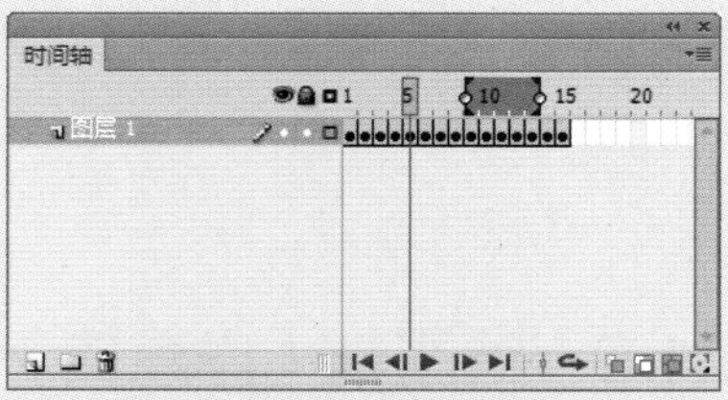

图 5-37

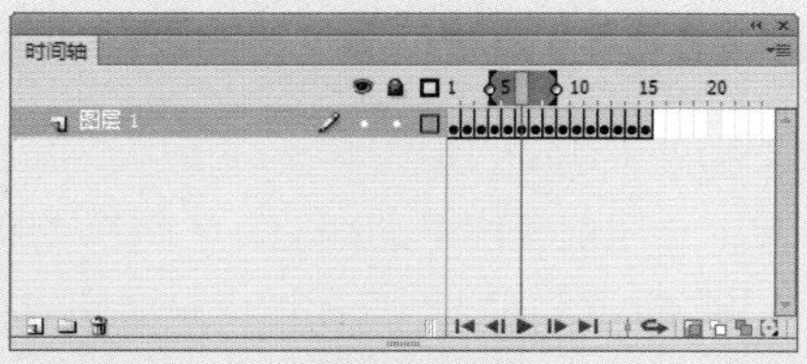

图 5-38

图 5-39

“标记范围 5”选项：绘图纸标记的显示范围为从当前帧的前 5 帧开始，到当前帧的后 5 帧结束，如图 5-40 所示，图形显示效果如图 5-41 所示。

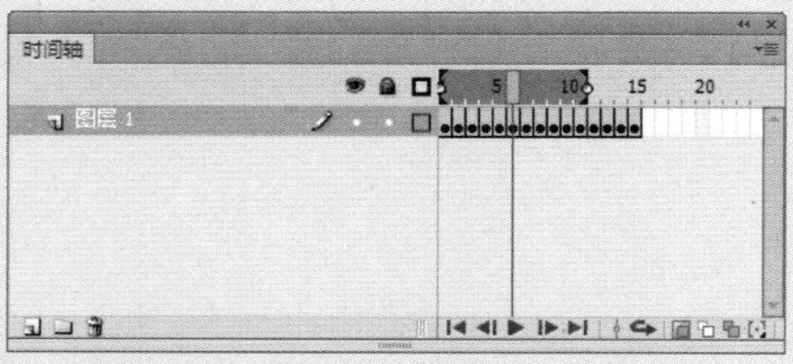

图 5-40

图 5-41

“标记整个范围”选项：绘图纸标记的显示范围为“时间轴”面板中的所有帧，如图 5-42 所示，图形显示效果如图 5-43 所示。

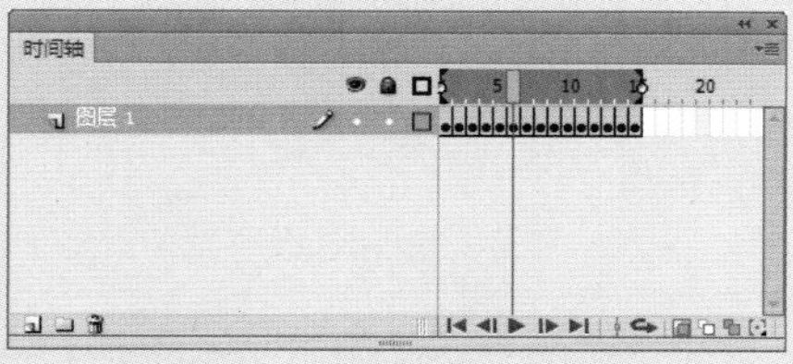

图 5-42

图 5-43

5.1.6 在“时间轴”面板中设置帧

在“时间轴”面板中，可以对帧进行一系列的操作。

1. 插入帧

选择“插入 > 时间轴 > 帧”命令，或按 F5 键，可以在时间轴标尺上插入一个普通帧。

选择“插入 > 时间轴 > 关键帧”命令，或按 F6 键，可以在时间轴标尺上插入一个关键帧。

选择“插入 > 时间轴 > 空白关键帧”命令，可以在时间轴标尺上插入一个空白关键帧。

2. 选择帧

选择“编辑 > 时间轴 > 选择所有帧”命令，可以选中时间轴标尺中的所有帧。

单击要选择的帧，该帧变为蓝色。

选中要选择的帧，再向前或向后拖曳，鼠标指针经过的帧将全部被选中。

按住 Ctrl 键的同时，单击要选择的帧，可以选择多个不连续的帧。

按住 Shift 键的同时，单击要选择的两个帧，这两个帧及它们中间的所有帧都被选中。

3. 移动帧

选中一个或多个帧，按住鼠标左键，移动所选帧到目标位置。在移动过程中，如果按住 Alt 键，会在目标位置上复制出所选的帧。

选中一个或多个帧，选择“编辑 > 时间轴 > 剪切帧”命令，或按 Ctrl+Alt+X 组合键，可以剪切所选的帧；选中目标位置，选择“编辑 > 时间轴 > 粘贴帧”命令，或按 Ctrl+Alt+V 组合键，可以在目标位置上粘贴所选的帧。

4. 删除帧

用鼠标右键单击要删除的帧，在弹出的快捷菜单中选择“清除帧”命令。

选中要删除的普通帧，按 Shift+F5 组合键，可以删除帧。选中要删除的关键帧，按 Shift+F6 组合键，可以删除关键帧。

提示

在 Flash CS6 的默认状态下，“时间轴”面板中每一个图层的第 1 帧都被设置为关键帧，后面插入的帧将拥有第 1 帧中的所有内容。

5.1.7 帧动画

选择“文件 > 打开”命令，打开云盘中的“基础素材 > Ch05 > 02”文件，如图 5-44 所示。在“时间轴”面板中创建新图层并将其命名为“气球”。将“库”面板中的图形元件“气球”拖曳到舞台中，并放置在适当的位置，如图 5-45 所示。

图 5-44

选中“气球”图层的第 5 帧，按 F6 键，插入关键帧，如图 5-46 所示，将气球图形向左上方拖曳到适当的位置，效果如图 5-47 所示。

选中“气球”图层的第 10 帧，按 F6 键，插入关键帧，如图 5-48 所示，将气球图形向左上方拖曳到适当的位置，效果如图 5-49 所示。

选中“气球”图层的第 14 帧，按 F6 键，插入关键帧，如图 5-50 所示，将气球图形向右上方拖曳到适当的位置，效果如图 5-51 所示。

图 5-45

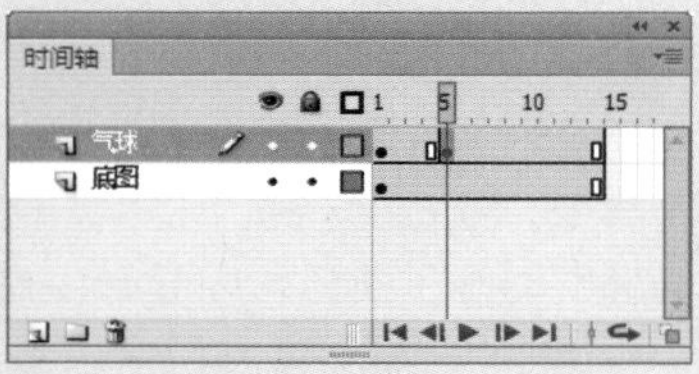

图 5-46

图 5-47

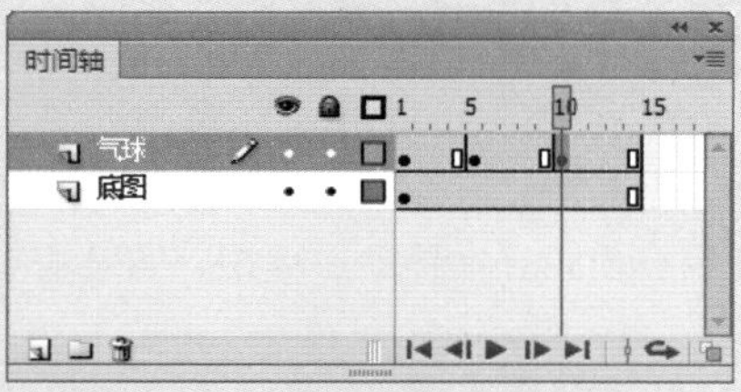

图 5-48

图 5-49

图 5-50

图 5-51

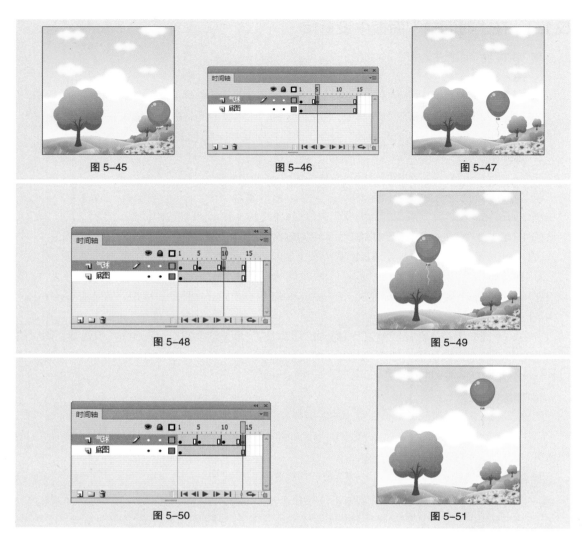

按 Enter 键即可观看动画效果。在不同的关键帧上动画显示的效果如图 5-52 所示。

第 1 帧　第 5 帧　第 10 帧　第 14 帧

图 5-52

5.1.8　逐帧动画

新建空白文档，选择“文本”工具T，在第 1 帧的舞台中输入文字“雨”，如图 5-53 所示。在“时间轴”面板中选中第 2 帧，如图 5-54 所示。按 F6 键，插入关键帧，如图 5-55 所示。

图 5-53

图 5-54

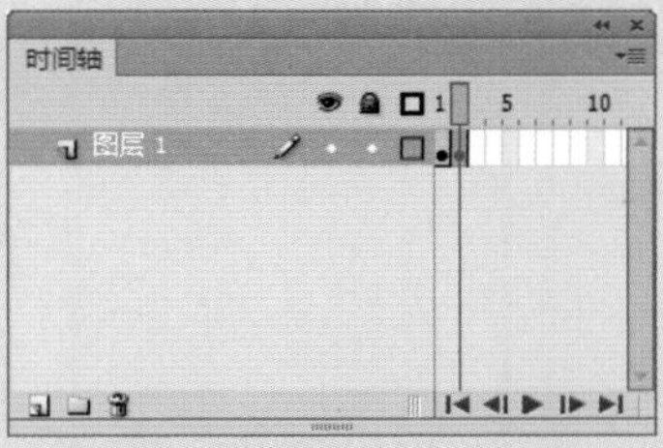

图 5-55

在第 2 帧的舞台中输入“过”字，如图 5-56 所示。用相同的方法在第 3 帧插入关键帧，在舞台中输入“天”字，如图 5-57 所示。在第 4 帧插入关键帧，在舞台中输入“晴”字，如图 5-58 所示。按 Enter 键即可观看动画效果。

图 5-56

图 5-57

图 5-58

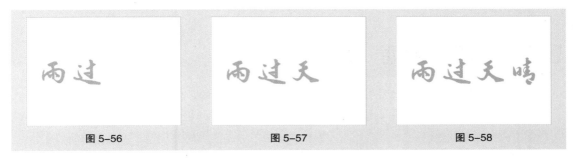

还可以通过从外部导入图片组来实现逐帧动画的效果。

选择“文件 > 导入 > 导入到舞台”命令，弹出“导入”对话框，在对话框中选中素材文件，如图 5-59 所示。单击“打开”按钮，弹出提示对话框，询问是否将图像序列中的所有图像导入，如图 5-60 所示。

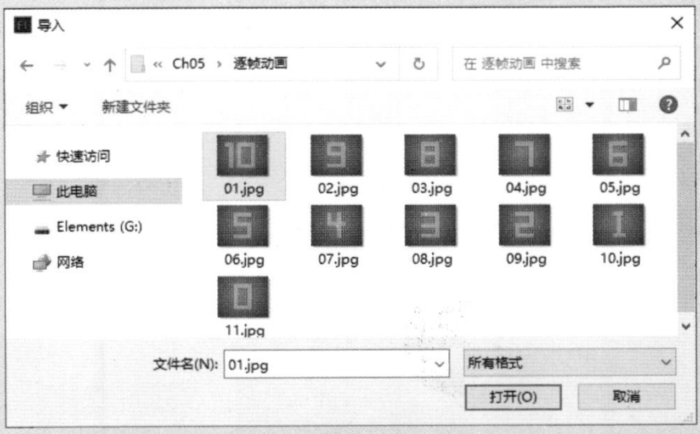

图 5-59

图 5-60

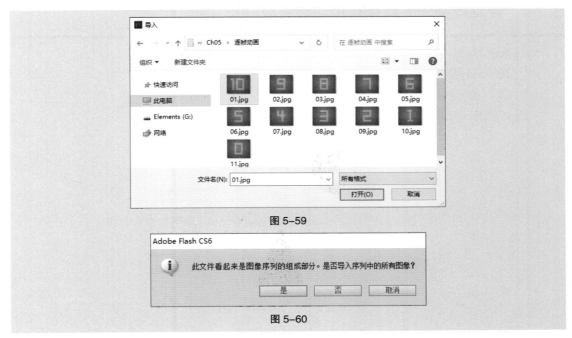

单击“是”按钮，将图像序列导入舞台，如图 5-61 所示，按 Enter 键即可观看动画效果。

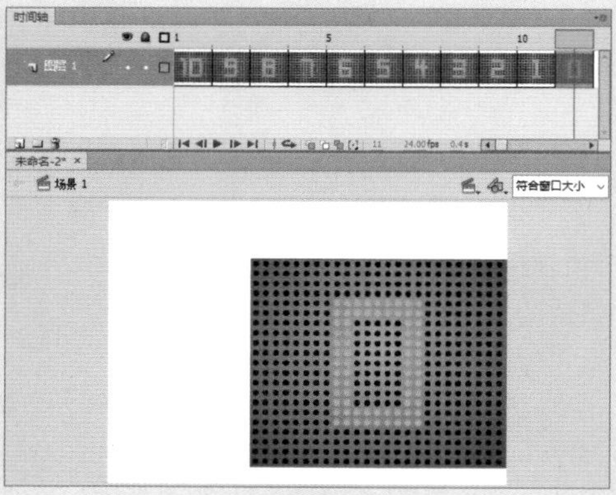

图 5-61

5.2 动画的创建

形状补间动画是使图形形状发生变化的动画，它所处理的对象必须是舞台上的图形。

传统补间动画所处理的对象必须是舞台上的元件实例、多个图形的组合、文字或导入的素材对象。利用这种动画，可以实现上述对象的大小、位置、颜色及透明度等的变化。

形状补间动画：可以实现由一种形状变换成另一种形状的效果。

变形提示：如果对系统生成的变形效果不是很满意，可以使用 Flash CS6 中的变形提示点，自行设定变形效果。

传统补间动画：是指对象在位置上产生的变化。

5.2.1 课堂案例——制作文化动态海报

【案例学习目标】使用“创建补间形状”命令制作形状演变动画。

【案例知识要点】使用“椭圆”工具、“矩形”工具和“创建补间形状”命令，制作形状演变效果；使用“时间轴”面板控制每个图层的出场顺序，如图 5-62 所示。

【效果所在位置】云盘 /Ch05/ 效果 / 制作文化动态海报。

微课

制作文化动态海报

图 5-62

（1）选择“文件 > 打开”命令，在弹出的“打开”对话框中，选择云盘中的“Ch05 > 素材 > 制作文化动态海报 > 01”文件，单击“打开”按钮，打开文件。

（2）选择“文件 > 导入 > 导入到库”命令，在弹出的“导入到库”对话框中，选择云盘中的“Ch05 > 素材 > 制作文化动态海报 > 02 ~ 05”文件，单击“打开”按钮，文件被导入“库”面板，如图 5-63 所示。

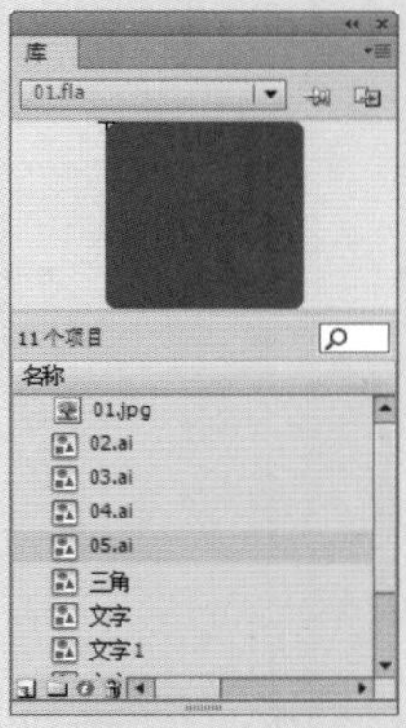

图 5-63

（3）在“时间轴”面板中创建新图层并将其命名为“动画 9”。选中“动画 9”图层的第 10 帧，按 F6 键，插入关键帧。将“库”面板中的图形元件“02”拖曳到舞台中，并放置在适当的位置，如图 5-64 所示。

（4）保持实例处于选取状态，按 Ctrl+B 组合键，使其分离，效果如图 5-65 所示。选中“动画 9”图层的第 19 帧，按 F7 键，插入空白关键帧。将“库”面板中的图形元件“03”拖曳到舞台中，并放置在与“02”图形叠加的位置，如图 5-66 所示。

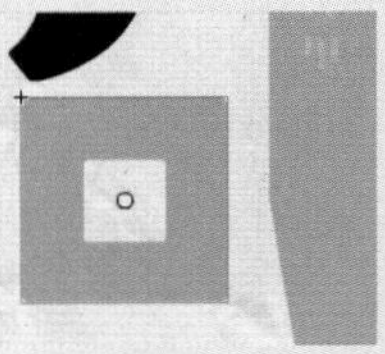
图 5-64

图 5-65

图 5-66

（5）保持实例处于选取状态，按 Ctrl+B 组合键，使其分离，效果如图 5-67 所示。用鼠标右键单击“动画 9”图层的第 10 帧，在弹出的快捷菜单中选择“创建补间形状”命令，创建形状补间动画，如图 5-68 所示。

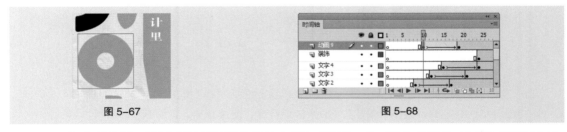

图 5-67

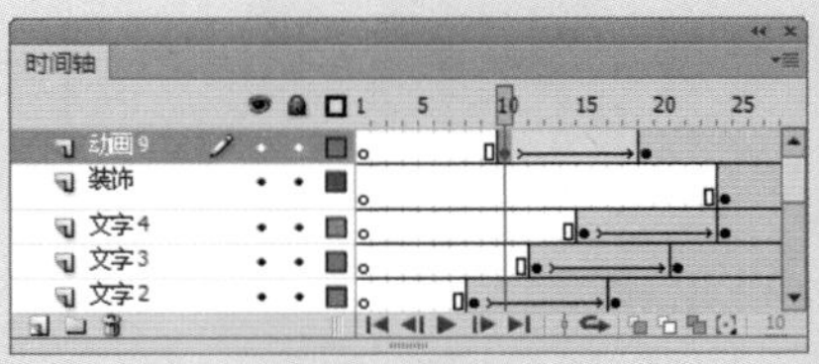

图 5-68

（6）在“时间轴”面板中创建新图层并将其命名为“动画 10”。选中“动画 10”图层的第 12 帧，按 F6 键，插入关键帧。将“库”面板中的图形元件“04”拖曳到舞台中，并放置在适当的位置，如图 5-69 所示。

（7）保持实例处于选取状态，按 Ctrl+B 组合键，使其分离，效果如图 5-70 所示。选中“动画 10”图层的第 21 帧，按 F7 键，插入空白关键帧。将“库”面板中的图形元件“05”拖曳到舞台中，并放置在与“02”图形叠加的位置，如图 5-71 所示。

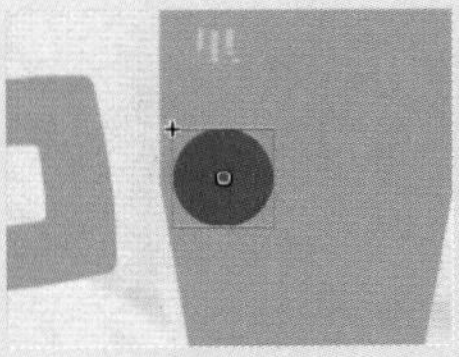
图 5-69

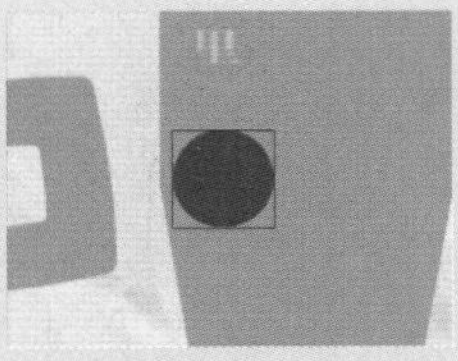
图 5-70

图 5-71

（8）在“时间轴”面板中，按住 Shift 键的同时，选中“动画 9”图层和“动画 10”图层，如图 5-72 所示。将选中的图层拖曳到“动画 8”图层的上方，如图 5-73 所示。文化动态海报制作完成，按 Ctrl+Enter 组合键即可查看效果。

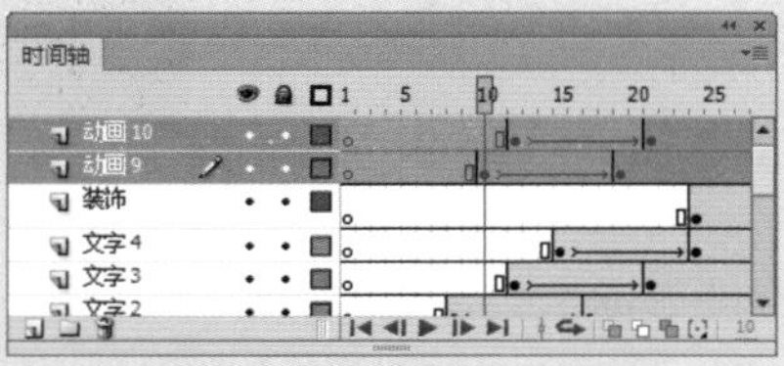

图 5-72

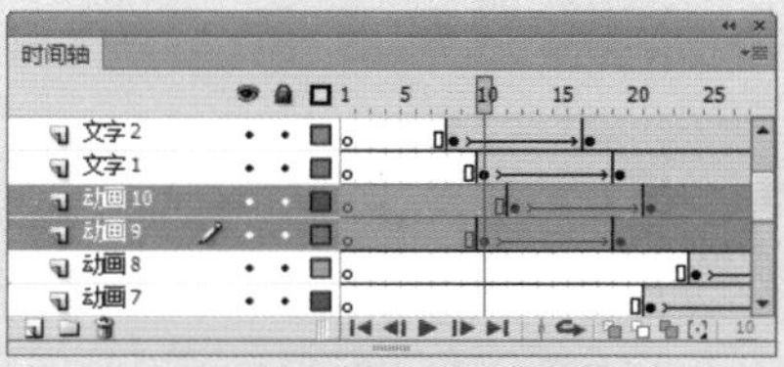

图 5-73

5.2.2 简单形状补间动画

如果舞台上的对象是元件实例、多个图形的组合、文字或导入的素材对象，必须先将它们分离或取消组合，才能制作形状补间动画。利用这种动画，可以实现上述对象的大小、位置、颜色及透明度等的变化。

选择“文件 > 导入 > 导入到舞台”命令，将“03”文件导入舞台的第 1 帧中。多次按 Ctrl+B 组合键，使其分离，如图 5-74 所示。

选中“图层 1”的第 10 帧，按 F7 键，插入空白关键帧，如图 5-75 所示。

图 5-74

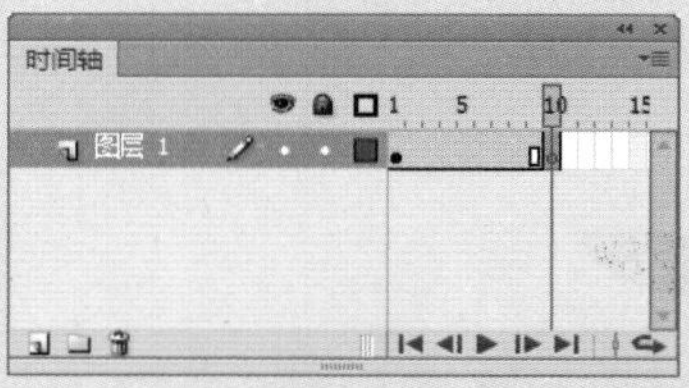

图 5-75

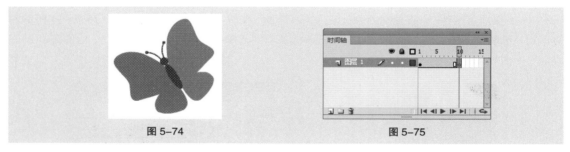

选择“文件 > 导入 > 导入到库”命令，将“04”文件导入“库”面板。将“库”面板中的图形元件“04”拖曳到第 10 帧的舞台中，多次按 Ctrl+B 组合键，使其分离，如图 5-76 所示。

用鼠标右键单击第 1 帧，在弹出的快捷菜单中选择“创建补间形状”命令，如图 5-77 所示。

图 5-76

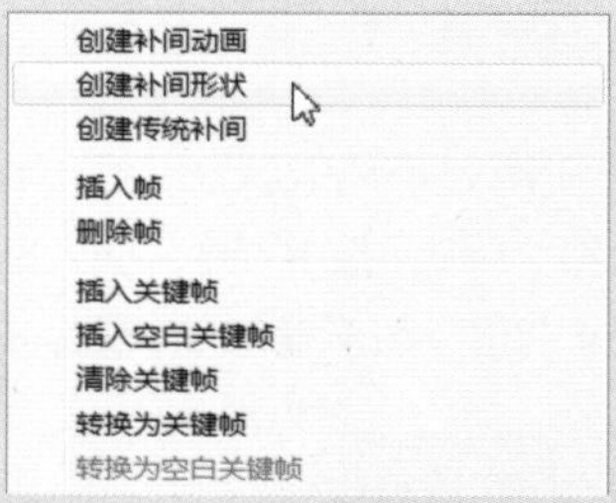

图 5-77

设为“形状”后，“属性”面板中出现如下两个新的选项。

“缓动”选项：用于设定变形动画从开始到结束的变形速度，其取值范围为 −100 ~ 100。当输入正数时，变形速度逐渐减慢；当输入负数时，变形速度逐渐加快。

“混合”选项：提供了“分布式”和“角形”两个选项。选择“分布式”选项可以使变形的中间形状趋于平滑，选择“角形”选项则创建包含角度和直线的中间形状。

设置完成后，在“时间轴”面板中，第 1 ～ 10 帧出现绿色的背景和黑色的箭头，表示生成了形状补间动画，如图 5-78 所示。按 Enter 键，即可观看动画效果。

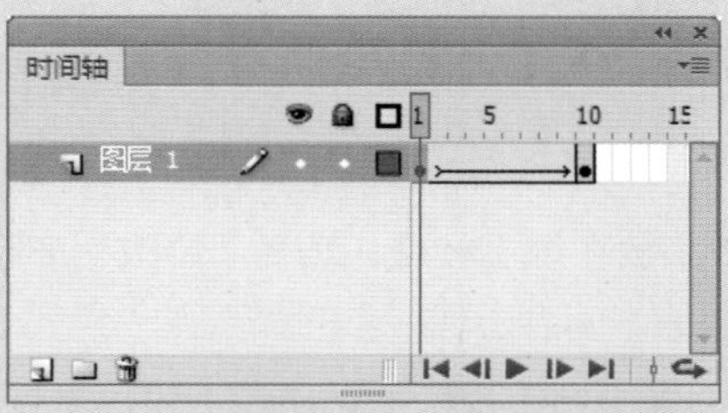

图 5-78

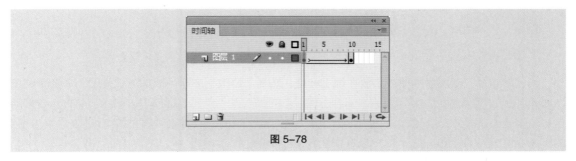

在变形过程中每一帧上的图形都不同，如图 5-79 所示。

第 1 帧　第 3 帧　第 5 帧　第 7 帧　第 10 帧

图 5-79

5.2.3 使用变形提示

使用变形提示，可以让原图形上的某一点变换到目标图形的某一点上，还可以制作出各种复杂的变形效果。

使用“多角星形”工具在第 1 帧的舞台中绘制出 1 个五角星，如图 5-80 所示。选中第 10 帧，按 F7 键，插入空白关键帧，如图 5-81 所示。

选择“文本”工具，在文本工具“属性”面板中进行设置，在舞台中适当的位置输入大小为 200，字体为“汉仪超粗黑简”的蓝色（#0099FF）字母“A”，效果如图 5-82 所示。

图 5-80

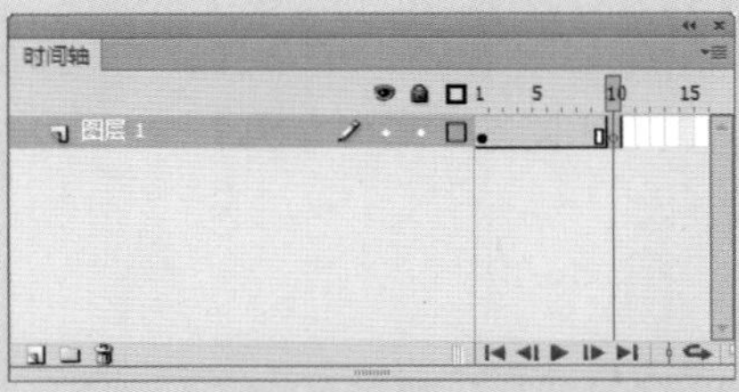

图 5-81

图 5-82

选择“选择”工具，选择字母“A”，按 Ctrl+B 组合键，使其分离，效果如图 5-83 所示。用鼠标右键单击第 1 帧，在弹出的快捷菜单中选择“创建补间形状”命令，如图 5-84 所示。在“时间轴”面板中，第 1 ～ 10 帧出现绿色的背景和黑色的箭头，表示生成了形状补间动画，如图 5-85 所示。

图 5-83

图 5-84

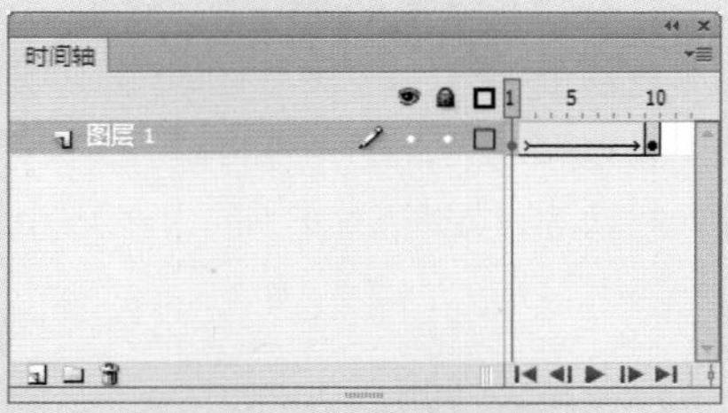

图 5-85

将“时间轴”面板中的播放头放在第 1 帧处，选择“修改 > 形状 > 添加形状提示”命令，或按 Ctrl+Shift+H 组合键，在五角星的中间会出现红色的提示点“a”，如图 5-86 所示。将提示点移动到五角星上方的角点上，如图 5-87 所示。将“时间轴”面板中的播放头放在第 10 帧处，第 10 帧的字母上也出现了红色的提示点“a”，如图 5-88 所示。

图 5-86

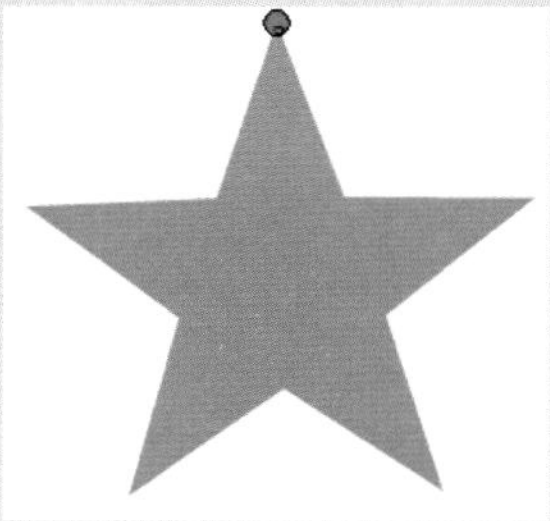

图 5-87

图 5-88

将字母上的提示点移动到字母右下方的边线上，提示点从红色变为绿色，如图 5-89 所示。这时，再将播放头放置在第 1 帧处，可以观察到刚才红色的提示点变为黄色，如图 5-90 所示，这表示第 1 帧的提示点和第 10 帧的提示点已经相互对应。

用相同的方法在第 1 帧的五角星中再添加 2 个提示点，分别为“b”“c”，并将它们放置在五角星的角点上，如图 5-91 所示。在第 10 帧中，将提示点按顺时针的方向分别设置在字母的边线上，如图 5-92 所示。完成提示点的设置，按 Enter 键即可观看动画效果。

提示　形状提示点一定要按顺时针的方向添加，顺序不能错，否则无法实现相应的效果。

图 5-89

图 5-90

图 5-91

图 5-92

在未使用变形提示时，Flash CS6 自动生成的图形变化过程如图 5-93 所示。

第 1 帧　第 3 帧　第 5 帧　第 7 帧　第 10 帧

图 5-93

在使用变形提示后，在提示点的作用下生成的图形变化过程如图 5-94 所示。

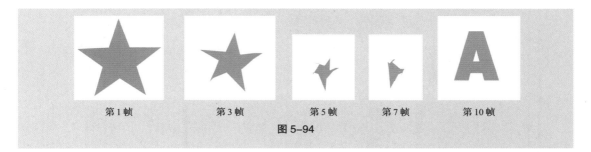

第 1 帧　第 3 帧　第 5 帧　第 7 帧　第 10 帧

图 5-94

5.2.4　课堂案例——制作饰品类公众号封面首图

【案例学习目标】使用“创建传统补间”命令制作动画。

【案例知识要点】使用“导入”命令导入素材，使用“变形”面板改变实例图形的大小，使用“创建传统补间”命令创建传统补间动画，使用“属性”面板改变实例图形的不透明度，如图 5-95 所示。

【效果所在位置】云盘 /Ch05/ 效果 / 制作饰品类公众号封面首图。

微课

制作饰品类公众号封面首图

图 5-95

1. 制作图形元件

（1）选择“文件 > 新建”命令，在弹出的“新建文档”对话框中，选择“常规”选项卡中的“ActionScript 3.0”选项，将“宽”选项设为 1175，“高”选项设为 500，单击“确定”按钮，完成文档的创建。按 Ctrl+J 组合键，弹出“文档设置”对话框，将“背景颜色”选项设为黄色（#FFCC00），单击“确定”按钮，完成文档属性的修改。

（2）选择“文件 > 导入 > 导入到库”命令，在弹出的“导入到库”对话框中，选择云盘中的“Ch05 > 素材 > 制作饰品类公众号封面首图 > 01 ~ 04”文件，单击“打开”按钮，文件被导入“库”

面板，如图 5-96 所示。

（3）按 Ctrl+F8 组合键，弹出“创建新元件”对话框，在“名称”文本框中输入“手表 1”，在“类型”下拉列表中选择“图形”选项，单击“确定”按钮，新建图形元件“手表 1”，“库”面板如图 5-97 所示。舞台窗口也随之转换为该图形元件的舞台窗口。将“库”面板中的位图“02”拖曳到舞台中，并放置在适当的位置，如图 5-98 所示。

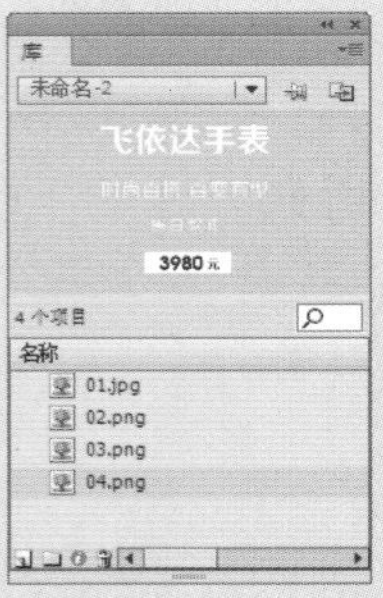

图 5-96

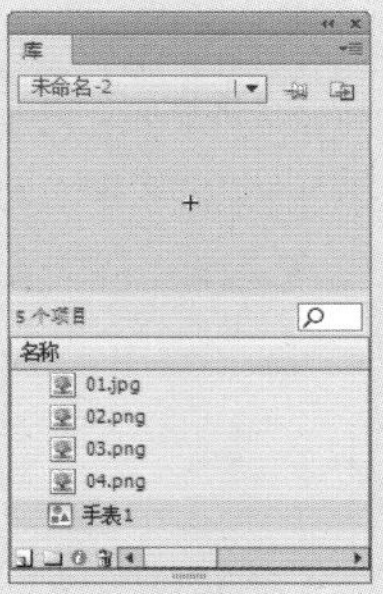

图 5-97

图 5-98

（4）新建图形元件“手表 2”，舞台窗口也随之转换为图形元件“手表 2”的舞台窗口。将“库”面板中的位图“03”拖曳到舞台中，并放置在适当的位置，如图 5-99 所示。用相同的方法将位图“04”制作成图形元件“文字”，如图 5-100 所示。

图 5-99

图 5-100

2. 制作场景动画

（1）单击舞台窗口左上方的“场景 1”图标 场景 1，进入“场景 1”的舞台窗口。将“图层 1”重新命名为“底图”。将“库”面板中的位图“01”拖曳到舞台中，并放置在舞台中心的位置，如图 5-101 所示。选中“底图”图层的第 90 帧，按 F5 键，插入普通帧。

（2）在“时间轴”面板中创建新图层并将其命名为“手表 1”。将“库”面板中的图形元件“手表 1”拖曳到舞台中，并放置在适当的位置，如图 5-102 所示。选中“手表 1”图层的第 20 帧，按 F6 键，插入关键帧。

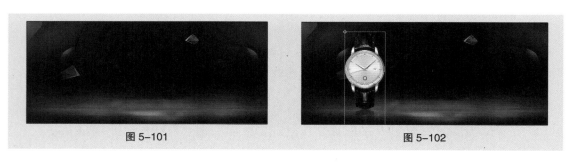

图 5-101

图 5-102

（3）选中“手表 1”图层的第 1 帧，在舞台中选中“手表 1”实例，将其水平向左拖曳到适当的位置，如图 5-103 所示。保持实例处于选取状态，在图形“属性”面板中，展开“色彩效果”选项组，在“样式”下拉列表中选择“Alpha”选项，并将其值设为 0，效果如图 5-104 所示。

图 5-103

图 5-104

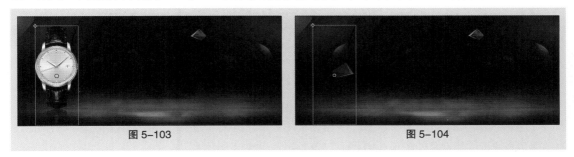

（4）用鼠标右键单击“手表 1”图层的第 1 帧，在弹出的快捷菜单中选择“创建传统补间”命令，生成传统补间动画，如图 5-105 所示。

（5）在“时间轴”面板中创建新图层并将其命名为“手表 2”。将“库”面板中的图形元件“手表 2”拖曳到舞台中，并放置在适当的位置，如图 5-106 所示。选中“手表 2”图层的第 20 帧，按 F6 键，插入关键帧。

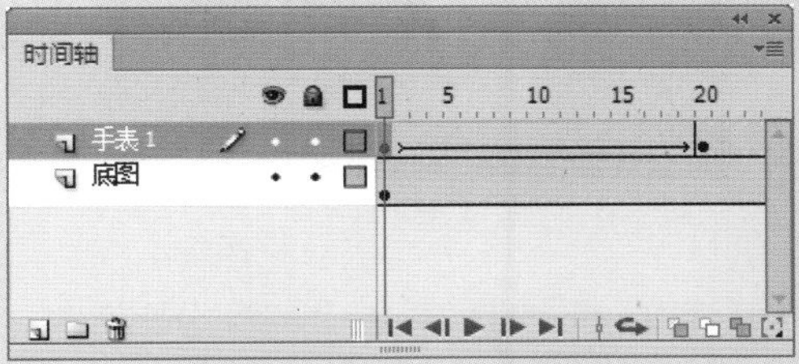

图 5-105

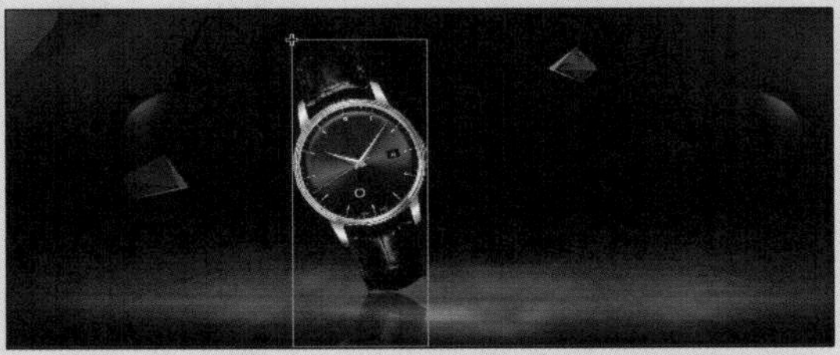

图 5-106

（6）选中“手表 2”图层的第 1 帧，在舞台中选中“手表 2”实例，将其水平向右拖曳到适当的位置，如图 5-107 所示。保持实例处于选取状态，在图形“属性”面板中，展开“色彩效果”选项组，在“样式”下拉列表中选择“Alpha”选项，并将其值设为 0，效果如图 5-108 所示。

图 5-107

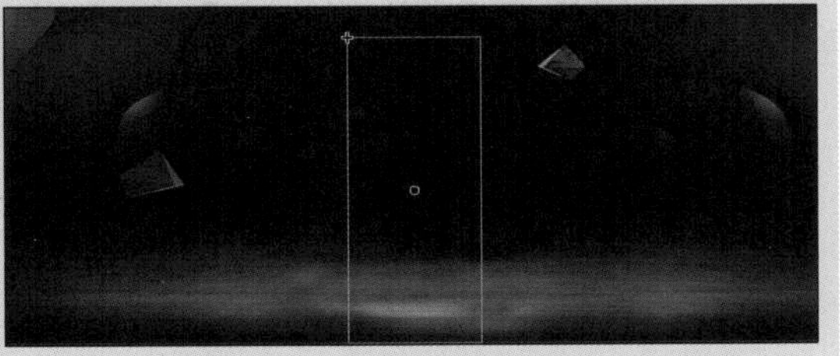

图 5-108

（7）用鼠标右键单击“手表 2”图层的第 1 帧，在弹出的快捷菜单中选择“创建传统补间”命令，生成传统补间动画。

（8）分别选中“手表 1”图层的第 25 帧、第 27 帧、第 29 帧、第 31 帧、第 33 帧和第 35 帧，按 F6 键，插入关键帧，如图 5-109 所示。

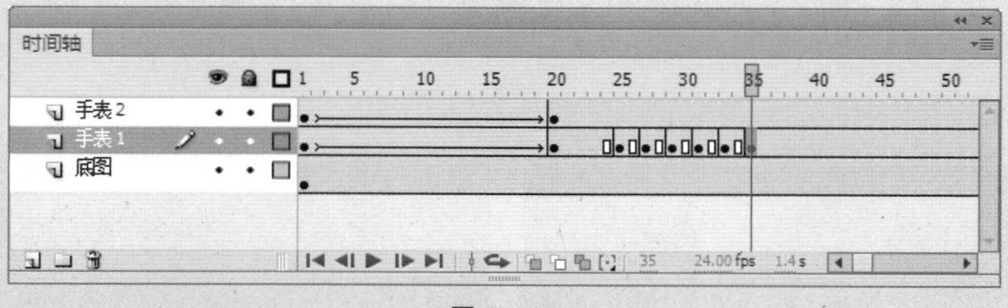

图 5-109

（9）选中“手表 1”图层的第 25 帧，在舞台中选中“手表 1”实例，在图形“属性”面板中，展开“色彩效果”选项组，在“样式”下拉列表中选择“色调”选项，在右侧的颜色框中将颜色设为白色，其他选项的设置如图 5-110 所示，效果如图 5-111 所示。

图 5-110

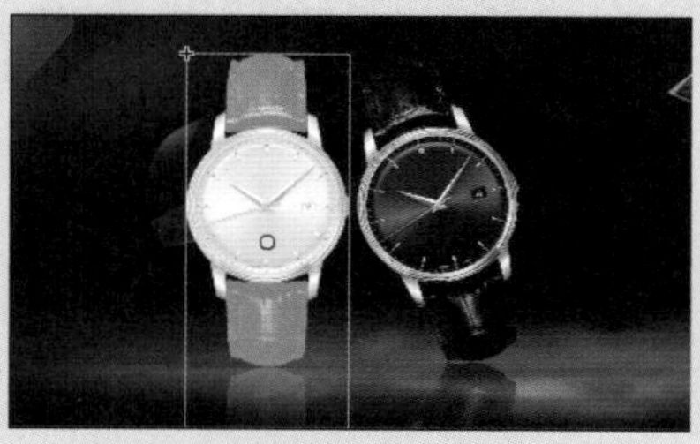

图 5-111

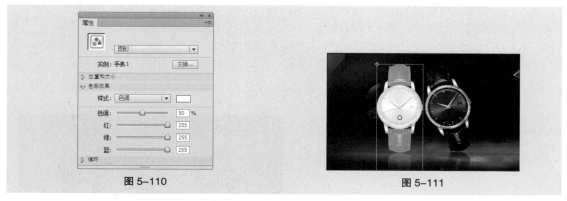

（10）用上述的方法分别对“手表 1”图层的第 29 帧、第 33 帧中的对象进行设置。分别选中“手表 2”图层的第 27 帧、第 29 帧、第 31 帧、第 33 帧、第 35 帧和第 37 帧，按 F6 键，插入关键帧。

（11）选中“手表 2”图层的第 27 帧，在舞台中选中“手表 2”实例，在图形“属性”面板中，展开“色彩效果”选项组，在“样式”下拉列表中选择“色调”选项，在右侧的颜色框中将颜色设为白色，其他选项的设置如图 5-112 所示，效果如图 5-113 所示。用上述的方法分别对“手表 2”图层的第 31 帧、第 35 帧中的对象进行设置。

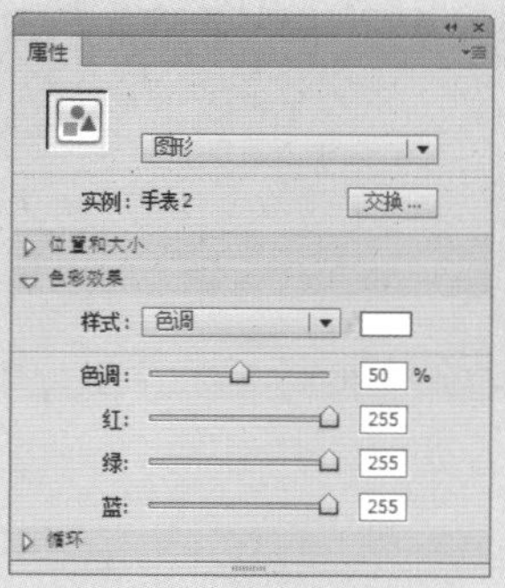

图 5-112

图 5-113

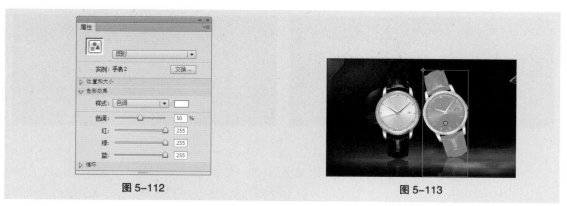

（12）在“时间轴”面板中创建新图层并将其命名为“文字”。选中“文字”图层的第 15 帧，按 F6 键，插入关键帧。将“库”面板中的图形元件“文字”拖曳到舞台中，并放置在适当的位置，如图 5-114 所示。

（13）选中“文字”图层的第 30 帧，按 F6 键，插入关键帧。选中“文字”图层的第 15 帧，在舞台中将“文字”实例垂直向下拖曳到适当的位置，如图 5-115 所示。保持实例处于选取状态，在图形“属性”面板中，展开“色彩效果”选项组，在“样式”下拉列表中选择“Alpha”选项，并将其值设为 0，效果如图 5-116 所示。

图 5-114

图 5-115

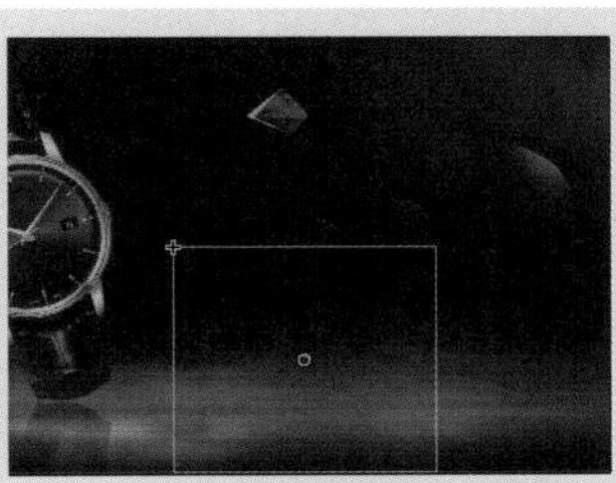
图 5-116

（14）用鼠标右键单击“文字”图层的第 15 帧，在弹出的快捷菜单中选择“创建传统补间”命令，生成传统补间动画，如图 5-117 所示。饰品类公众号封面首图制作完成，按 Ctrl+Enter 组合键即可查看效果，如图 5-118 所示。

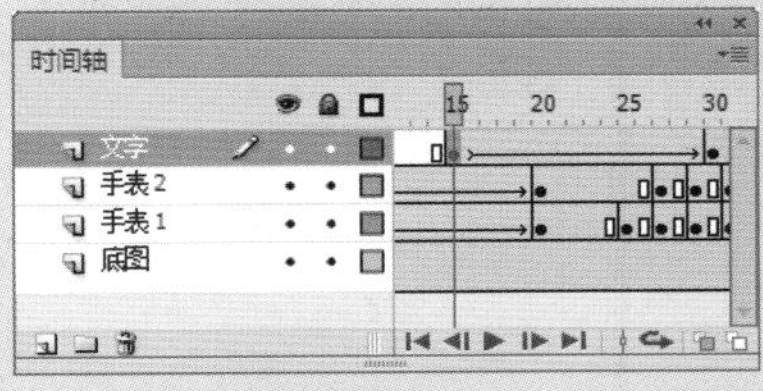

图 5-117

图 5-118

5.2.5 创建传统补间

新建空白文档，选择“文件 > 导入 > 导入到库”命令，将“05”文件导入“库”面板，如图 5-119 所示。将图形元件“05”拖曳到舞台的右侧，如图 5-120 所示。

图 5-119

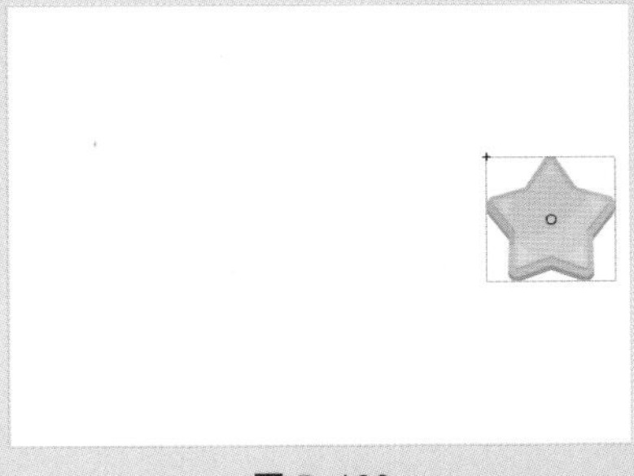
图 5-120

选中“图层 1”的第 10 帧，按 F6 键，插入关键帧，如图 5-121 所示。将星星图形拖曳到舞台的左侧，如图 5-122 所示。

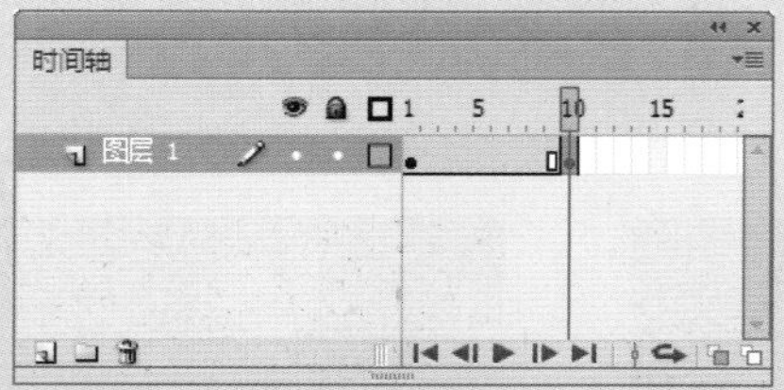

图 5-121

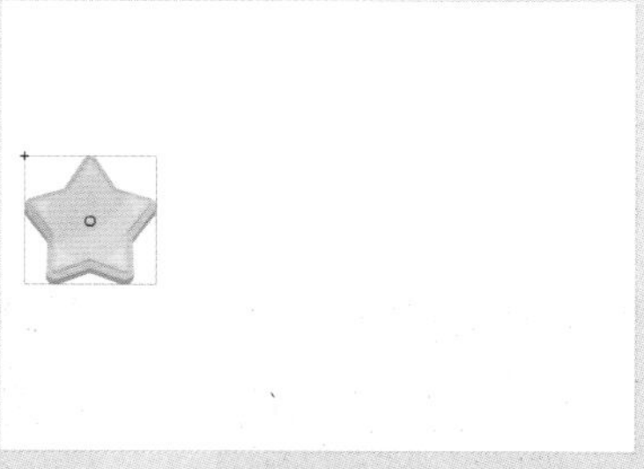

图 5-122

用鼠标右键单击第 1 帧，在弹出的快捷菜单中选择“创建传统补间”命令，创建传统补间动画。

设为“动画”后，“属性”面板中出现多个新的选项，如图 5-123 所示。

“缓动”选项：用于设定动作补间动画从开始到结束的运动速度。其取值范围为 -100 ~ 100。当输入正数时，运动速度逐渐减慢；当输入负数时，运动速度逐渐输入加快。

图 5-123

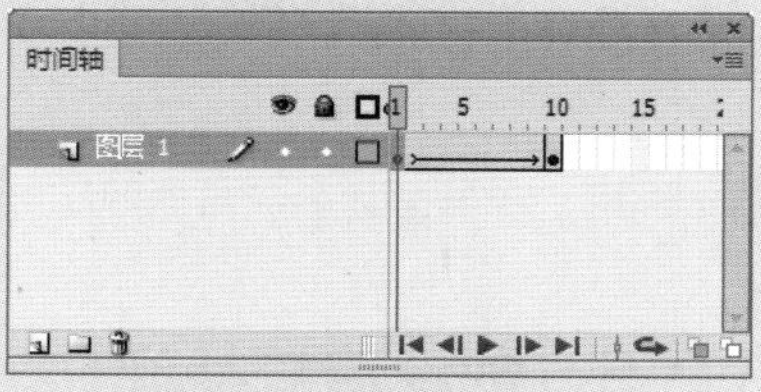

图 5-124

“旋转”选项：用于设置对象在运动过程中的旋转样式和次数。

“贴紧”复选框：勾选此复选框，如果使用运动引导动画，则根据对象的中心点将其吸附到运动路径上。

“调整到路径”复选框：勾选此复选框，对象在运动引导动画过程中，可以根据引导路径改变变化的方向。

“同步”复选框：勾选此复选框，如果对象是一个包含动画效果的图形组件实例，则其动画和主时间轴同步。

“缩放”复选框：勾选此复选框，对象在动画过程中可以改变大小。

在“时间轴”面板中，第 1 帧至第 10 帧出现紫色的背景和黑色的箭头，表示生成了传统补间动画，如图 5-124 所示，按 Enter 键即可观看动画效果。

如果想观察制作的动作补间动画中每 1 帧的不同效果，可以单击“时间轴”面板下方的“绘图纸外观”按钮，并将起始标记点设为第 1 帧，终止标记点设为第 10 帧，如图 5-125 所示。舞台中将显示图形的位置变化效果，如图 5-126 所示。

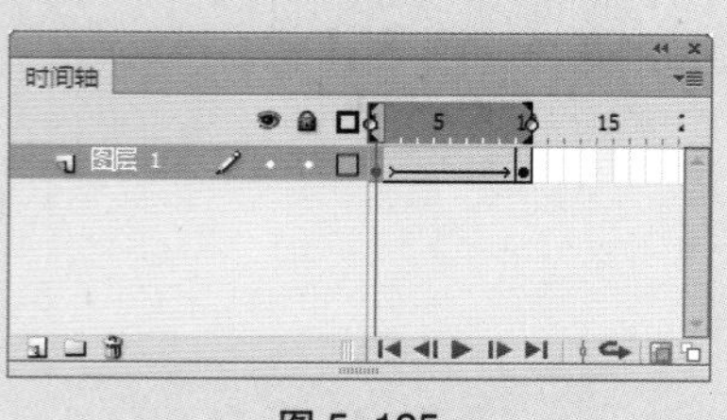

图 5-125

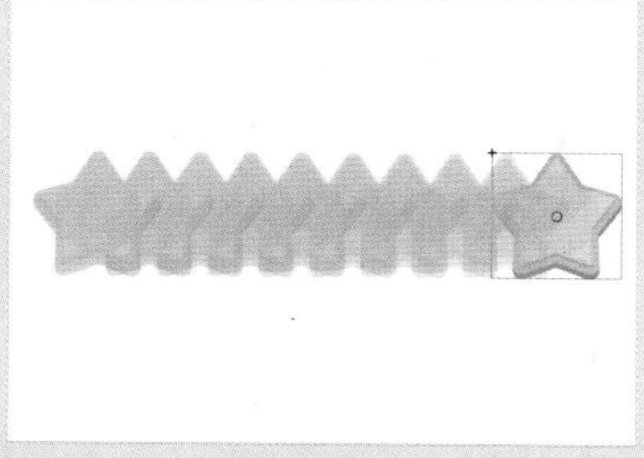

图 5-126

如果在帧“属性”面板中，将“旋转”选项设为“逆时针”，如图 5-127 所示，那么在不同的帧中，图形的位置变化效果如图 5-128 所示。

图 5-127

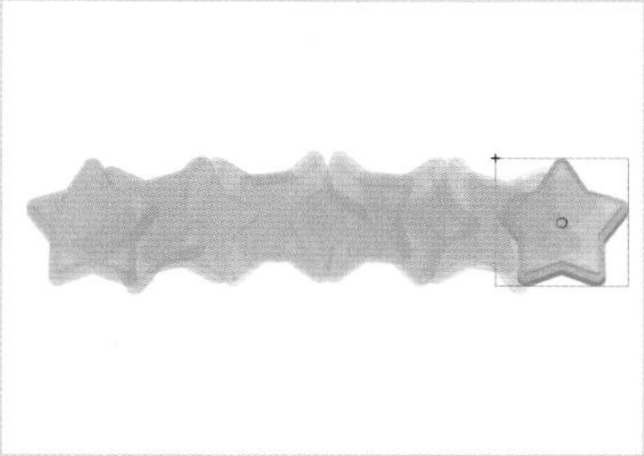

图 5-128

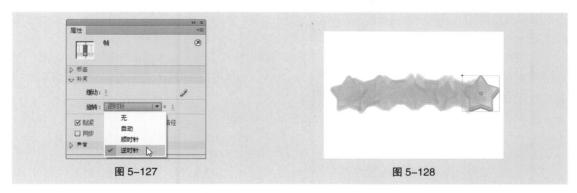

还可以在对象的运动过程中改变其大小、透明度等，下面进行介绍。

选择“文件 > 打开”命令，在弹出的“打开”对话框中，选择云盘中的“基础素材 > Ch05 > 06”文件，单击“打开”按钮打开文件。

将“图层 1”重命名为“字母”。将“库”面板中的图形元件“01”拖曳到舞台的中心位置，如图 5-129 所示。

在“时间轴”面板中，用鼠标右键单击“字母”图层的第 20 帧，在弹出的快捷菜单中选择“插入关键帧”命令，在第 20 帧处插入一个关键帧，如图 5-130 所示。选择“任意变形”工具，在舞台中单击图形，图形周围出现变形控制点，如图 5-131 所示。

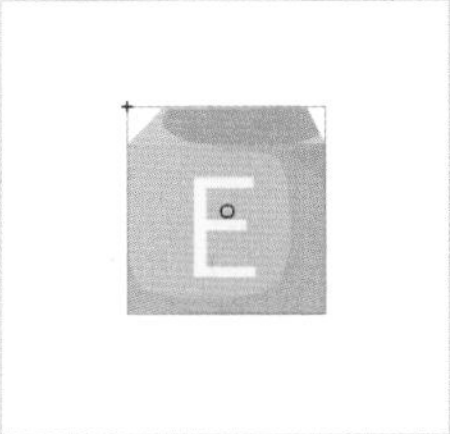

图 5-129

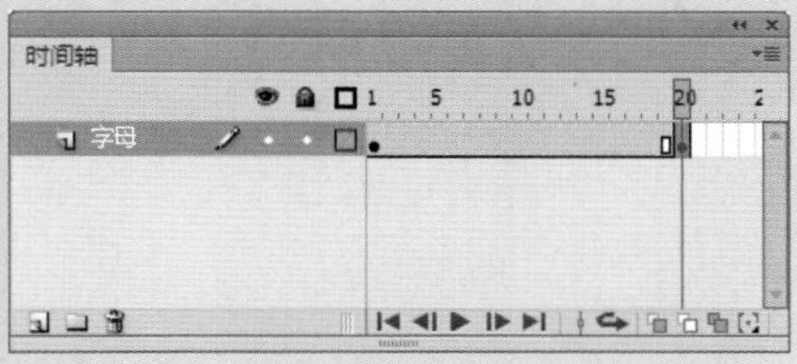

图 5-130

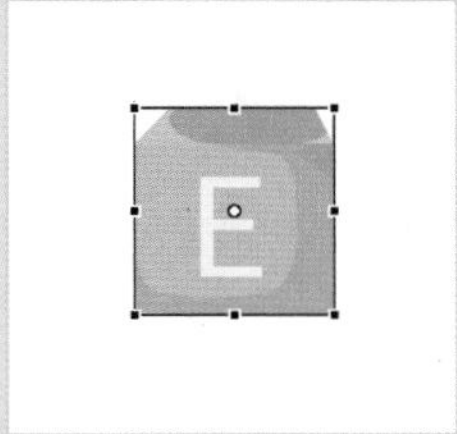

图 5-131

将鼠标指针放在左侧中间的控制点上，鼠标指针变为↔形状，如图 5-132 所示，按住鼠标左键不放，向右拖曳控制点，将图形水平翻转。松开鼠标后的效果如图 5-133 所示。

按 Ctrl+T 组合键，弹出“变形”面板，将“缩放宽度”和“缩放高度”选项均设置为 130，其他选项保持默认，如图 5-134 所示。按 Enter 键确认操作，效果如图 5-135 所示。

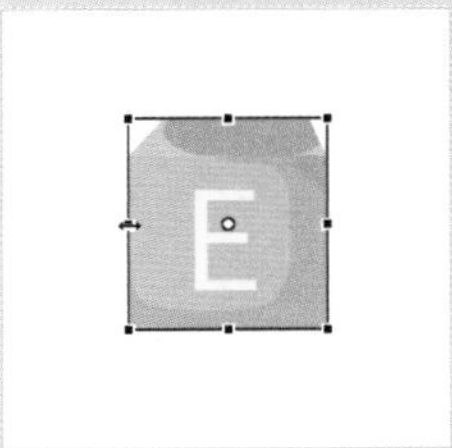

图 5-132

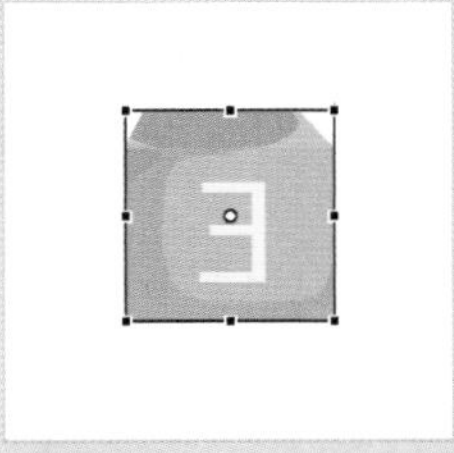

图 5-133

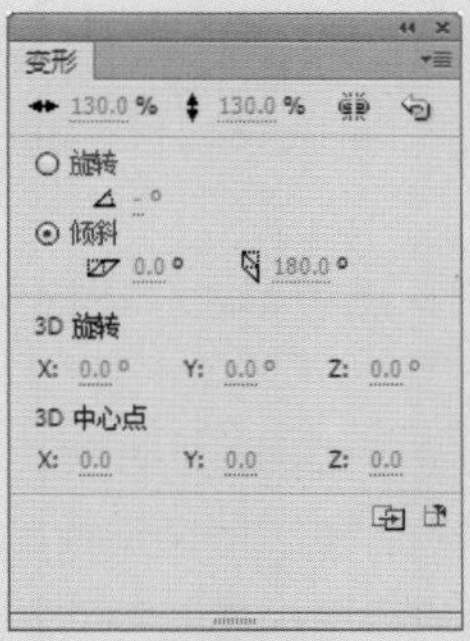

图 5-134

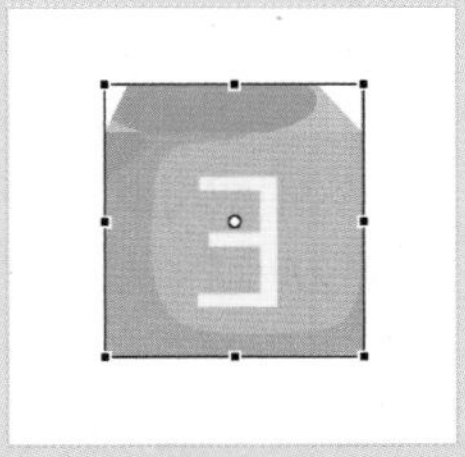

图 5-135

选择“选择”工具，选中图形，选择“窗口 > 属性”命令，弹出图形“属性”面板，在“色彩效果”

选项组中的“样式”下拉列表中选择“Alpha”选项，将其值设为 40，如图 5-136 所示。舞台中图形的不透明度被改变，如图 5-137 所示。

在“时间轴”面板中，用鼠标右键单击“字母”图层的第 1 帧，在弹出的快捷菜单中选择“创建传统补间”命令，第 1 ~ 20 帧生成了动作补间动画，如图 5-138 所示，按 Enter 键即可观看动画效果。

在不同的关键帧中，图形的动作变化效果如图 5-139 所示。

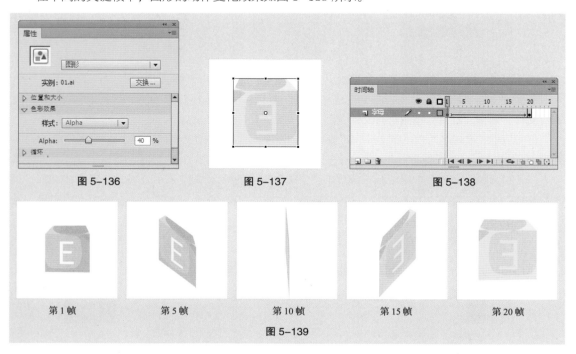

图 5-136

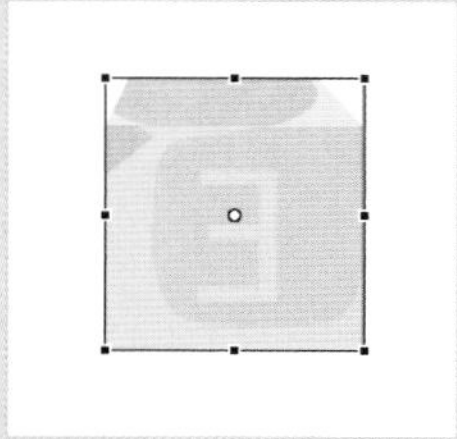

图 5-137

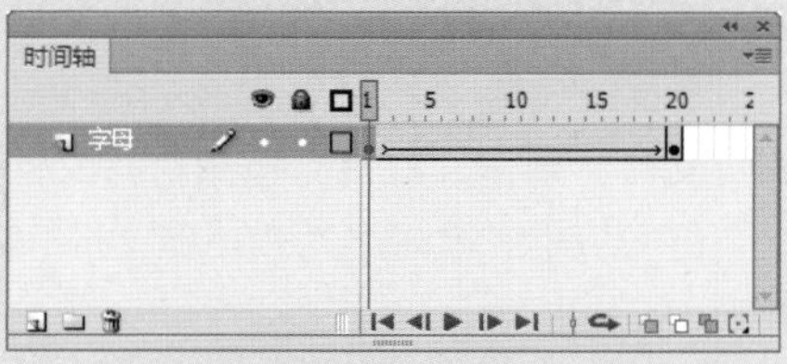

图 5-138

第 1 帧　第 5 帧　第 10 帧　第 15 帧　第 20 帧

图 5-139

5.3 使用动画预设

动画预设是预先设置好的补间动画，可以将它们应用于舞台上的对象。用户只需选择对象并单击“动画预设”面板中的“应用”按钮，即可为选中的对象添加动画效果。

使用动画预设是在 Flash 中添加动画的快捷方法，一旦了解了动画预设的使用方式，自己制作动画就非常容易了。

用户可以自定义预设。它可以来自修改过的现有动画预设，也可以来自用户自己创建的补间动画。

使用“动画预设”面板，还可导入和导出预设。用户可以与协作人员共享预设，或使用 Flash 设计社区中成员共享的预设。

预览动画预设：可以预览动画预设的效果。

应用动画预设：给选定的对象添加动画效果。

自定义动画预设：可以将自己创建的补间动画另存为自定义动画预设。

导出和导入预设：可以将预设从“动画预设”面板中导出，也可将其导入“动画预设”面板。

5.3.1 课堂案例——制作运动鞋横版海报

【案例学习目标】使用不同的预设命令制作动画效果。

【案例知识要点】使用“导入”命令导入素材，使用“从顶部飞入”“从底部飞入”“从左边飞入”“从右边飞入”“脉搏”预设，制作运动鞋促销海报动画，如图 5-140 所示。

【效果所在位置】云盘 /Ch05/ 效果 / 制作运动鞋横版海报。

微课

制作运动鞋横版海报

图 5-140

1. 创建图形元件

选择“文件 > 新建”命令，在弹出的“新建文档”对话框中，选择“常规”选项卡中的“ActionScript 3.0”选项，将“宽”选项设为 750，“高”选项设为 390，单击“确定”按钮，完成文档的创建。

（1）选择“文件 > 导入 > 导入到库”命令，在弹出的“导入到库”对话框中，选择云盘中的“Ch05 > 素材 > 制作运动鞋横版海报 > 01 ~ 06”文件，单击“打开”按钮，文件被导入“库”面板，如图 5-141 所示。

（2）按 Ctrl+F8 组合键，弹出“创建新元件”对话框，在“名称”文本框中输入“天空”，在“类型”下拉列表中选择“图形”选项，如图 5-142 所示，单击“确定”按钮，新建图形元件“天空”，如图 5-143 所示。舞台窗口也随之转换为“天空”图形元件的舞台窗口。

图 5-141

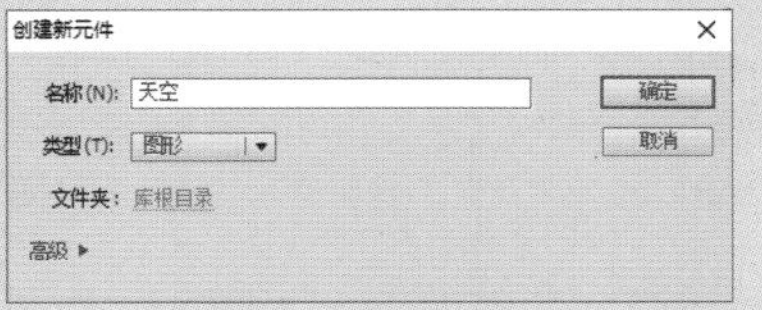

图 5-142

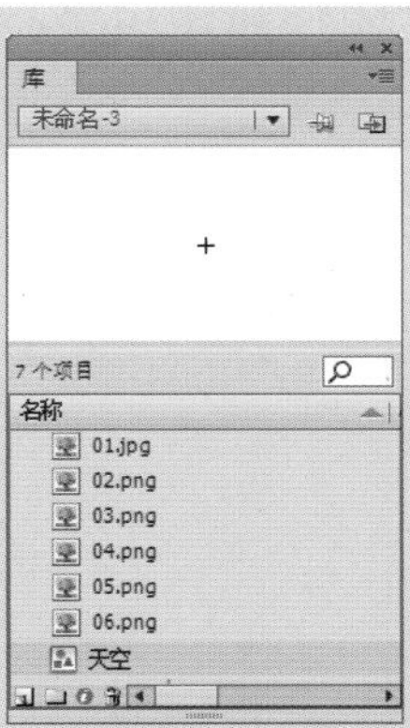

图 5-143

（3）将“库”面板中的位图“01”拖曳到舞台中，并放置在适当的位置，如图 5-144 所示。用相同的方法将“库”面板中的位图“02”~“06”，分别制作成图形元件“草坪”“运动鞋”“文字”“音乐符”“logo”，如图 5-145 所示。

图 5-144

图 5-145

2. 制作场景动画

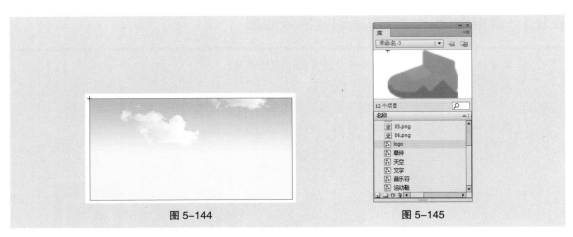

（1）单击舞台窗口左上方的“场景 1”图标 场景 1，进入“场景 1”的舞台窗口。将“图层 1”重命名为“天空”，如图 5-146 所示。将“库”面板中的图形元件“天空”拖曳到舞台中，并放置在适当的位置，如图 5-147 所示。

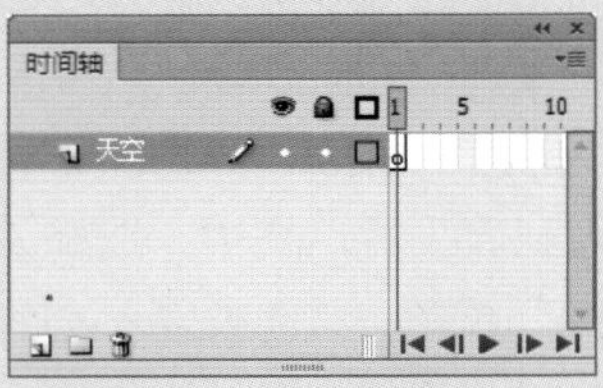

图 5-146

图 5-147

（2）保持“天空”实例处于选取状态，选择“窗口 > 动画预设”命令，弹出“动画预设”面板，如图 5-148 所示。单击“默认预设”文件夹前面的三角形，将其展开，如图 5-149 所示。

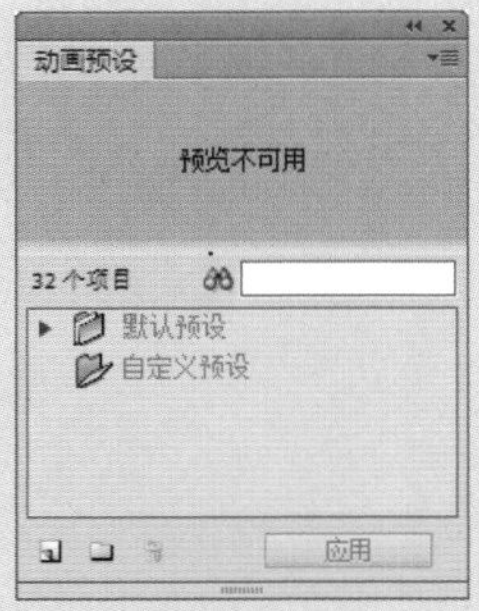

图 5-148

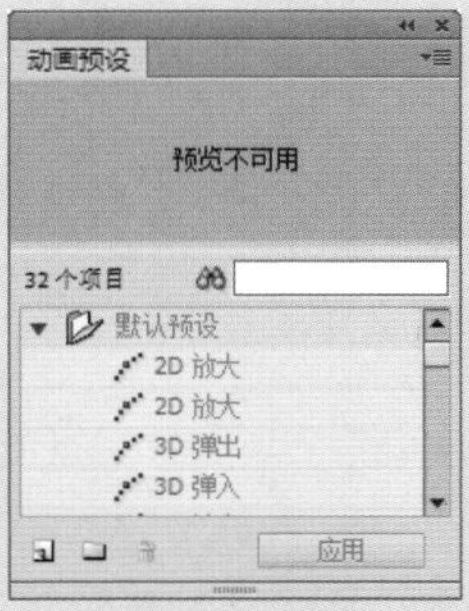

图 5-149

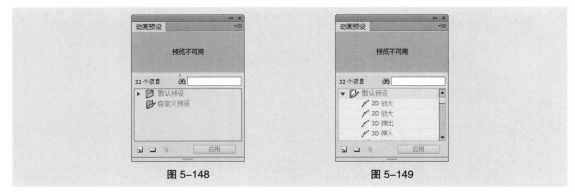

（3）在“动画预设”面板中选择“从顶部飞入”选项，如图 5-150 所示。单击“应用”按钮 应用 ，舞台窗口中的效果如图 5-151 所示。

（4）选中“天空”图层的第 1 帧，在舞台中将“天空”实例垂直向上拖曳到适当的位置，如图 5-152 所示。选中“天空”图层的第 24 帧，在舞台中将“天空”实例垂直向上拖曳到舞台中心的位置，如图 5-153 所示。选中“天空”图层的第 160 帧，按 F5 键，插入普通帧。

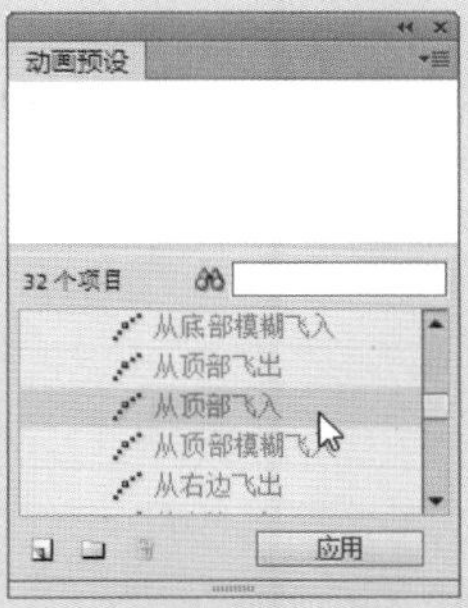

图 5-150

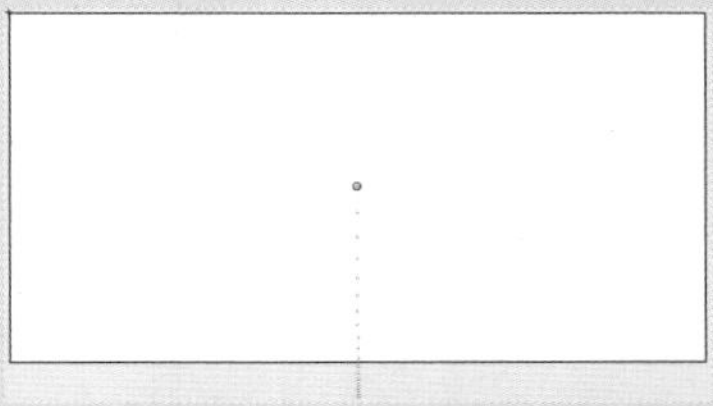

图 5-151

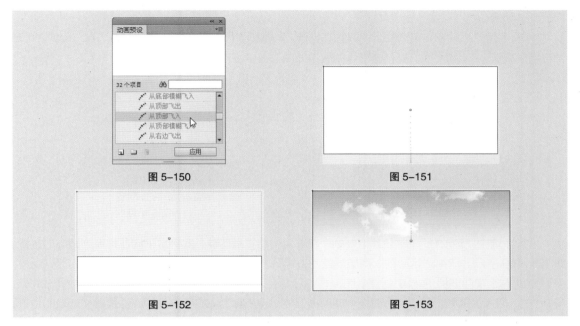

图 5-152

图 5-153

（5）在“时间轴”面板中创建新图层并将其命名为“草坪”。选中“草坪”图层的第 20 帧，按 F6 键，插入关键帧。将“库”面板中的图形元件“草坪”拖曳到舞台中，并放置在适当的位置，如图 5-154 所示。

（6）保持“草坪”实例处于选取状态，在“动画预设”面板中选择“从底部飞入”选项，单击“应用”按钮 应用 ，舞台窗口中的效果如图 5-155 所示。

图 5-154

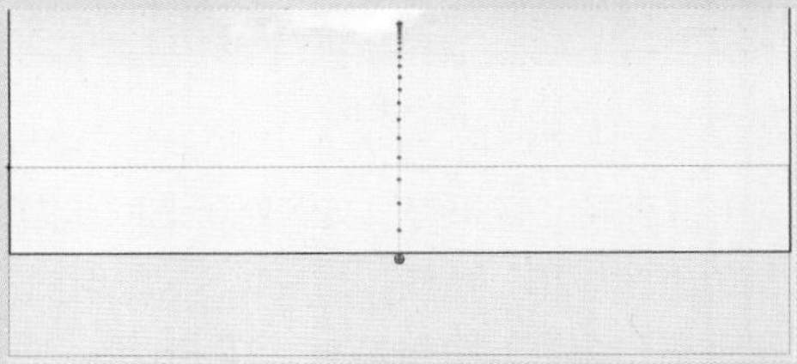

图 5-155

（7）选中“草坪”图层的第 43 帧，在舞台中将“草坪”实例的底部与舞台底部对齐，如图 5-156 所示。选中“草坪”图层的第 160 帧，按 F5 键，插入普通帧，如图 5-157 所示。

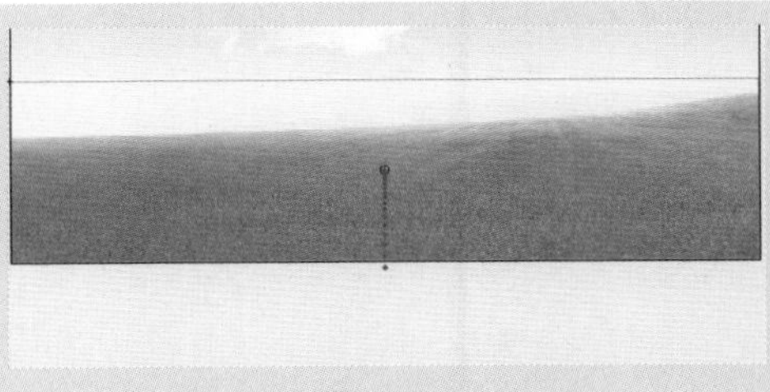

图 5-156

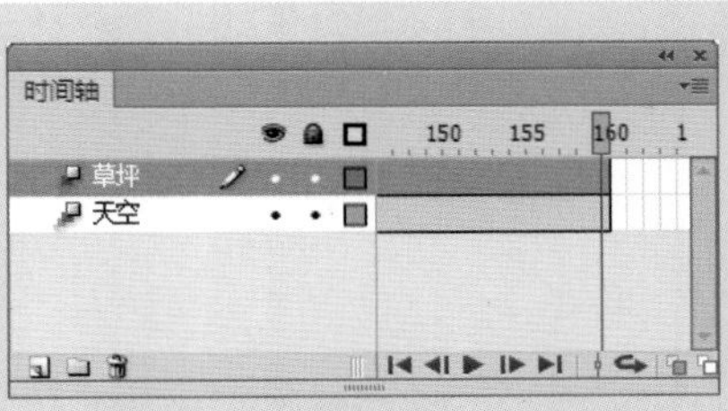

图 5-157

（8）在“时间轴”面板中创建新图层并将其命名为“运动鞋”。选中“运动鞋”图层的第 40 帧，按 F6 键，插入关键帧。将“库”面板中的图形元件“运动鞋”拖曳到舞台中，并放置在适当的位置，如图 5-158 所示。

（9）保持“运动鞋”实例处于选取状态，在“动画预设”面板中选择“从右边飞入”选项，单击“应用”按钮 应用 ，舞台窗口中的效果如图 5-159 所示。

图 5-158

图 5-159

（10）选中“运动鞋”图层的第 63 帧，在舞台中将“运动鞋”实例水平向左拖曳到适当的位置，如图 5-160 所示。选中“运动鞋”图层的第 160 帧，按 F5 键，插入普通帧。

（11）在“时间轴”面板中创建新图层并将其命名为“音乐符”。选中“音乐符”图层的第 60 帧，按 F6 键，插入关键帧。将“库”面板中的图形元件“音乐符”拖曳到舞台中，并放置在适当的位置，如图 5-161 所示。

图 5-160

图 5-161

（12）保持“音乐符”实例处于选取状态，在“动画预设”面板中选择“脉搏”选项，如图 5-162 所示，单击“应用”按钮 应用 应用预设动画。“时间轴”面板中的效果如图 5-163 所示。选中“音乐符”图层的第 160 帧，按 F5 键，插入普通帧。

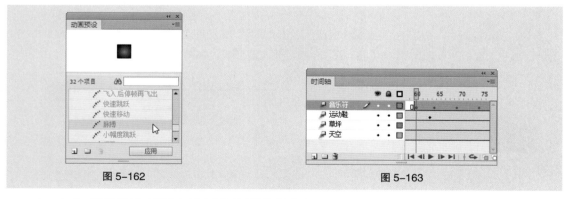

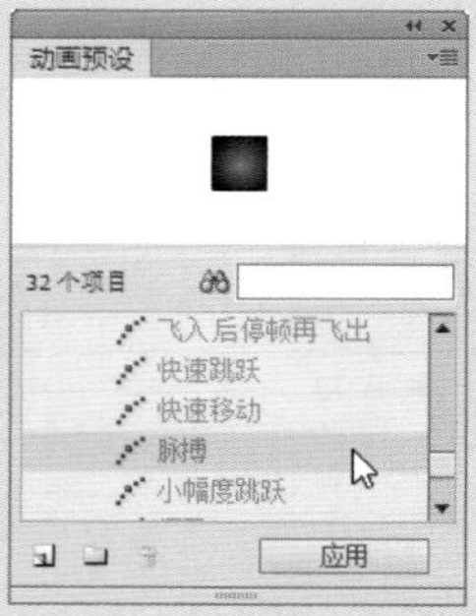

图 5-162

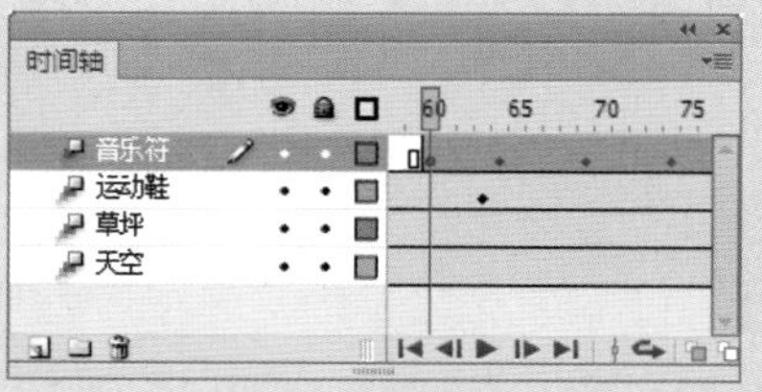

图 5-163

（13）在“时间轴”面板中创建新图层并将其命名为“文字”。选中“文字”图层的第 75 帧，按 F6 键，插入关键帧。将“库”面板中的图形元件“文字”拖曳到舞台中，并放置在适当的位置，如图 5-164 所示。

（14）保持“文字”实例处于选取状态，在“动画预设”面板中选择“从顶部飞入”选项，单击“应用”按钮 应用 ，舞台窗口中的效果如图 5-165 所示。

图 5-164

图 5-165

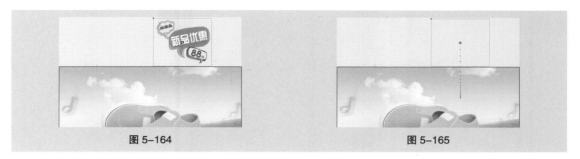

（15）选中“文字”图层的第 98 帧，在舞台中将“文字”实例垂直向上拖曳到适当的位置，如图 5-166 所示。选中“文字”图层的第 160 帧，按 F5 键，插入普通帧。

（16）在“时间轴”面板中创建新图层并将其命名为“logo”。选中“logo”图层的第 90 帧，按 F6 键，插入关键帧。将“库”面板中的图形元件“logo”拖曳到舞台中，并放置在适当的位置，如图 5-167 所示。

图 5-166

图 5-167

（17）保持“logo”实例处于选取状态，在“动画预设”面板中选择“脉搏”选项，单击“应用”按钮 应用 应用预设动画。选中“logo”图层的第 160 帧，按 F5 键，插入普通帧。

（18）运动鞋横版海报制作完成，按 Ctrl+Enter 组合键即可查看效果，如图 5-168 所示。

图 5-168

5.3.2 预览动画预设

Flash CS6 中的每个动画预设都可以预览，以便用户了解动画预设的应用效果。

选择“窗口 > 动画预设”命令，弹出“动画预设”面板，如图 5-169 所示。单击“默认预设”文件夹前面的三角形，将其展开，选择其中一个预设选项，即可预览默认动画预设，如图 5-170 所示。要停止预览，在“动画预设”面板外单击即可。

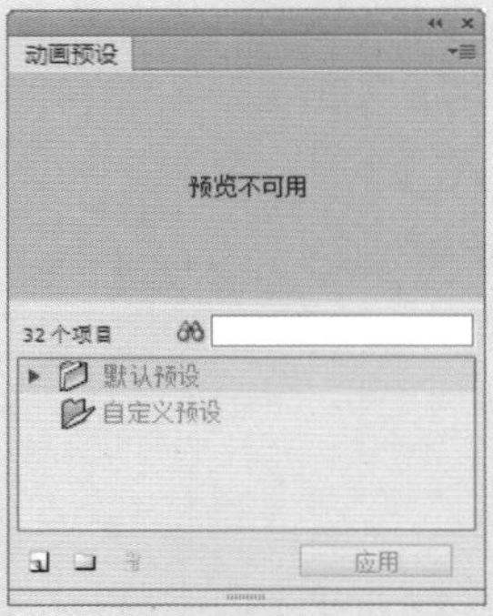

图 5–169

图 5–170

5.3.3 应用动画预设

在舞台上选中可补间的对象（元件实例或文本）后，单击“应用”按钮应用预设。每个对象只能应用一个预设。如果将第二个预设应用于相同的对象，则第二个预设将替换第一个预设。

一旦将预设应用于舞台上的对象后，在“动画预设”面板中删除或重命名某个预设对以前使用该预设创建的补间动画没有任何影响。如果在“动画”面板中的现有预设上保存新预设，它对使用原始预设创建的任何补间动画都没有影响。

每个动画预设都包含特定数量的帧。在应用预设时，在“时间轴”面板中创建的补间范围将包含此数量的帧。如果目标对象已应用了不同长度的补间动画，补间范围将进行调整，以符合动画预设的时间长度。可在应用预设后调整“时间轴”面板中补间范围的长度。

包含 3D 动画的动画预设只能应用于影片剪辑实例。已补间的 3D 属性不适用于图形或按钮元件，也不适用于文本。可以将 2D 或 3D 动画预设应用于任何 2D 或 3D 影片剪辑实例。

提示

如果动画预设对 3D 影片剪辑实例的 z 轴位置进行了动画处理，则该影片剪辑实例在显示时 x 轴和 y 轴的位置也会改变。这是因为，z 轴上的移动是沿着从 3D 消失点（在 3D 元件实例属性检查器中设置）辐射到舞台边缘的不可见透视线进行的。

选择“文件 > 打开”命令，在弹出的“打开”对话框中，选择云盘中的“基础素材 > Ch05 > 07”文件，单击“打开”按钮，打开文件，效果如图 5–171 所示。

在“时间轴”面板中创建新图层并将其命名为“火箭”。将“库”面板中的图形元件“小火箭”拖曳到舞台中，并放置在适当的位置，如图 5–172 所示。

图 5–171

图 5–172

选择“窗口 > 动画预设”命令，弹出“动画预设”面板，如图 5-173 所示。单击“默认预设”文件夹前面的三角形，将其展开，如图 5-174 所示。

在舞台中选择“小火箭”实例，在“动画预设”面板中选择“从顶部飞出”选项，如图 5-175 所示。

图 5-173

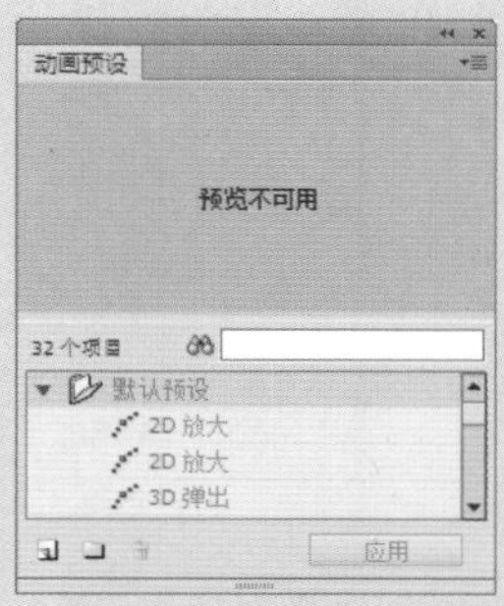

图 5-174

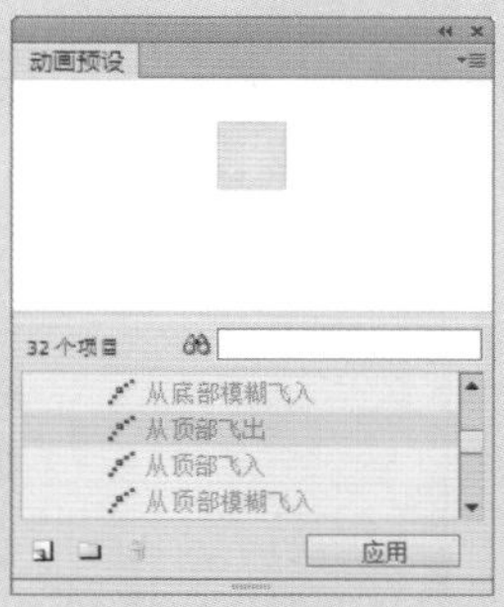

图 5-175

单击“动作预设”面板右下角的“应用”按钮，为“小火箭”实例添加动画预设，舞台窗口中的效果如图 5-176 所示，“时间轴”面板中的效果如图 5-177 所示。

图 5-176

图 5-177

选中“小火箭”图层的第 24 帧，在舞台中将“小火箭”垂直向上拖曳到适当的位置，如图 5-178 所示。选中“底图”图层的第 24 帧，按 F5 键，插入普通帧，如图 5-179 所示。

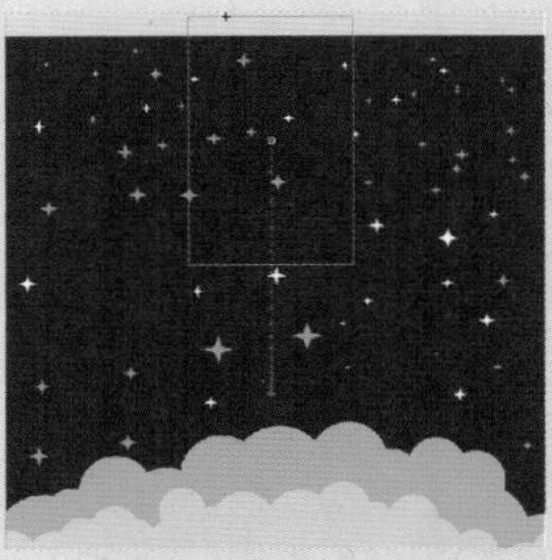

图 5-178

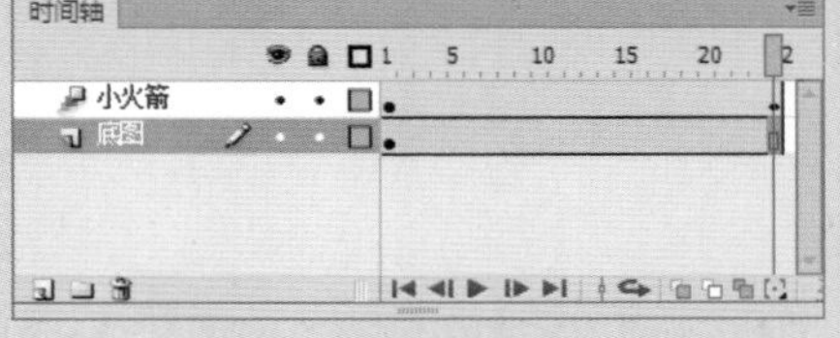

图 5-179

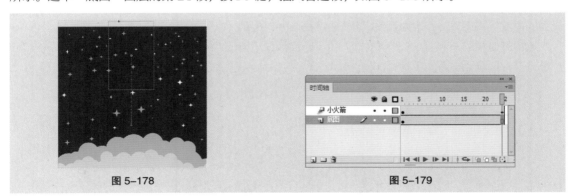

按 Ctrl+Enter 组合键，测试动画效果，在动画中小火箭会自下向上由实至虚地消失。

5.3.4 将补间另存为自定义动画预设

如果用户想对自己创建的补间，或对从“动画预设”面板应用的补间进行更改，可将它另存为新的动画预设。新预设将显示在“动画预设”面板中的“自定义预设”文件夹中。

选择“椭圆”工具，在工具箱中将“笔触颜色”设为无，“填充颜色”设为渐变色，在舞台中绘制 1 个圆形，如图 5-180 所示。

选择“选择”工具，在舞台中选中圆形，按 F8 键，弹出“转换为元件”对话框，在“名称”文本框中输入“球”，在“类型”下拉列表中选择“图形”选项，如图 5-181 所示，单击“确定”按钮，将圆形转换为图形元件。

图 5-180

图 5-181

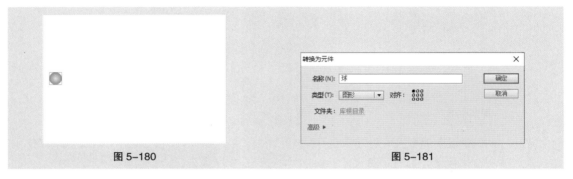

用鼠标右键单击“球”实例，在弹出的快捷菜单中选择“创建补间动画”命令，生成补间动画，“时间轴”面板如图 5-182 所示。在舞台中将“球”实例向右拖曳到适当的位置，如图 5-183 所示。

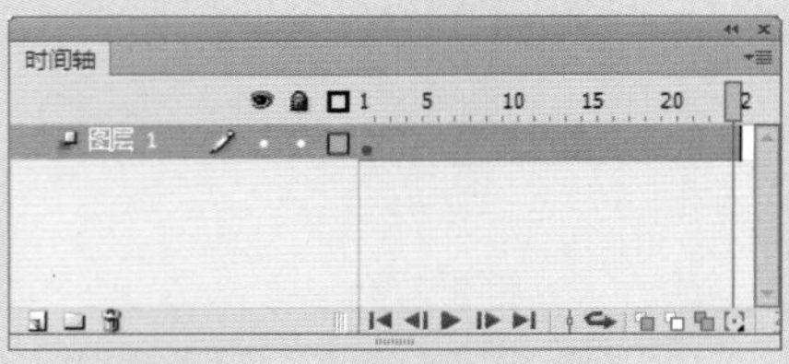

图 5-182

图 5-183

选择“选择”工具，将鼠标指针放置在运动路线上，当鼠标指针变为形状时，向下拖曳到适当的位置，将运动路线调为弧线，效果如图 5-184 所示。

选中舞台中的“球”实例，单击“动画预设”面板左下方的“将选区另存为预设”按钮，弹出“将预设另存为”对话框，如图 5-185 所示。

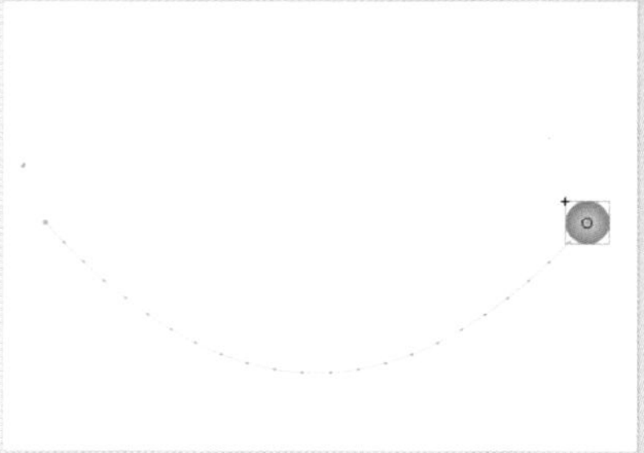

图 5-184

图 5-185

在“预设名称”文本框中输入预设名称，如图 5-186 所示，单击“确定”按钮，自定义动画预设被保存，“动画预设”面板如图 5-187 所示。

图 5-186

图 5-187

提示

动画预设只能包含补间动画。传统补间动画不能被保存为动画预设。自定义的动画预设存储在“自定义预设”文件夹中。

5.3.5 导入和导出动画预设

在 Flash CS6 中，动画预设除了默认预设和自定义预设，还可以通过导入和导出的方式添加动画预设。

1. 导入动画预设

单击“动画预设”面板右上角的按钮，在弹出的菜单中选择“导入”命令，如图 5-188 所示，在弹出的“导入动画预设”对话框中选择要导入的文件，如图 5-189 所示。

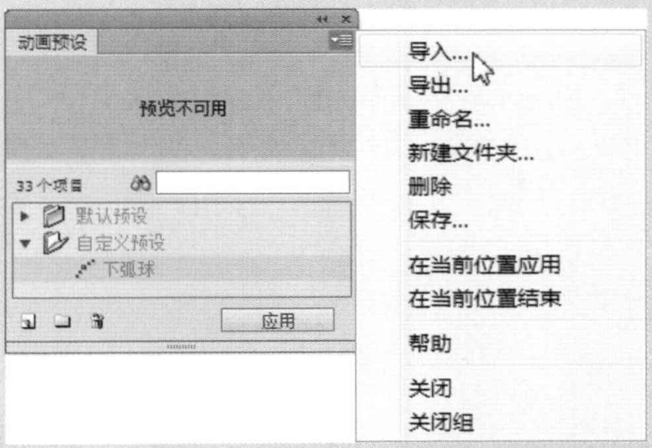

图 5-188

图 5-189

单击“打开”按钮，123.xml 预设会被导入“动画预设”面板，如图 5-190 所示。

2. 导出动画预设

在 Flash CS6 中除了可以导入可以动画预设外，还可以将制作好的动画预设导出为 XML 文件，以便与其他 Flash 用户共享。

在“动画预设”面板中选择需要导出的预设，如图 5-191 所示，单击“动画预设”面板右上角的按钮，在弹出的菜单中选择“导出”命令，如图 5-192 所示。

图 5-190

图 5-191

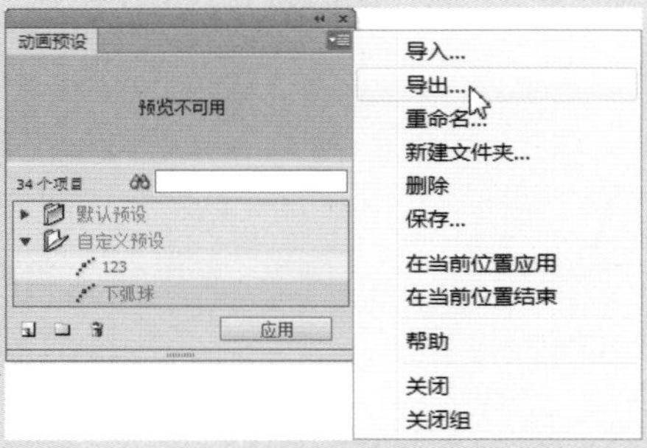

图 5-192

在弹出的“另存为”对话框中，为XML文件选择保存位置并位置文件名，如图5-193所示，单击“保存”按钮即可完成预设的导出。

图 5-193

5.3.6 删除动画预设

可从“动画预设”面板中删除预设。在删除预设时，Flash 将从磁盘中删除对应的 XML 文件。

在“动画预设”面板中选择需要删除的预设，如图 5-194 所示，单击面板下方的“删除项目”按钮，系统将会弹出“删除预设”对话框，如图 5-195 所示。单击“删除”按钮，即可将选中的预设删除。

图 5-194

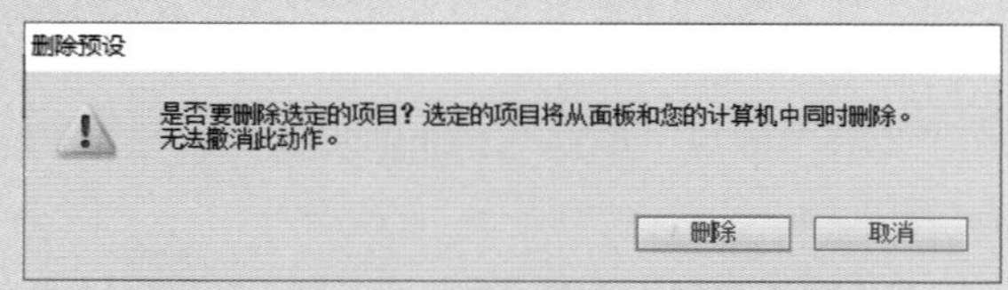

图 5-195

提示

“默认预设”文件夹中的预设不能删除。

5.4 课堂练习——制作房地产广告

【练习知识要点】使用“文本”工具输入广告语，使用“创建传统补间”命令制作传统补间动画，使用“属性”面板改变实例图形的不透明度。

【素材所在位置】云盘 /Ch05/ 素材 / 制作房地产广告 /01 ~ 04。

【效果所在位置】云盘 /Ch05/ 效果 / 制作房地产广告，如图 5-196 所示。

微课

制作房地产广告

图 5-196

5.5 课后习题——制作逐帧动画

【习题知识要点】使用“导入到舞台”命令导入图像序列，使用“时间轴”面板制作逐帧动画。

【素材所在位置】云盘 /Ch07/ 素材 / 制作逐帧动画效果 /01 ~ 15。

【效果所在位置】云盘 /Ch07/ 效果 / 制作逐帧动画效果，如图 5-197 所示。

微课

制作逐帧动画

图 5-197

06

第 6 章
高级动画

本章介绍

层在 Flash CS6 中起着举足轻重的作用。只有了解层的概念，并能熟练应用不同类型的层，才有可能真正成为 Flash 高手。读者通过对本章的学习，可以了解并掌握层的使用方法，并能利用层来为自己的动画作品增色。

学习目标

- 掌握层的基本操作。
- 掌握引导层和运动引导层动画的制作方法。
- 掌握遮罩层的使用方法和技巧。
- 熟练运用分散到图层功能编辑对象。

第 6 章简介

技能目标

- 掌握电商广告的制作方法和技巧。
- 掌握电压力锅广告的制作方法和技巧。

素养目标

- 培养精益求精的工作作风。
- 培养商业设计思维。

6.1 引导动画

图层类似于叠在一起的透明纸，下面图层中的内容可以通过上面图层中不包含内容的区域透出来。除了普通图层，还有一种特殊的图层——引导层。在引导层中，可以像在其他层一样绘制各种图形和引入元件等，但最终发布时引导层中的对象不会显示出来。

添加传统运动引导层：如果希望创建按照任意轨迹运动的动画，就需要添加运动引导层。

分散到图层：可以将同一图层上的多个对象分配到不同的图层中并为图层命名。

6.1.1 课堂案例——制作电商广告

【案例学习目标】使用“添加传统运动引导层”命令添加引导层。

【案例知识要点】使用“添加传统运动引导层”命令添加引导层，使用“钢笔”工具绘制曲线段，使用“创建传统补间”命令制作花瓣飘落的动画效果，如图 6-1 所示。

【效果所在位置】云盘 /Ch06/ 效果 / 制作电商广告。

微课

制作电商广告

图 6-1

1. 导入素材制作图形元件

（1）选择“文件 > 新建”命令，在弹出的“新建文档”对话框中，选择“常规”选项卡中的“ActionScript 3.0”选项，将“宽”选项设为 800，“高”选项设为 250，单击“确定”按钮，完成文档的创建。

（2）选择“文件 > 导入 > 导入到库”命令，在弹出的“导入到库”对话框中，选择“Ch06 > 素材 > 制作电商广告 > 01 ~ 06”文件，单击“打开”按钮，将文件导入“库”面板，如图 6-2 所示。

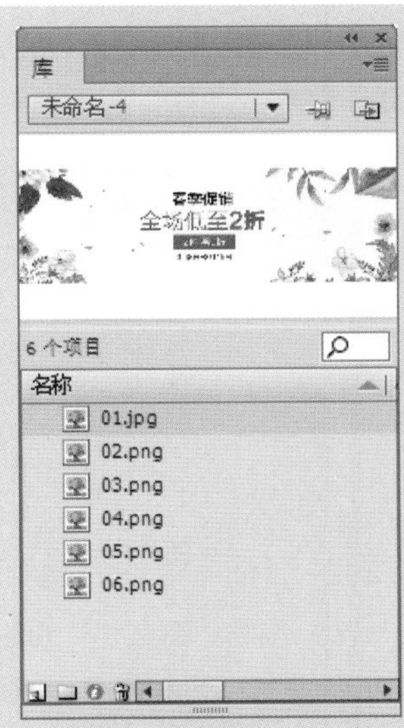

图 6-2

（3）按 Ctrl+F8 组合键，弹出“创建新元件”对话框，在“名称”文本框中输入“花瓣 1”，在“类型”下拉列表中选择“图形”选项，单击“确定”按钮，新建图形元件“花瓣 1”，如图 6-3 所示，舞台窗口也随之转换为“花瓣 1”图形元件的舞台窗口。将“库”面板中的位图“02”拖曳到舞台中，如图 6-4 所示。

（4）用相同的方法将“库”面板中的位图“03”～“06”分别制作成图形元件“花瓣 2”“花瓣 3”“花瓣 4”“花瓣 5”，如图 6-5 所示。

图 6-3

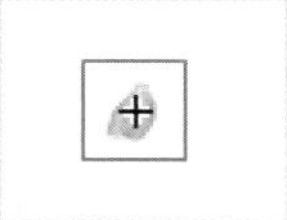

图 6-4

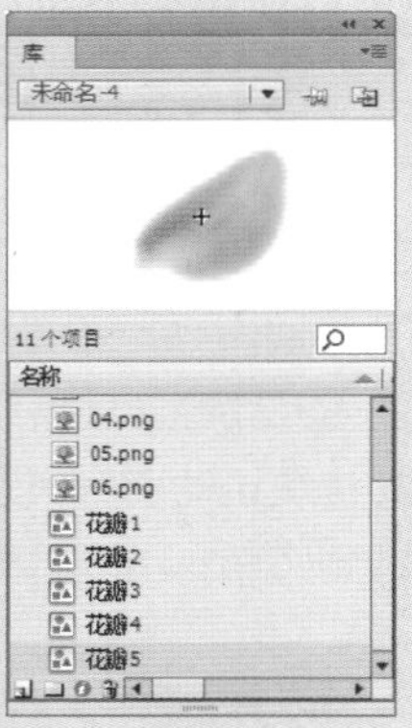

图 6-5

2. 制作影片剪辑元件

（1）按 Ctrl+F8 组合键，弹出“创建新元件”对话框，在“名称”文本框中输入“花瓣动 1”，在“类型”下拉列表中选择“影片剪辑”选项，如图 6-6 所示。单击“确定”按钮，新建影片剪辑元件“花瓣动 1”，舞台窗口也随之转换为该影片剪辑元件的舞台窗口。

（2）在“图层 1”上单击鼠标右键，在弹出的快捷菜单中选择“添加传统运动引导层”命令，为“图层 1”添加运动引导层，如图 6-7 所示。

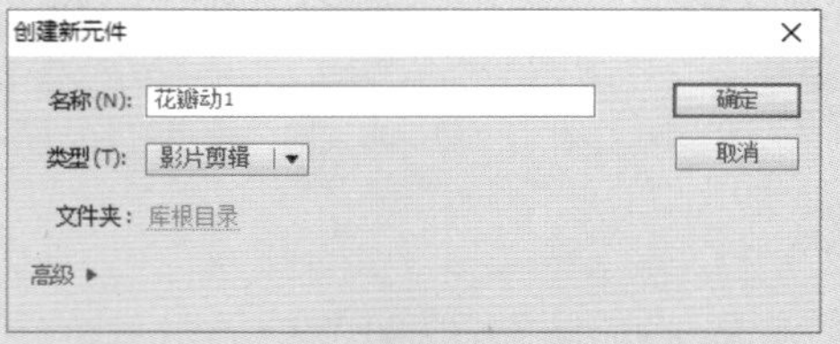

图 6-6

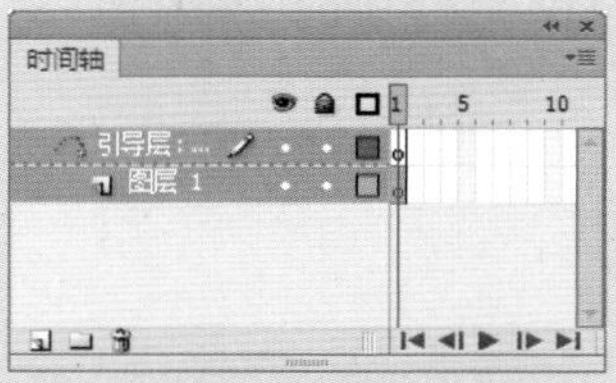

图 6-7

（3）选择“铅笔”工具，在工具箱中将“笔触颜色”设为红色（#FF0000），单击工具箱下方的“平滑”按钮，在引导层上绘制 1 条曲线段，如图 6-8 所示。选中引导层的第 40 帧，按 F5 键，插入普通帧，如图 6-9 所示。

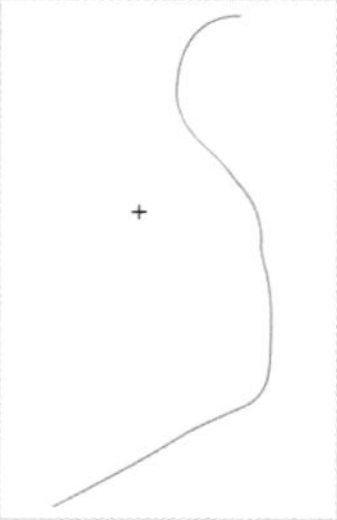

图 6-8

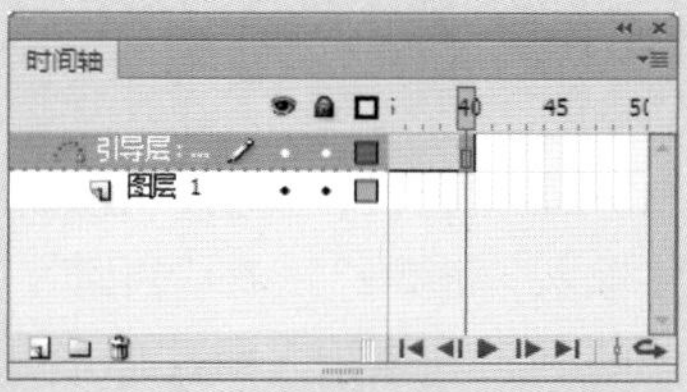

图 6-9

（4）选中“图层 1”的第 1 帧，将“库”面板中的图形元件“花瓣 1”拖曳到舞台中并将其放置在曲线段上方的端点上，效果如图 6-10 所示。

（5）选中“图层 1”的第 40 帧，按 F6 键，插入关键帧，如图 6-11 所示。选择“选择”工具，在舞台中将“花瓣 1”实例移动到曲线段下方的端点上，效果如图 6-12 所示。

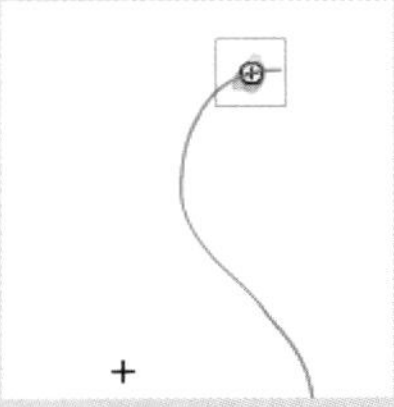

图 6-10

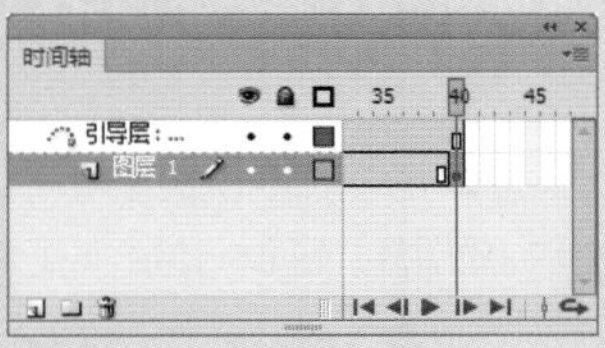

图 6-11

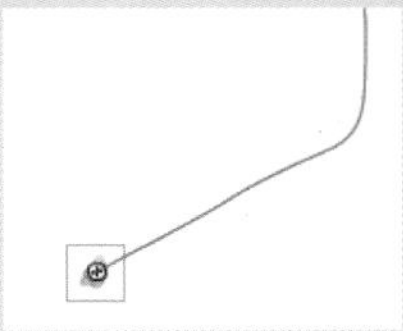

图 6-12

（6）用鼠标右键单击“图层 1”中的第 1 帧，在弹出的快捷菜单中选择“创建传统补间”命令，在第 1 ~ 40 帧生成动作补间动画，如图 6-13 所示。

（7）用上述的方法用图形元件“花瓣 2”“花瓣 3”“花瓣 4”“花瓣 5”，分别制作影片剪辑元件“花瓣动 2”“花瓣动 3”“花瓣动 4”“花瓣动 5”，如图 6-14 所示。

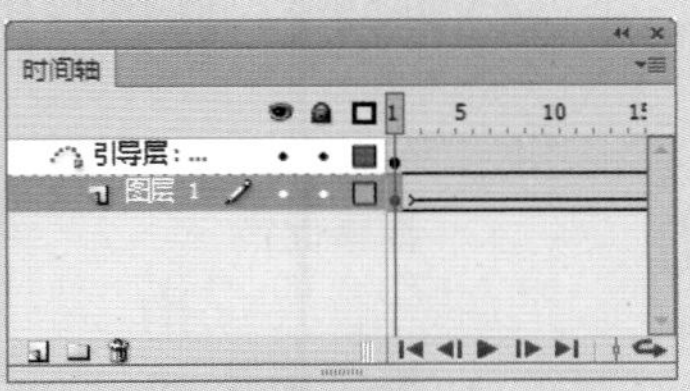

图 6-13

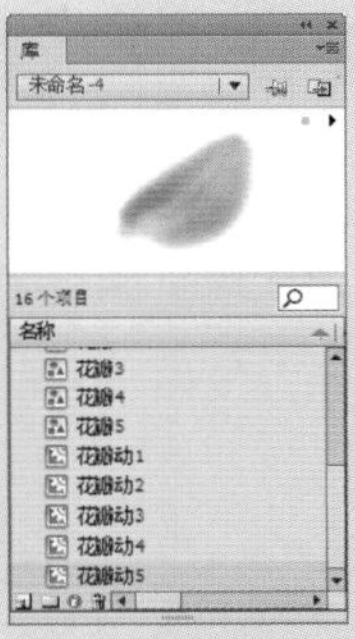

图 6-14

（8）按 Ctrl+F8 组合键，弹出“创建新元件”对话框，在“名称”文本框中输入“一起动”，在“类型”下拉列表中选择“影片剪辑”选项，如图 6-15 所示，单击“确定”按钮，新建影片剪辑元件“一起动”，舞台窗口也随之转换为该影片剪辑元件的舞台窗口。

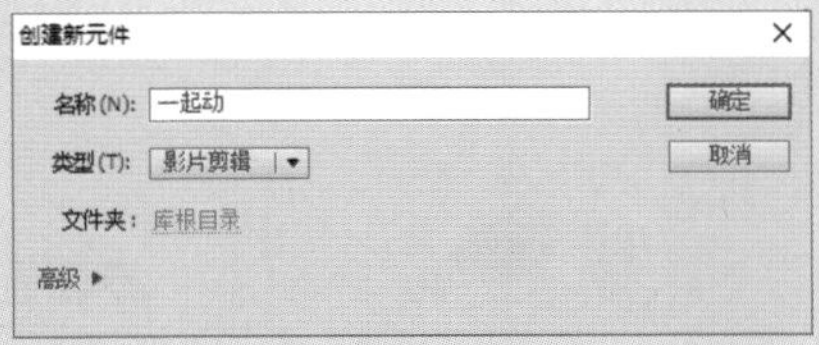

图 6-15

（9）将“库”面板中的影片剪辑元件“花瓣动 1”拖曳到舞台中，效果如图 6-16 所示。选中“图层 1”的第 50 帧，按 F5 键，插入普通帧。

（10）单击“时间轴”面板下方的“新建图层”按钮，新建“图层 2”。选中“图层 2”的第 5 帧，按 F6 键，插入关键帧。将“库”面板中的影片剪辑元件“花瓣动 2”向舞台中拖曳两次，效果如图 6-17 所示。

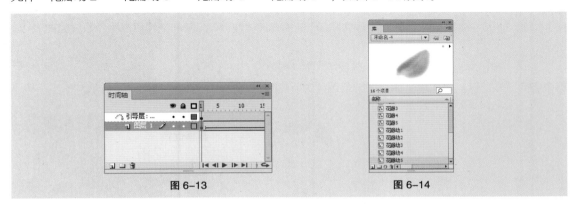

图 6-16

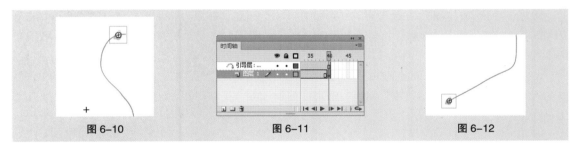

图 6-17

（11）单击“时间轴”面板下方的“新建图层”按钮，新建“图层3”。选中“图层3”的第10帧，按F6键，插入关键帧。将“库”面板中的影片剪辑元件“花瓣动3”拖曳到舞台中，效果如图6-18所示。

（12）单击“时间轴”面板下方的“新建图层”按钮，新建“图层4”。选中“图层4”的第15帧，按F6键，插入关键帧。将“库”面板中的影片剪辑元件“花瓣动4”向舞台中拖曳两次，效果如图6-19所示。

图6-18

图6-19

（13）单击“时间轴”面板下方的“新建图层”按钮，新建“图层5”。选中“图层5”的第20帧，按F6键，插入关键帧。将“库”面板中的影片剪辑元件“花瓣动5”拖曳到舞台中，效果如图6-20所示。

（14）单击舞台窗口左上方的“场景1”图标场景1，进入“场景1”的舞台窗口。将“图层1”重命名为“底图”。将“库”面板中的位图“01”拖曳到舞台中，效果如图6-21所示。

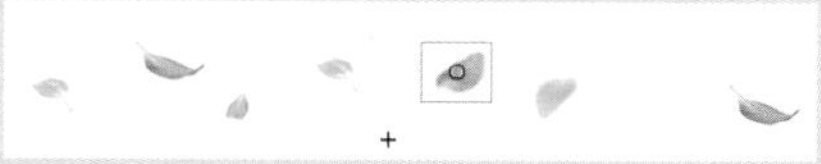
图6-20

图6-21

（15）在“时间轴”面板中创建新图层并将其命名为“花瓣”。将“库”面板中的影片剪辑元件“一起动”拖曳到舞台中，并放置在适当的位置，如图6-22所示。电商广告制作完成，按Ctrl+Enter组合键即可查看效果，如图6-23所示。

图6-22

图6-23

6.1.2 层的设置

1. 层的右键快捷菜单

用鼠标右键单击“时间轴”面板中的图层名称，弹出的快捷菜单如图6-24所示。

“显示全部”命令：用于显示所有的隐藏图层和图层文件夹。

“锁定其他图层”命令：用于锁定除当前图层以外的所有图层。

“隐藏其他图层”命令：用于隐藏除当前图层以外的所有图层。

“插入图层”命令：用于在当前图层上创建一个新的图层。

“删除图层”命令：用于删除当前图层。

“剪切图层”命令：用于将当前图层剪切到剪贴板中。

“拷贝图层”命令：用于复制当前图层到剪切板。

“粘贴图层”命令：用于粘贴复制的图层。

“复制图层”命令：用于复制当前图层。

“引导层”命令：用于将当前图层转换为普通引导层。

“添加传统运动引导层”命令：用于将当前图层转换为运动引导层。

“遮罩层”命令：用于将当前图层转换为遮罩层。

“显示遮罩”命令：用于在舞台窗口中显示遮罩效果。

“插入文件夹”命令：用于在当前图层上创建一个新的图层文件夹。

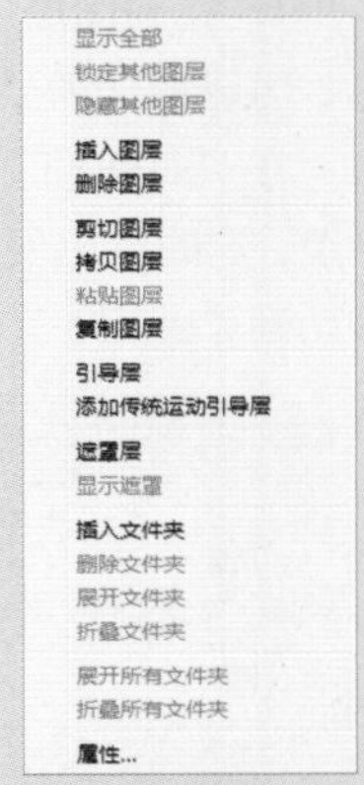

图 6-24

“删除文件夹”命令：用于删除当前的图层文件夹。

“展开文件夹”命令：用于展开当前的图层文件夹，显示出其包含的所有图层。

“折叠文件夹”命令：用于折叠当前的图层文件夹。

“展开所有文件夹”命令：用于展开“时间轴”面板中所有的图层文件夹，显示出其所包含的所有图层。

“折叠所有文件夹”命令：用于折叠“时间轴”面板中所有的图层文件夹。

“属性”命令：用于设置图层的属性。

2．创建图层

为了分门别类地组织动画内容，需要创建普通图层。选择“插入 > 时间轴 > 图层”命令，创建一个新的图层，或在“时间轴”面板下方单击“新建图层”按钮，创建一个新的图层。

提示

默认状态下，新创建的图层按“图层 1”“图层 2”……的方式进行命名，也可以根据需要自行设定图层的名称。

3．选取图层

选取图层就是将图层变为当前图层，用户可以在当前图层上放置对象、添加文本和图形以及进行编辑。要使图层成为当前图层的方法很简单，在“时间轴”面板中选中该图层即可。当前图层会在“时间轴”面板中以蓝色显示，出现铅笔图标表示可以对该图层进行编辑，如图 6-25 所示。

按住 Ctrl 键的同时，在要选择的图层上单击，可以一次选择多个图层，如图 6-26 所示。按住 Shift 键的同时，单击两个图层，这两个图层及它们中间的所有图层会被同时选中，如图 6-27 所示。

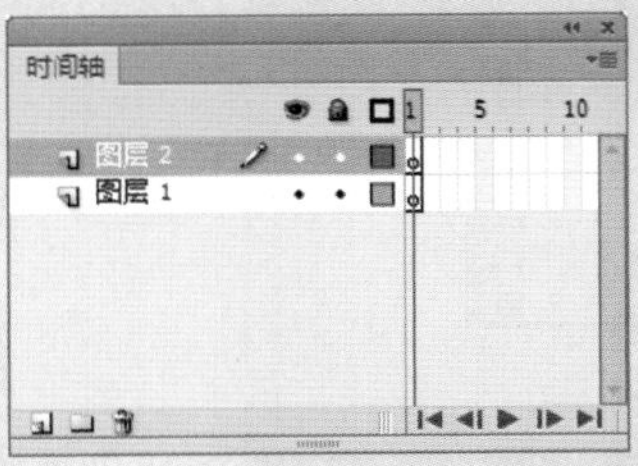

图 6-25

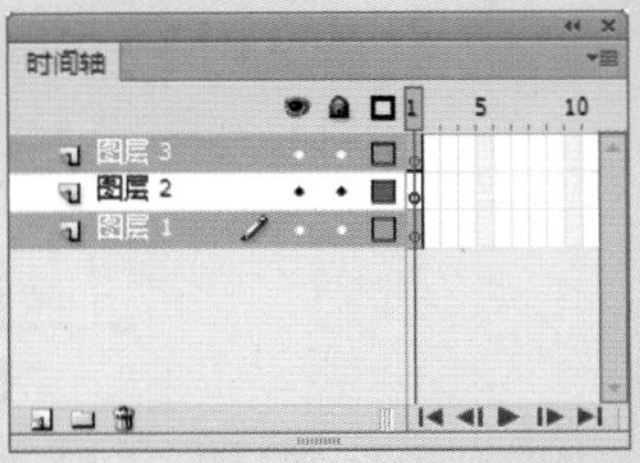

图 6-26

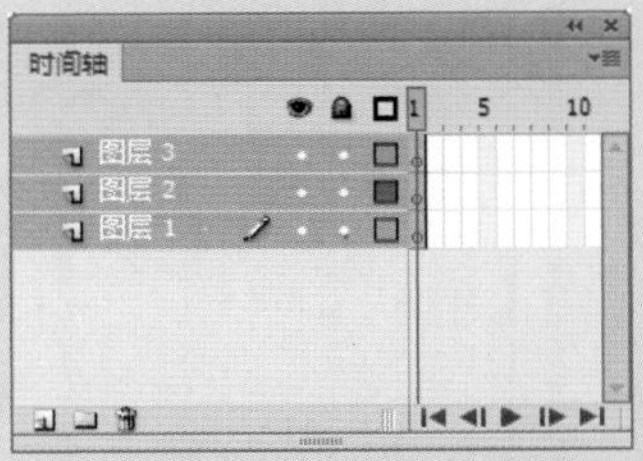

图 6-27

4. 排列图层

可以根据需要，在“时间轴”面板中重新排列图层顺序。

在“时间轴”面板中选中“图层3”，如图6-28所示，按住鼠标左键不放，将“图层3”向下拖曳，这时会出现一条实线，如图6-29所示。将实线拖曳到“图层1”的下方，松开鼠标，“图层3”移动到“图层1”的下方，如图6-30所示。

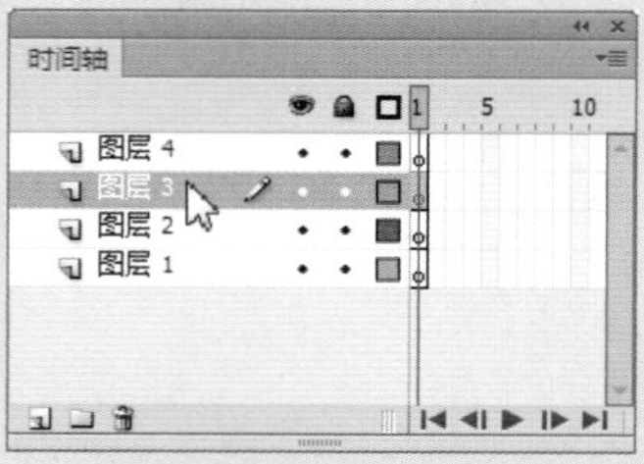

图6-28

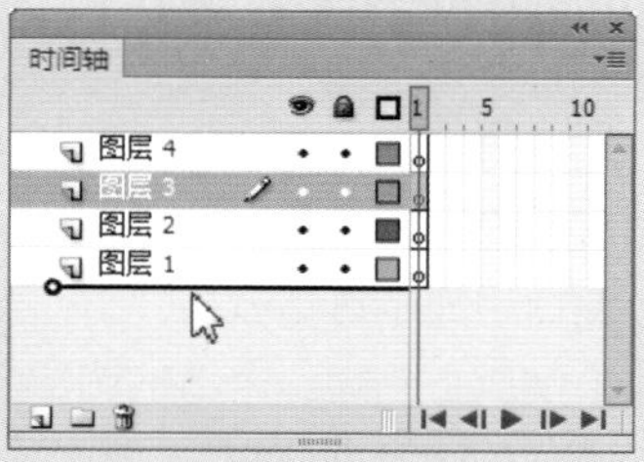

图6-29

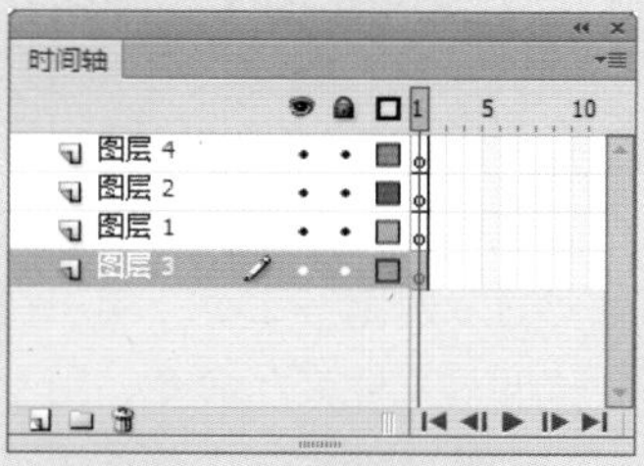

图6-30

5. 复制、粘贴图层

可以根据需要，将图层中的所有对象复制并粘贴到其他图层或场景中。

在“时间轴”面板中单击要复制的图层，如图6-31所示，选择“编辑 > 时间轴 > 复制帧”命令，进行复制。在“时间轴”面板下方单击“新建图层”按钮，创建一个新的图层，选中新的图层，如图6-32所示，选择“编辑 > 时间轴 > 粘贴帧”命令，在新建的图层中粘贴复制的内容，如图6-33所示。

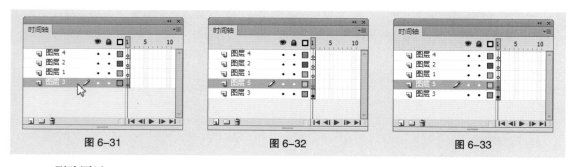

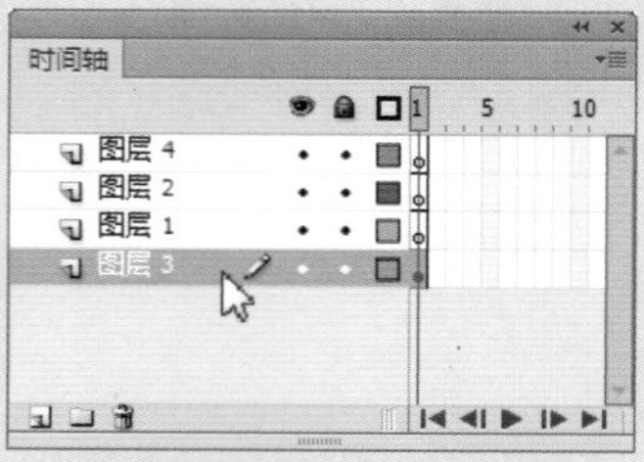

图6-31

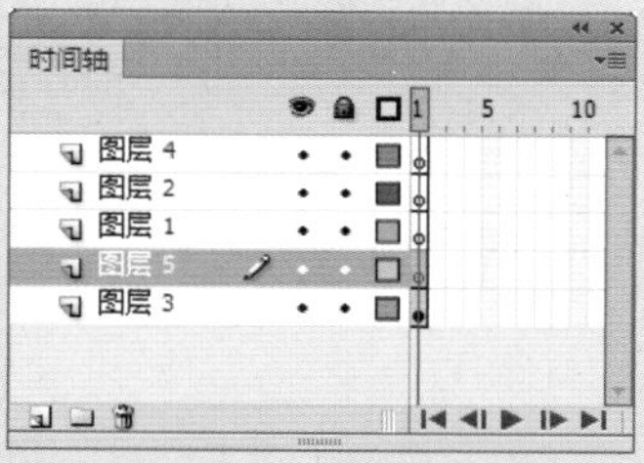

图6-32

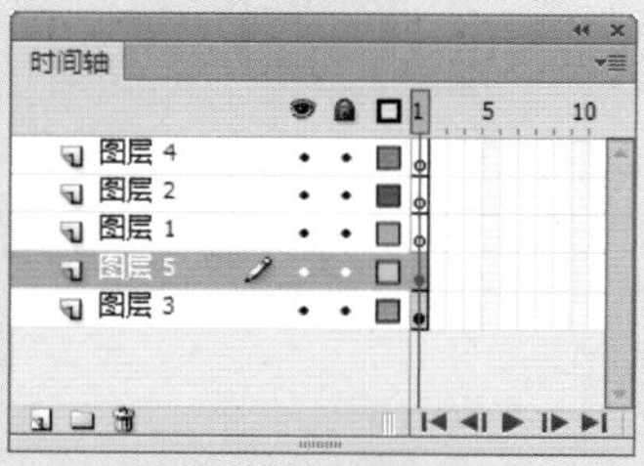

图6-33

6. 删除图层

如果不再需要某个图层，可以将其删除。删除图层有以下两种方法：在“时间轴”面板中选中要删除的图层，在面板下方单击“删除”按钮，如图6-34所示；还可以在“时间轴”面板中选中要删除的图层，按住鼠标左键不放，将其向下拖曳到“删除图层”按钮上进行删除，如图6-35所示。

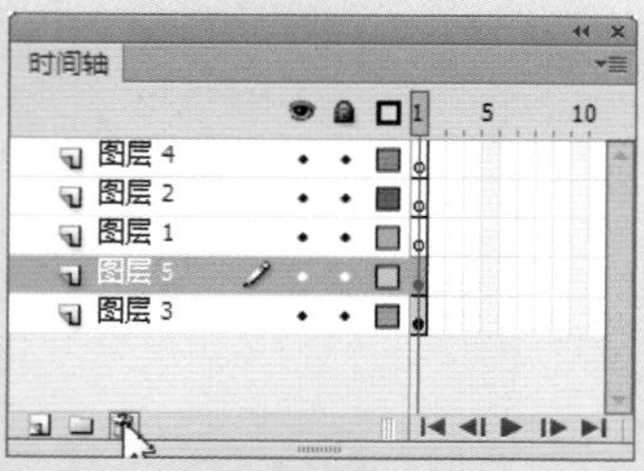

图6-34

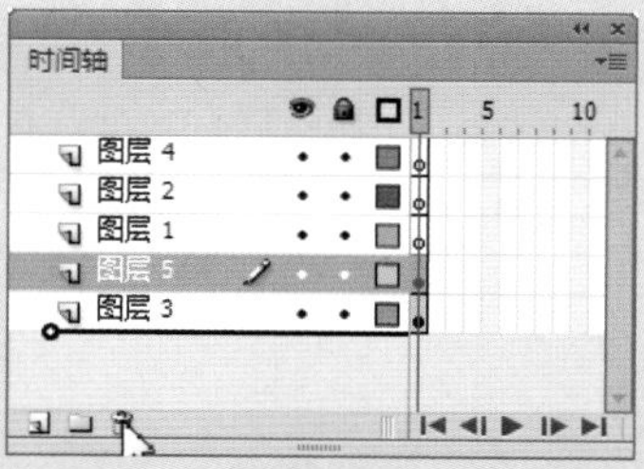

图6-35

7. 隐藏、锁定图层和图层的线框显示模式

（1）隐藏图层：动画经常是多个图层叠加在一起的效果，为了便于观察某个图层中的对象，可以把其他的图层先隐藏起来。

在“时间轴”面板中单击“显示或隐藏所有图层”按钮下方的小黑圆点，这时小黑圆点所在的图层就被隐藏，该图层右侧会显示一个叉号图标，如图 6-36 所示，此时图层将不能被编辑。

在“时间轴”面板中单击“显示或隐藏所有图层”按钮，面板中的所有图层将被同时隐藏，如图 6-37 所示。再单击此按钮，即可解除隐藏。

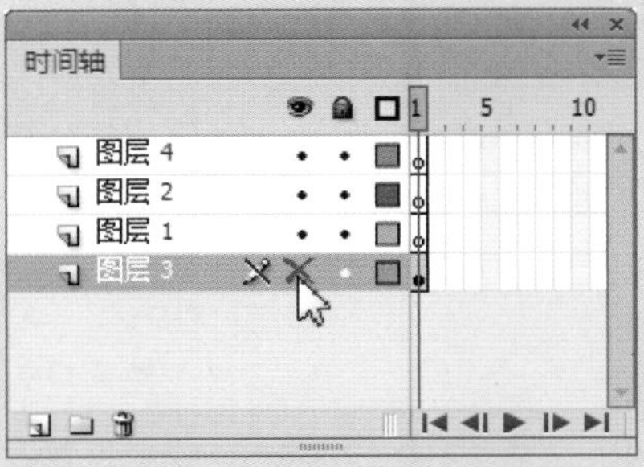

图 6-36

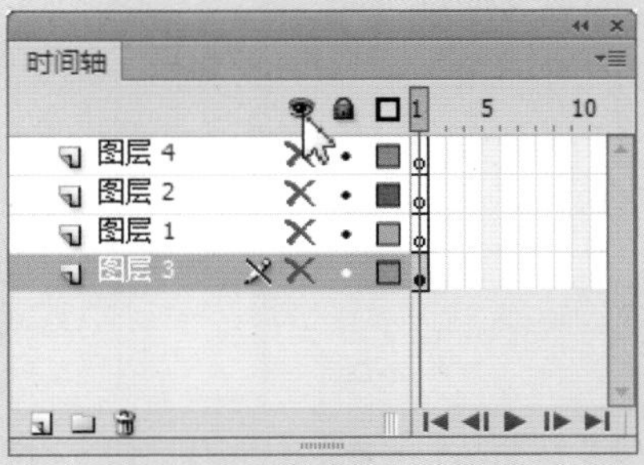

图 6-37

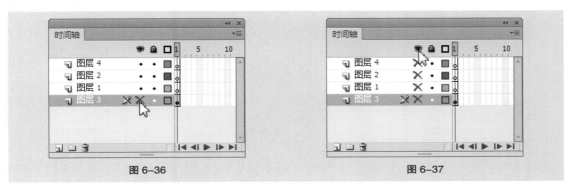

（2）锁定图层：如果某个图层上的内容已符合要求，则可以锁定该图层，以避免其内容被意外更改。

在“时间轴”面板中单击“锁定或解除锁定所有图层”按钮下方的小黑圆点，这时小黑圆点所在的图层就被锁定，该图层右侧会显示一个锁状图标，如图 6-38 所示，此时图层将不能被编辑。

在“时间轴”面板中单击“锁定或解除锁定所有图层”按钮，面板中的所有图层将被同时锁定，如图 6-39 所示。再单击此按钮，即可解除锁定。

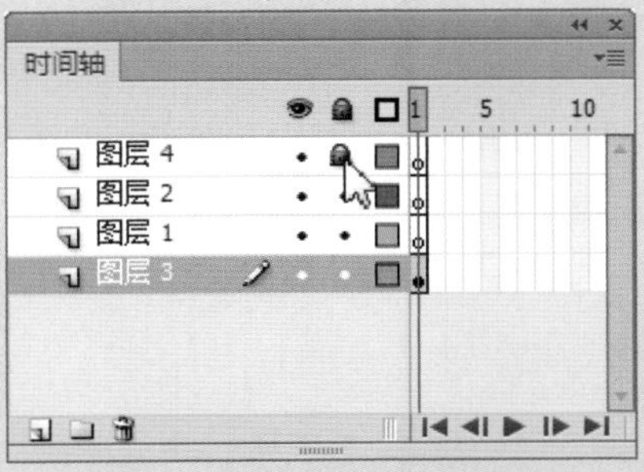

图 6-38

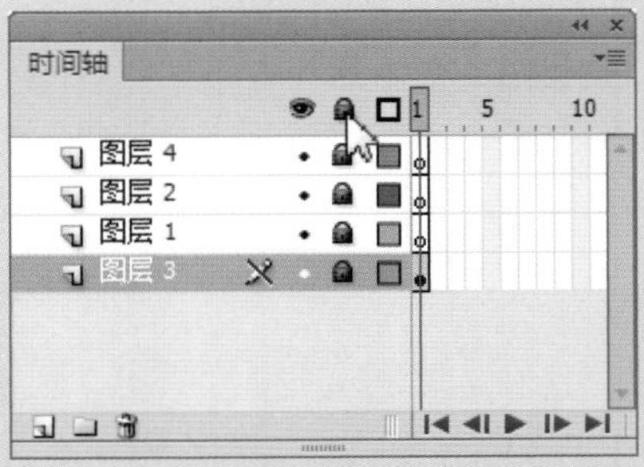

图 6-39

（3）图层的线框显示模式：为了便于观察图层中的对象，可以将对象以线框的模式进行显示。

在“时间轴”面板中单击“将所有图层显示为轮廓”按钮下方的正方形，这时正方形所在图层中的对象就以线框模式显示，该图层右侧会显示一个线框图标，如图 6-40 所示，此时并不影响编辑图层。

在“时间轴”面板中单击“将所有图层显示为轮廓”按钮，面板中的所有图层将同时以线框模式显示，如图 6-41 所示。再单击此按钮，即可返回到普通模式。

图 6-40

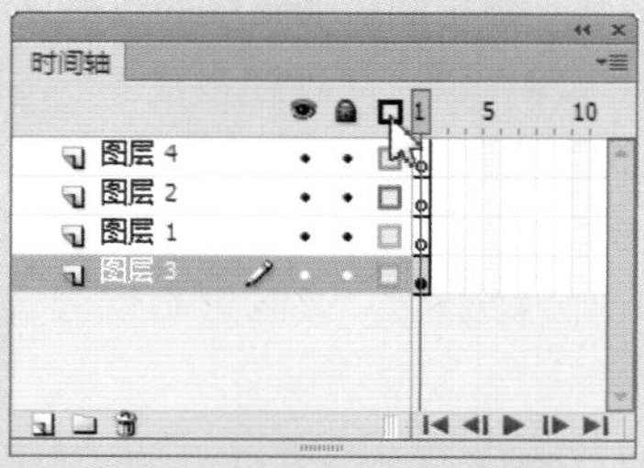

图 6-41

8. 重命名图层

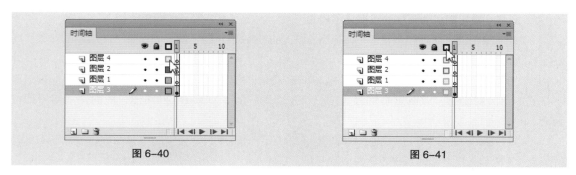

可以根据需要更改图层的名称。更改图层名称有以下两种方法。

（1）双击“时间轴”面板中的图层名称，名称变为可编辑状态，如图 6-42 所示。输入图层名称，如图 6-43 所示。在图层旁边单击，完成图层名称的修改，如图 6-44 所示。

图 6-42

图 6-43

图 6-44

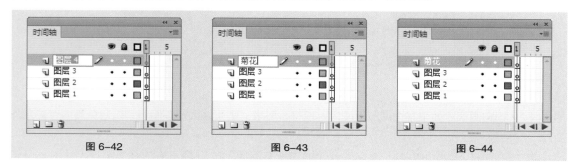

（2）还可选中要修改名称的图层，选择“修改 > 时间轴 > 图层属性”命令，在弹出的“图层属性”对话框中修改图层的名称。

6.1.3 图层文件夹

在“时间轴”面板中可以创建图层文件夹来组织和管理图层，使图层的层次结构更清晰。

1. 创建图层文件夹

选择“插入 > 时间轴 > 图层文件夹”命令，在“时间轴”面板中创建图层文件夹，如图 6-45 所示。还可以单击“时间轴”面板下方的“新建文件夹”按钮，在“时间轴”面板中创建图层文件夹，如图 6-46 所示。

图 6-45

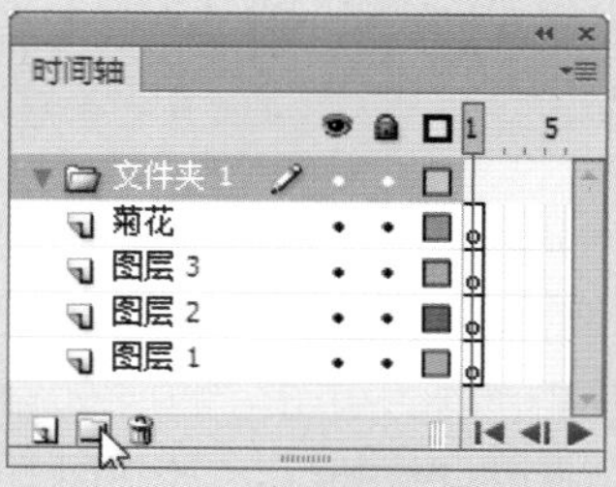

图 6-46

2. 删除图层文件夹

在“时间轴”面板中选中要删除的图层文件夹，单击面板下方的“删除”按钮，即可删除图层文件夹，如图 6-47 所示。还可以在“时间轴”面板中选中要删除的图层文件夹，按住鼠标左键不放，将其向下拖曳到“删除”按钮上进行删除，如图 6-48 所示。

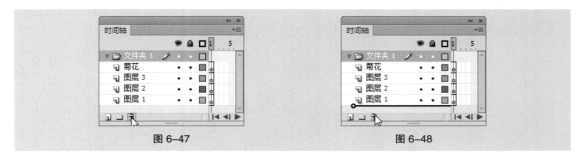

图 6-47

图 6-48

6.1.4 普通引导层

普通引导层主要用于为其他图层提供辅助绘图和绘图定位的功能，引导层中的图形在播放影片时是不会显示的。

1. 创建普通引导层

用鼠标右键单击“时间轴”面板中的某个图层，在弹出的快捷菜单中选择“引导层”命令，如图 6-49 所示，该图层将被转换为普通引导层。此时，图层左侧的图标变为，如图 6-50 所示。

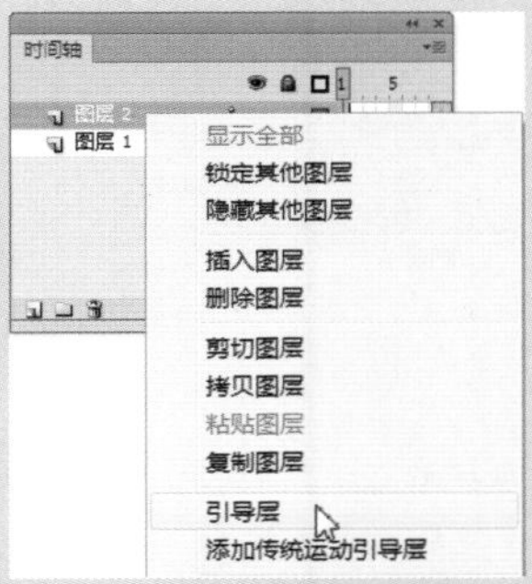

图 6-49

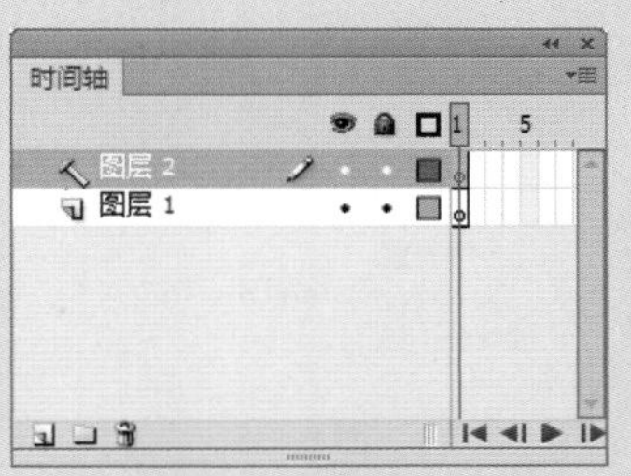

图 6-50

还可在“时间轴”面板中选中要转换的图层，选择“修改 > 时间轴 > 图层属性”命令，弹出“图层属性”对话框。在“类型”选项组中择中“引导层”单选项，如图 6-51 所示，单击“确定”按钮，选中的图层将被转换为普通引导层。此时，图层左侧的图标变为，如图 6-52 所示。

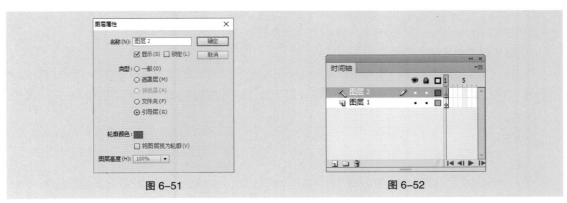

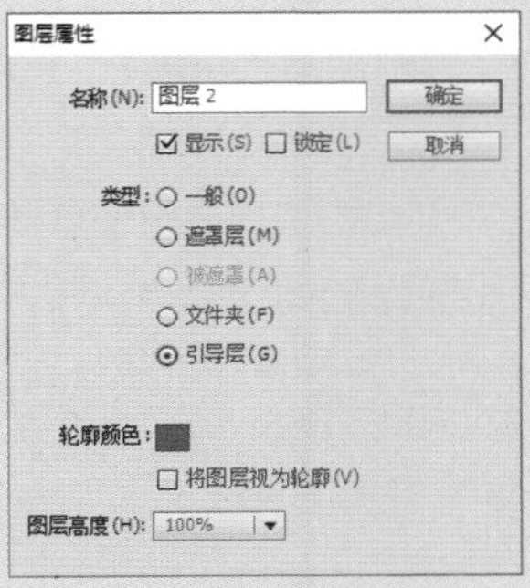

图 6-51

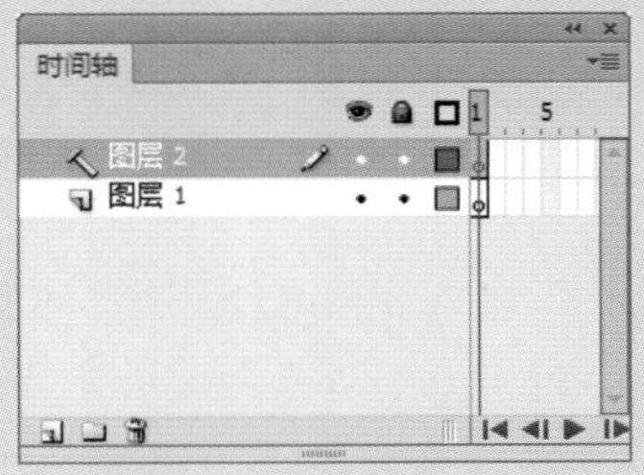

图 6-52

2. 将普通引导层转换为普通图

如果要在播放影片时显示引导层上的对象，可将引导层转换为普通图层。

用鼠标右键单击“时间轴”面板中的引导层，在弹出的快捷菜单中选择“引导层”命令，如图6-53所示，引导层将被转换为普通图层。此时，图层左侧的图标变为，如图6-54所示。

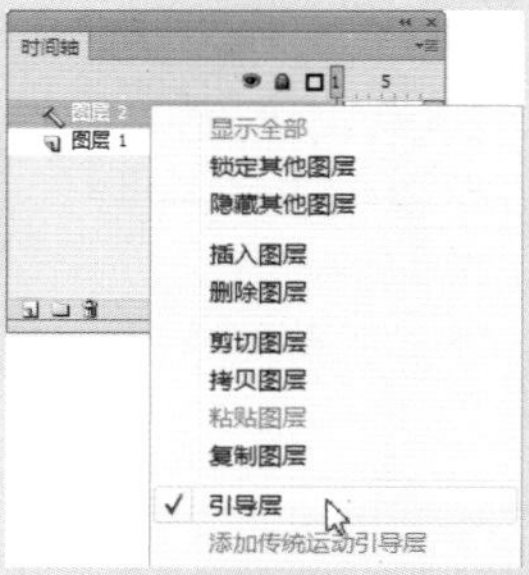

图6-53

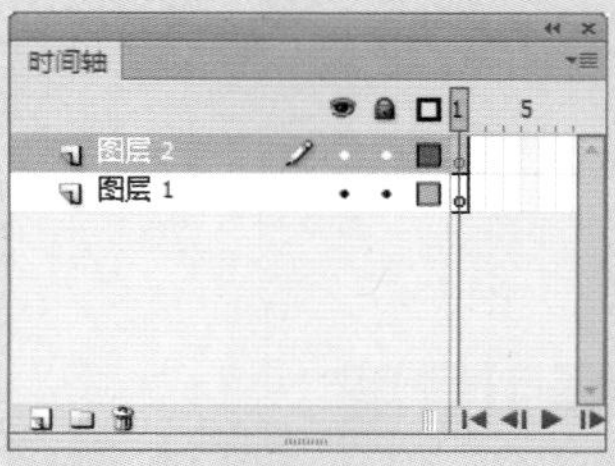

图6-54

还可在“时间轴”面板中选中引导层，选择“修改>时间轴>图层属性”命令，弹出“图层属性”对话框。在“类型”选项组中择中“一般”单选项，如图6-55所示，单击“确定”按钮，选中的引导层将被转换为普通图层。此时，图层左侧的图标变为，如图6-56所示。

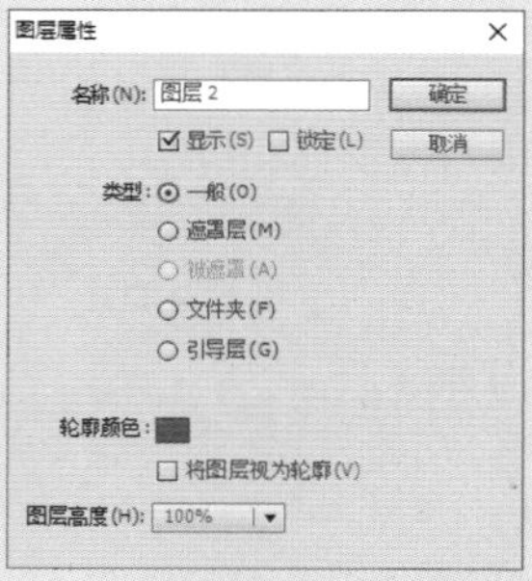

图6-55

图6-56

6.1.5 运动引导层

运动引导层的作用是设置对象的运动路径，使与之相链接的被引导层中的对象沿着路径运动，运动引导层上的路径在播放动画时不显示。在引导层上还可创建多个运动轨迹，以引导被引导层上的多个对象沿不同的路径运动。要创建对象按照任意轨迹运动的动画就需要添加运动引导层，但创建运动引导层动画时必须使用动作补间动画，形状补间动画、逐帧动画不可用。

1. 创建运动引导层

用鼠标右键单击“时间轴”面板中要添加引导层的图层，在弹出的快捷菜单中选择“添加传统运动引导层”命令，如图6-57所示，为图层添加运动引导层，此时引导层左侧出现图标，如图6-58所示。

提示

一个引导层可以引导多个图层上的对象按运动路径运动。如果要将多个图层变成某一个运动引导层的被引导层，只需在“时间轴”面板上将被引导层拖曳至引导层下方即可。

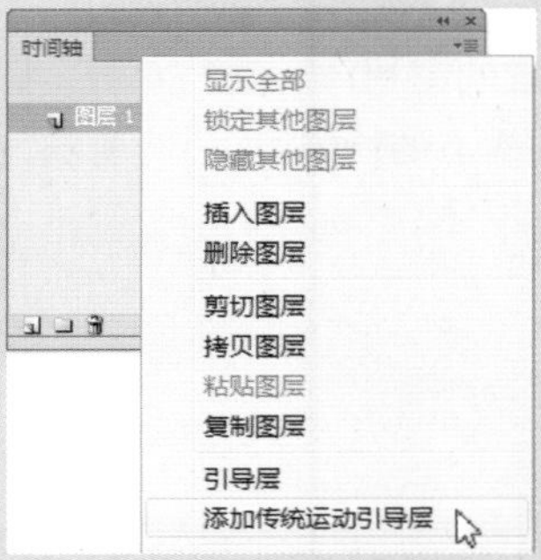

图 6-57

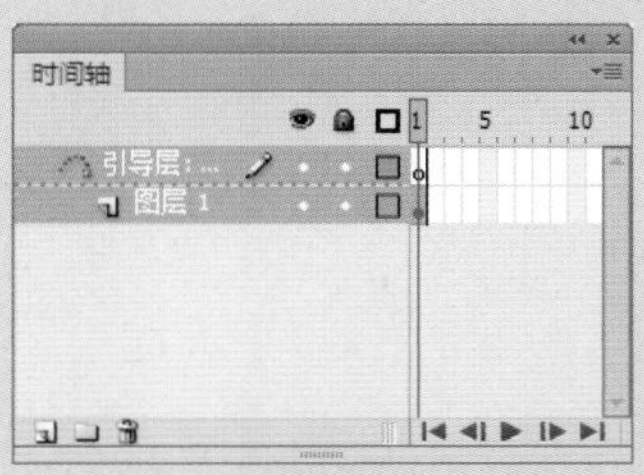

图 6-58

2．将运动引导层转换为普通图层

将运动引导层转换为普通图层的方法与将普通引导层转换为普通图层的方法一样，这里不再赘述。

3．应用运动引导层制作动画

选择“文件 > 打开”命令，在弹出的“打开”对话框中，选择“基础素材 > Ch06 > 01”文件，单击“打开”按钮打开文件，效果如图 6-59 所示。用鼠标右键单击“时间轴”面板中的“太阳”图层，在弹出的快捷菜单中选择“添加传统运动引导层”命令，为“太阳”图层添加运动引导层，如图 6-60 所示。

图 6-59

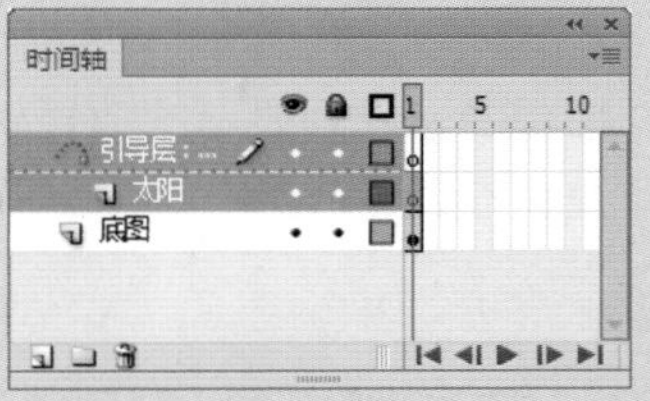

图 6-60

选择“钢笔”工具，在引导层的舞台窗口中绘制 1 条曲线段，如图 6-61 所示。选择“引导层”的第 60 帧，按 F5 键，插入普通帧。用相同的方法在“底图”图层的第 60 帧处插入普通帧，如图 6-62 所示。

图 6-61

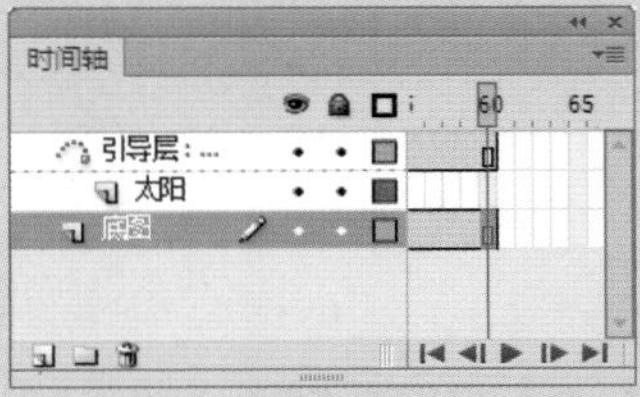

图 6-62

选中“太阳”图层的第 1 帧，将“库”面板中的图形元件“太阳”拖曳到舞台中，并将其放置在曲线段的左端点上，如图 6-63 所示。选中“太阳”图层的第 60 帧，按 F6 键，插入关键帧，如图 6-64 所示。将舞台中的“太阳”实例拖曳到曲线段的右端点处，如图 6-65 所示。

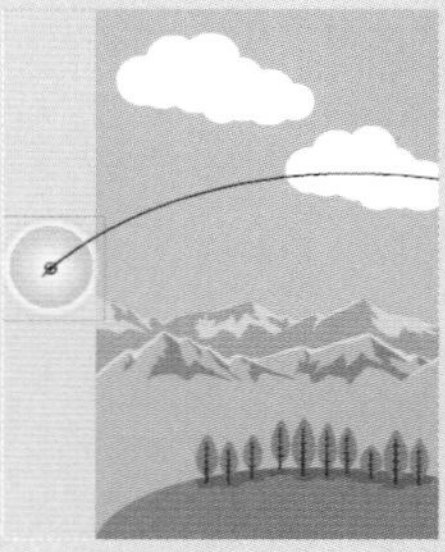

图 6-63

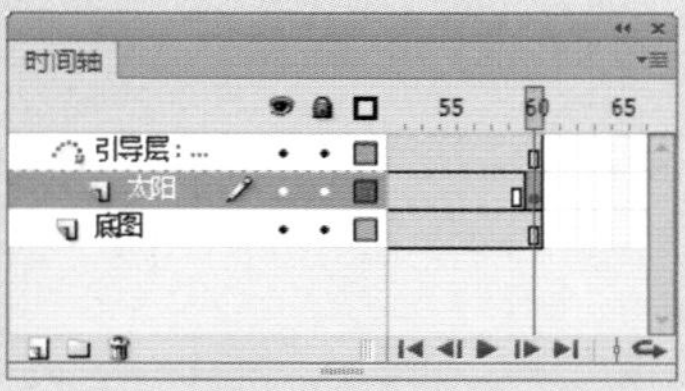

图 6-64

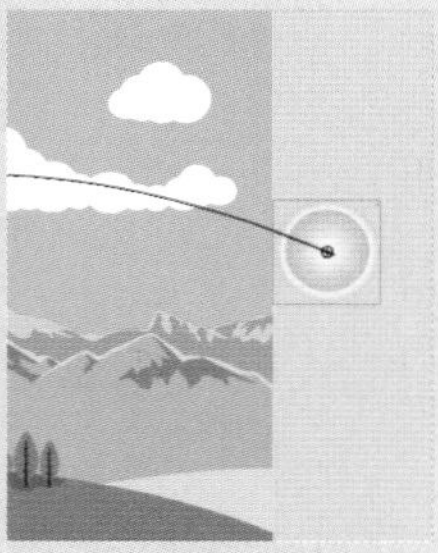

图 6-65

用鼠标右键单击“太阳”图层的第 1 帧，在弹出的快捷菜单中选择“创建传统补间”命令，如图 6-66 所示，在“太阳”图层中，第 1 帧和第 60 帧之间生成了动作补间动画，如图 6-67 所示。运动引导层动画制作完成。

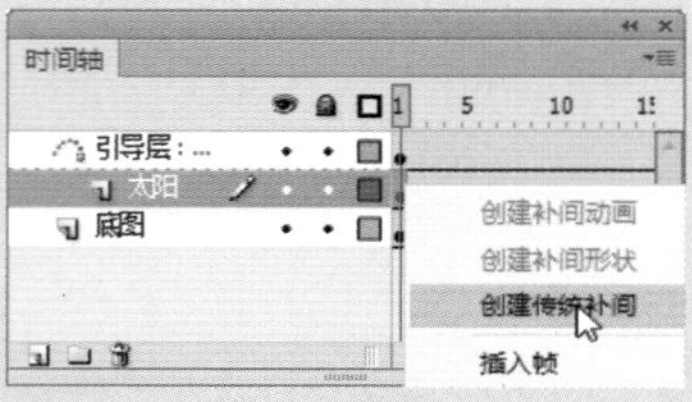

图 6-66

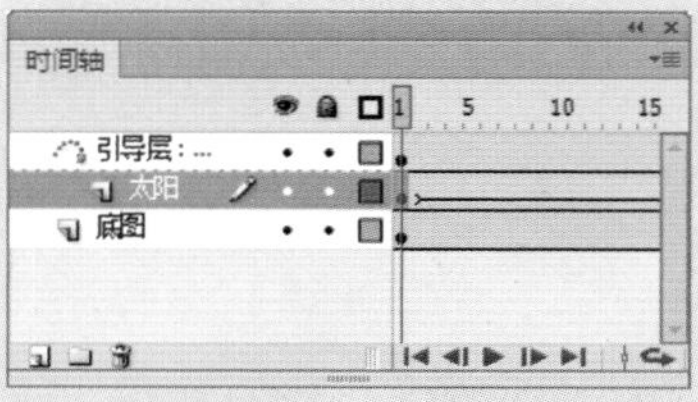

图 6-67

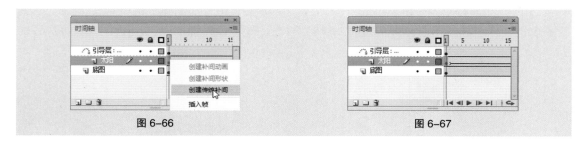

在不同的帧中，动画显示的效果如图 6-68 所示。按 Ctrl+Enter 组合键，测试动画效果，在动画中，曲线段不会显示。

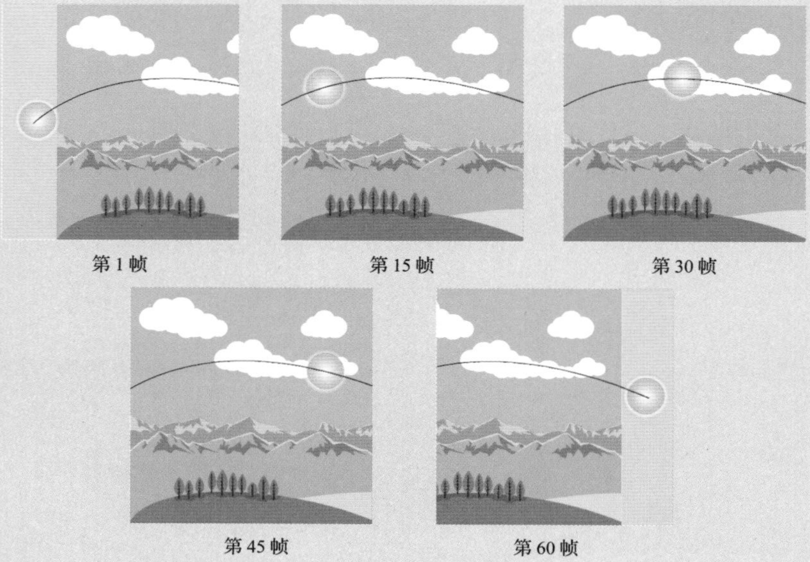

图 6-68

6.1.6　分散到图层

新建空白文档，选择“文本”工具T，在“图层 1”的舞台中输入英文“Flash”，如图 6–69 所示。选中文字，按 Ctrl+B 组合键，使文字分离，如图 6–70 所示。选择“修改 > 时间轴 > 分散到图层”命令，将“图层 1”中的文字分散到不同的图层中，如图 6–71 所示。

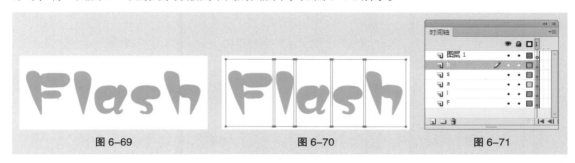

图 6–69

图 6–70

图 6–71

提示　将文字分散到不同的图层中后，“图层 1”中没有任何对象。

6.2　遮罩层与遮罩的动画制作

遮罩层就像一块不透明的板，如果要看到它下面的图像，只能在板上挖“洞”，而遮罩层中有对象的地方可看作“洞”，通过这个“洞”，被遮罩层中的对象才能显示出来。

遮罩层：利用遮罩层可以创建类似探照灯的特殊动画效果。

6.2.1　课堂案例——制作电压力锅广告

【案例学习目标】使用“遮罩层”命令制作遮罩动画。

【案例知识要点】使用“椭圆”工具绘制椭圆，使用“创建补间形状”命令和“创建传统补间”命令制作动画，使用“遮罩层”命令制作遮罩动画，效果如图 6–72 所示。

【效果所在位置】云盘 /Ch06/ 效果 / 制作电压力锅广告。

图 6–72

微课
制作电压力锅广告

（1）选择“文件 > 新建”命令，弹出“新建文档”对话框，在“常规”选项卡中选择“ActionScript 3.0”选项，将“宽”选项设为 800，“高”选项设为 800，单击“确定”按钮，完成文档的创建。

（2）选择“文件 > 导入 > 导入到库”命令，在弹出的“导入到库”对话框中，选择“Ch06 > 素材 > 制作电压力锅广告 > 01 ~ 04”文件，单击“打开”按钮，将文件导入“库”面板，如图 6–73 所示。

（3）将“图层 1”重命名为“底图”。将“库”面板中的位图“01”拖曳到舞台中，如图 6–74 所示。选中“底图”图层的第 90 帧，按 F5 键，插入普通帧，如图 6–75 所示。

图 6–73

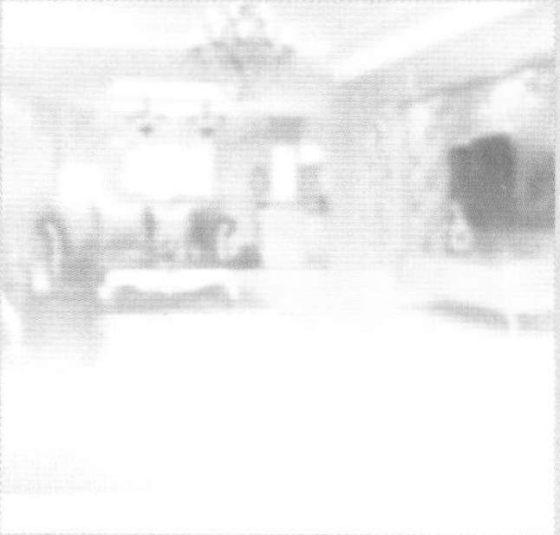

图 6–74

图 6–75

（4）在“时间轴”面板中创建新图层并将其命名为“标题”。将“库”面板中的位图“02”拖曳到舞台中，并放置在适当的位置，如图 6–76 所示。

（5）在“时间轴”面板中创建新图层并将其命名为“遮罩 1”。选择“矩形”工具，在工具箱中将“笔触颜色”设为无，“填充颜色”设为黑色，在舞台中绘制一个矩形，效果如图 6–77 所示。

图 6–76

图 6–77

（6）选中“遮罩 1”图层的第 20 帧，按 F6 键，插入关键帧。选中“遮罩 1”图层的第 1 帧，选中舞台中的黑色矩形，按 Ctrl+T 组合键，弹出“变形”面板，将“缩放高度”选项设为 1，如图 6–78 所示。按 Enter 键确认操作，效果如图 6–79 所示。

（7）用鼠标右键单击“遮罩 1”图层的第 1 帧，在弹出的快捷菜单中选择“创建补间形状”命令，生成形状补间动画，如图 6–80 所示。在“遮罩 1”图层上单击鼠标右键，在弹出的快捷菜单中选择“遮罩层”命令，将“遮罩 1”图层设置为遮罩层，“标题”图层为被遮罩层，如图 6–81 所示。

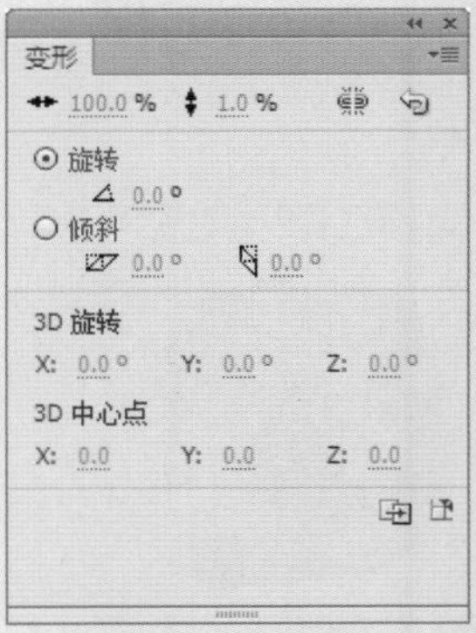

图 6-78

图 6-79

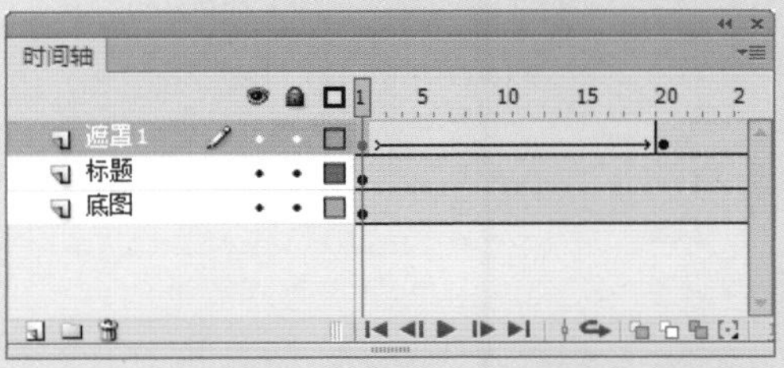

图 6-80

图 6-81

（8）在“时间轴”面板中创建新图层并将其命名为“压力锅”。选中“压力锅”图层的第 20 帧，按 F6 键，插入关键帧。将“库”面板中的位图“03”拖曳到舞台中，并放置在适当的位置，如图 6-82 所示。

（9）在“时间轴”面板中创建新图层并将其命名为“遮罩 2”。选中“遮罩 2”图层的第 20 帧，按 F6 键，插入关键帧。选择“椭圆”工具，在工具箱中将“笔触颜色”设为无，“填充颜色”设为黑色，按住 Shift 键的同时在舞台中绘制一个圆形，如图 6-83 所示。

图 6-82

图 6-83

（10）选中“遮罩 2”图层的第 40 帧，按 F6 键，插入关键帧。选中“遮罩 2”图层的第 20 帧，在舞台中选中黑色圆形，在“变形”面板中，将“缩放高度”选项和“缩放宽度”选项均设为 1，如图 6-84 所示。按 Enter 键确认操作，效果如图 6-85 所示。

（11）用鼠标右键单击“遮罩 2”图层的第 20 帧，在弹出的快捷菜单中选择“创建补间形状”命令，生成形状补间动画，如图 6-86 所示。在“遮罩 2”图层上单击鼠标右键，在弹出的快捷菜单中选择“遮罩层”命令，将“遮罩 2”图层设置为遮罩层，“压力锅”图层为被遮罩层，如图 6-87 所示。

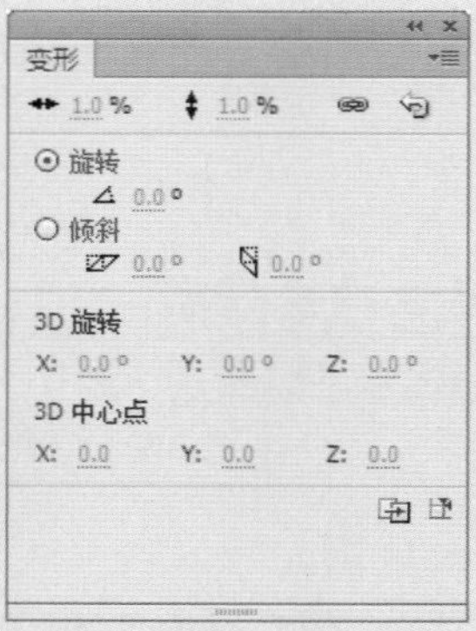

图 6-84

图 6-85

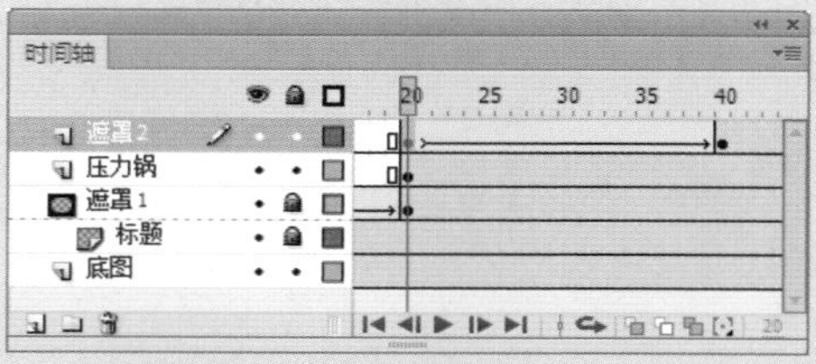

图 6-86

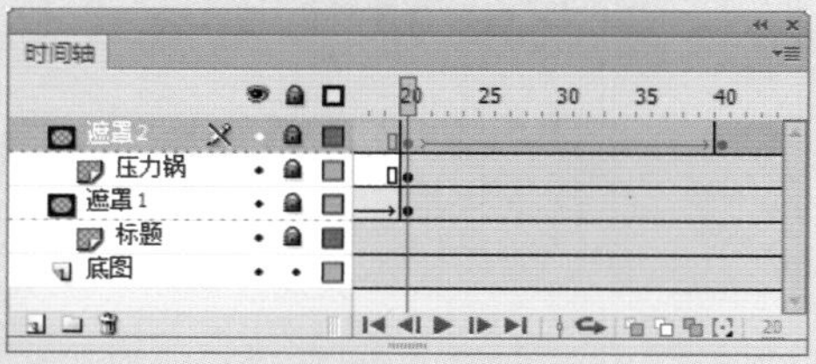

图 6-87

（12）在“时间轴”面板中创建新图层并将其命名为“价位”。选中“价位”图层的第 40 帧，按 F6 键，插入关键帧。将“库”面板中的位图“04”拖曳到舞台中，并放置在适当的位置，如图 6-88 所示。

（13）在“时间轴”面板中创建新图层并将其命名为“遮罩 3”。选中“遮罩 3”图层的第 40 帧，按 F6 键，插入关键帧。选择“矩形”工具，在工具箱中将“笔触颜色”设为无，“填充颜色”设为黑色，在舞台中绘制一个矩形，如图 6-89 所示。

图 6-88

图 6-89

（14）选中“遮罩 3”图层的第 50 帧，按 F6 键，插入关键帧。选中“遮罩 3”图层的第 40 帧，在舞台中选中黑色矩形，在“变形”面板中，将“缩放宽度”选项设为 1，如图 6-90 所示。按 Enter 键确认操作，效果如图 6-91 所示。

（15）用鼠标右键单击“遮罩 3”图层的第 40 帧，在弹出的快捷菜单中选择“创建补间形状”命令，生成形状补间动画，如图 6-92 所示。在“遮罩 3”图层上单击鼠标右键，在弹出的快捷菜单中选择“遮罩层”命令，将“遮罩 3”图层设置为遮罩层，“价位”图层为被遮罩层，如图 6-93 所示。电压力锅广告制作完成，按 Ctrl+Enter 组合键即可查看效果。

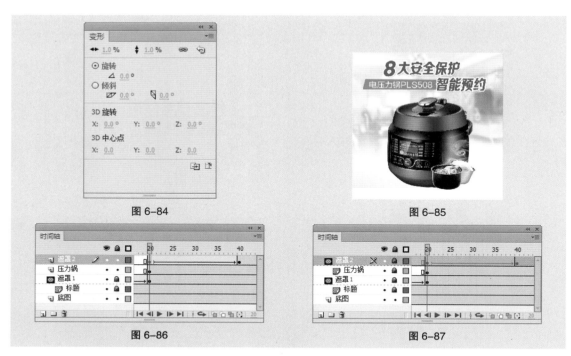

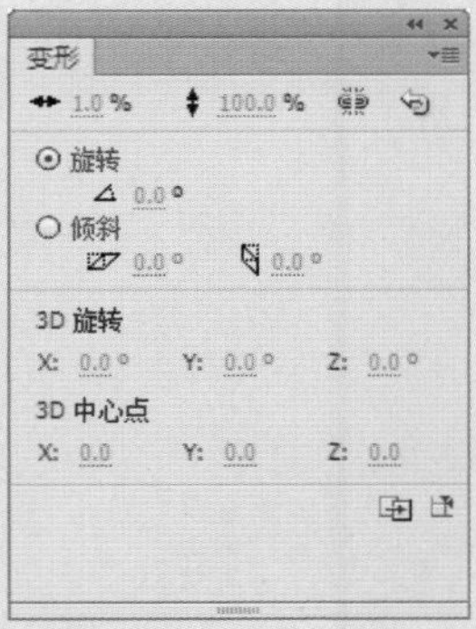

图 6-90

图 6-91

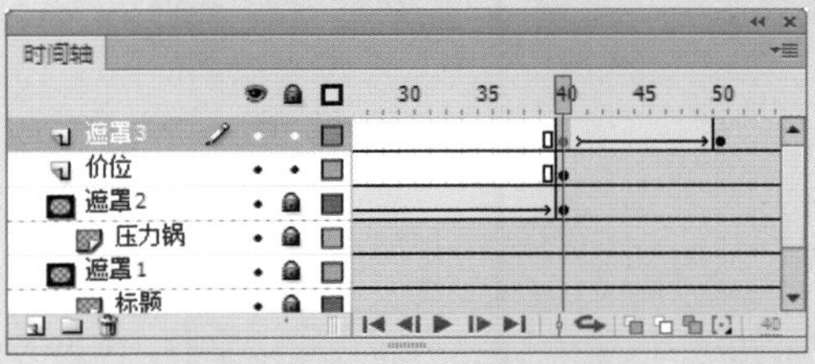

图 6-92

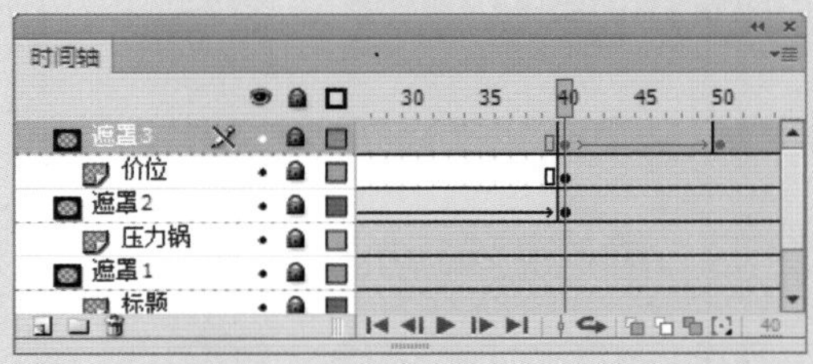

图 6-93

6.2.2 遮罩层

1. 创建遮罩层

要创建遮罩动画首先要创建遮罩层。在“时间轴”面板中，用鼠标右键单击要转换为遮罩层的图层，在弹出的快捷菜单中选择“遮罩层”命令，如图 6-94 所示。选中的图层将被转换为遮罩层，其下方的图层自动转换为被遮罩层，并且它们都自动被锁定，如图 6-95 所示。

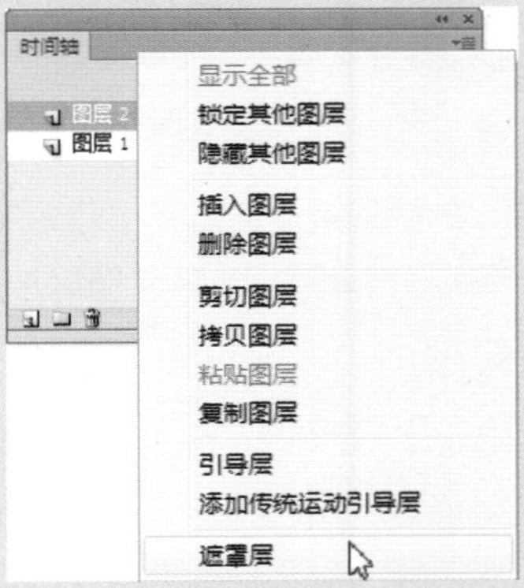

图 6-94

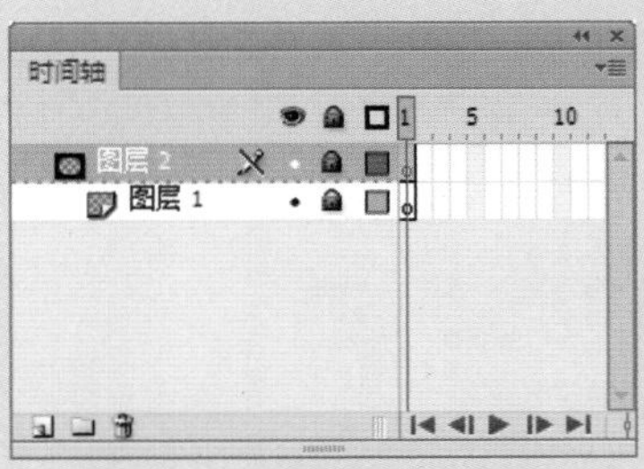

图 6-95

提示

如果想解除遮罩，只需单击“时间轴”面板上遮罩层或被遮罩层上的图标将其解锁。遮罩层中的对象可以是图形、文字、元件实例等，但不能是位图、渐变色、透明色和线条。一个遮罩层可以作为多个图层的遮罩层，如果要将一个普通图层设置为某个遮罩层的被遮罩层，只需将此图层拖曳至遮罩层下方。

2. 将遮罩层转换为普通图层

在“时间轴”面板中，用鼠标右键单击要转换的遮罩层，在弹出的快捷菜单中选择“遮罩层”命令，如图 6–96 所示，遮罩层将被转换为普通图层，如图 6–97 所示。

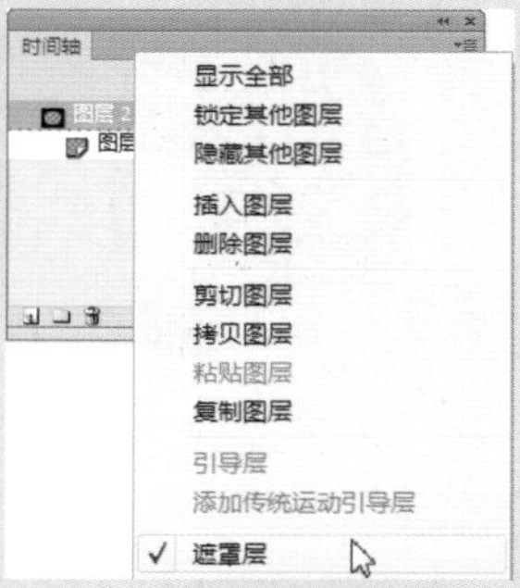

图 6–96

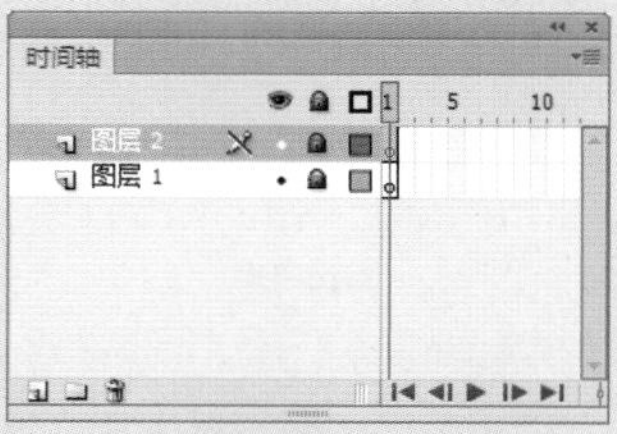

图 6–97

6.2.3 静态遮罩动画

选择“文件 > 打开”命令，在弹出的“打开”对话框中，选择云盘中的“基础素材 > Ch06 > 02”文件，单击“打开”按钮打开文件，效果如图 6–98 所示。在“时间轴”面板下方单击“新建图层”按钮，创建新的图层“图层 3”，如图 6–99 所示。将“库”面板中的图形元件“02”拖曳到舞台中的适当位置，如图 6–100 所示。

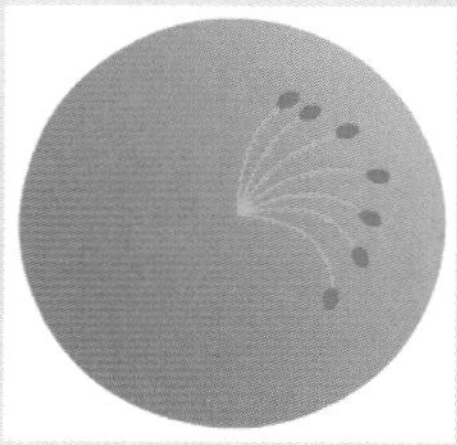

图 6–98

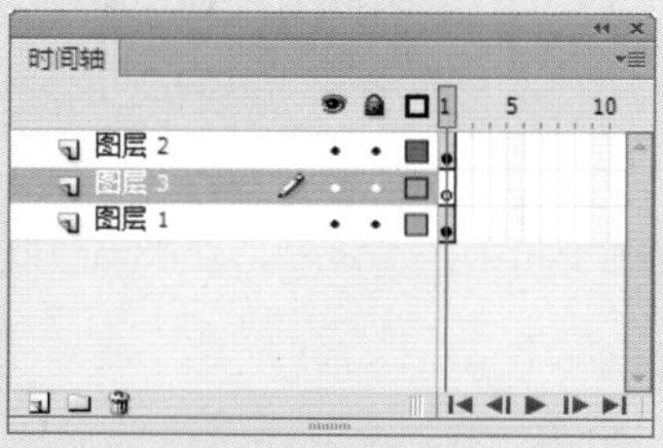

图 6–99

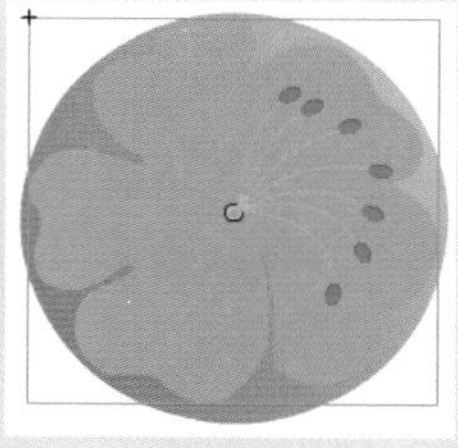

图 6–100

在“时间轴”面板中，用鼠标右键单击“图层 3”，在弹出的快捷菜单中选择“遮罩层”命令，如图 6–101 所示。“图层 3”被转换为遮罩层，“图层 1”被转换为被遮罩层，两个图层被自动锁定，如图 6–102 所示。舞台窗口中图形的遮罩效果如图 6–103 所示。

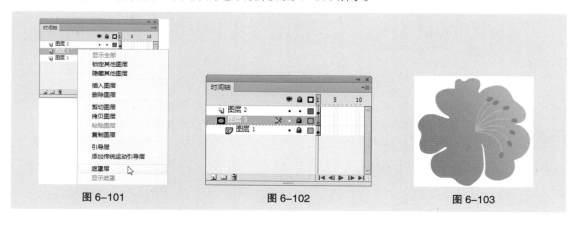

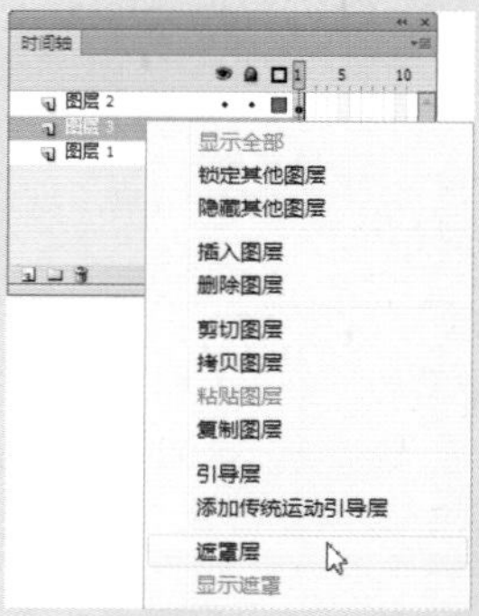

图 6–101

图 6–102

图 6–103

6.2.4 动态遮罩动画

（1）选择“文件 > 打开”命令，在弹出的“打开”对话框中，选择云盘中的“基础素材 > Ch06 > 03”文件，单击“打开”按钮打开文件，如图 6-104 所示。在“时间轴”面板中创建新图层并将其命名为“剪影”，如图 6-105 所示。

图 6-104

图 6-105

（2）将“库”面板中的图形元件“剪影”拖曳到舞台中，并放置在适当的位置，如图 6-106 所示。选中“剪影”图层的第 10 帧，按 F6 键，插入关键帧。在舞台中将“剪影”实例水平向左拖曳到适当的位置，如图 6-107 所示。

（3）用鼠标右键单击“剪影”图层的第 1 帧，在弹出的快捷菜单中选择“创建传统补间”命令，生成传统补间动画，如图 6-108 所示。

图 6-106

图 6-107

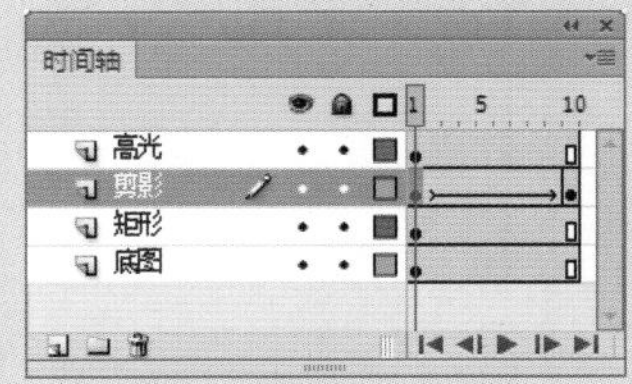

图 6-108

（4）用鼠标右键单击“剪影”图层，在弹出的快捷菜单中选择“遮罩层”命令，如图 6-109 所示，“剪影”图层被转换为遮罩层，“矩形”图层被转换为被遮罩层，如图 6-110 所示。动态遮罩动画制作完成，按 Ctrl+Enter 组合键测试动画效果。

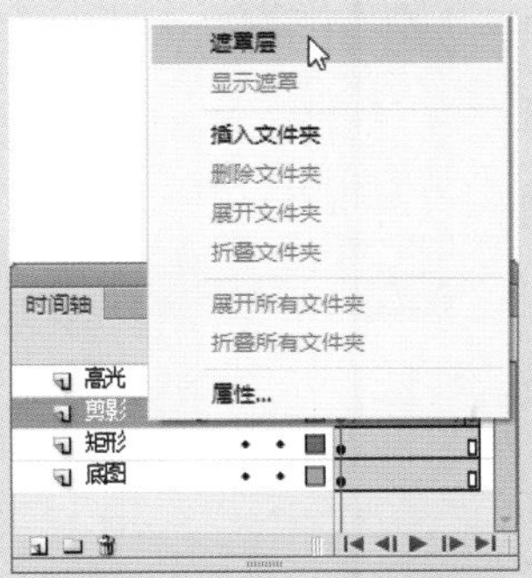

图 6-109

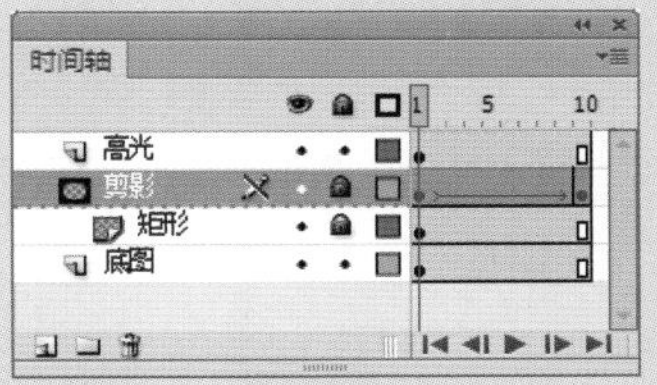

图 6-110

在不同的帧中，动画显示的效果如图 6-111 所示。

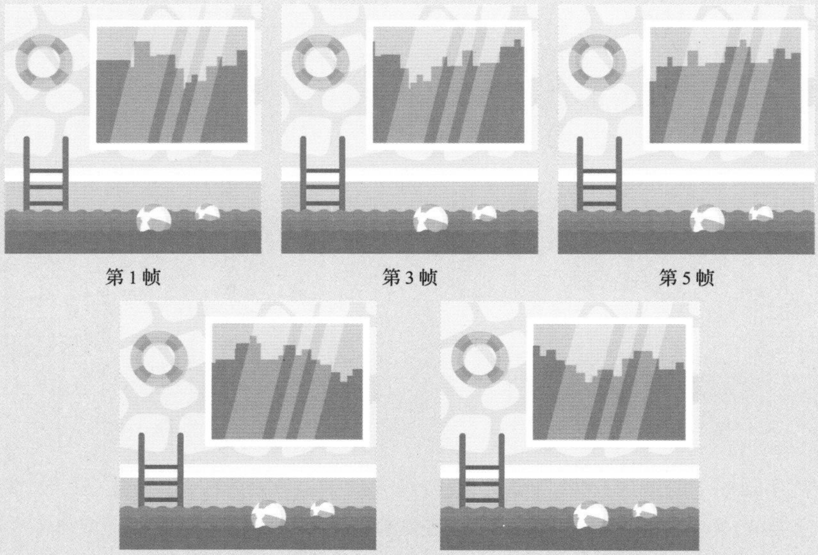

图 6-111

6.3 课堂练习——制作飘落的树叶动画

【练习知识要点】使用“钢笔”工具绘制线条并添加运动引导层，使用“创建传统补间”命令制作出飘落的树叶效果。

【素材所在位置】云盘 /Ch06/ 素材 / 制作飘落的树叶动画 /01、02。

【效果所在位置】云盘 /Ch06/ 效果 / 制作飘落的树叶动画，如图 6-112 所示。

微课
制作飘落的树叶动画

图 6-112

6.4 课后习题——制作化妆品主图动画

【习题知识要点】使用“椭圆”工具、“矩形”工具制作形状动画，使用“创建补间形状”命令和“创建传统补间”命令制作动画，使用“遮罩层”命令制作遮罩动画。

【素材所在位置】云盘 /Ch06/ 素材 / 制作化妆品主图动画 /01 ~ 06。

【效果所在位置】云盘 /Ch06/ 效果 / 制作化妆品主图动画，如图 6–113 所示。

图 6–113

07

第 7 章

动作脚本

本章介绍

在 Flash CS6 中，如果要实现一些复杂多变的动画效果，就需要用到动作脚本，输入不同的动作脚本可以实现不同的动画效果。读者通过对本章的学习，可以了解如何应用不同的动作脚本来实现各种动画效果。

学习目标

第 7 章简介

- 了解数据类型。
- 掌握语法规则。
- 熟悉变量和函数。
- 熟悉表达式和运算符。

技能目标

- 熟悉美食相册的制作方法和技巧。
- 熟悉系统时钟动画的制作方法和技巧。

素养目标

- 提高编程水平。
- 培养时间观念。

7.1 “动作”面板

“动作”面板可以用于组织动作脚本，用户可以从动作列表中选择语句，也可自行编辑语句。

7.1.1 课堂案例——制作美食相册

【案例学习目标】使用变形工具调整图片的中心点，使用“动作”面板为图形添加动作脚本。

【案例知识要点】使用“创建元件”命令创建影片剪辑元件，使用“动作”面板添加动作脚本，如图 7-1 所示。

【效果所在位置】云盘 /Ch07/ 效果 / 制作美食相册。

微课
制作美食相册

图 7-1

（1）选择“文件>新建”命令，弹出“新建文档”对话框，在“常规”选项卡中选择“ActionScript 2.0”选项，将“宽”选项设为 600，“高”选项设为 450，单击“确定”按钮，完成文档的创建。

（2）将“图层 1”重命名为“底图”。选择“文件 > 导入 > 导入到库”命令，在弹出的“导入到库”对话框中，选择“Ch07 > 素材 > 制作美食相册 > 01 ~ 09”文件，单击“打开”按钮，文件被导入“库”面板，如图 7-2 所示。

（3）在“库”面板中新建一个图形元件“照片 1”，如图 7-3 所示，舞台窗口也随之转换为该图形元件的舞台窗口。将“库”面板中的位图“02”拖曳到舞台中，效果如图 7-4 所示。

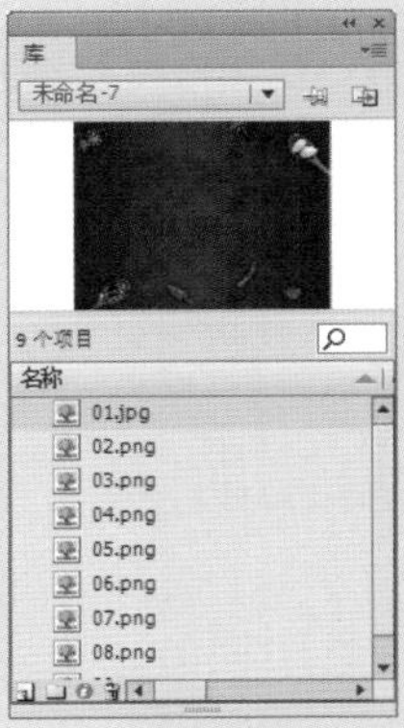

图 7-2

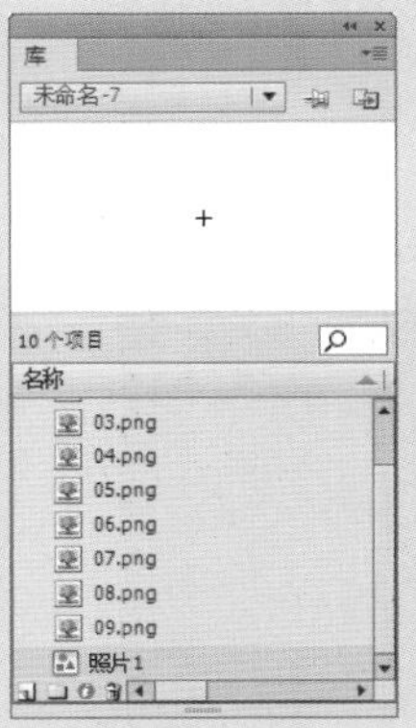

图 7-3

图 7-4

（4）用相同的方法将“库”面板中的位图“03”～“07”分别制作成图形元件“照片 2”～“照片 6”，“库”面板如图 7-5 所示。

（5）在“库”面板中新建一个按钮元件“按钮 1”，如图 7-6 所示，舞台窗口也随之转换为该按钮元件的舞台窗口。将“库”面板中的位图“08”拖曳到舞台中，效果如图 7-7 所示。选中“指针经过”帧，按 F5 键，插入普通帧。

图 7-5

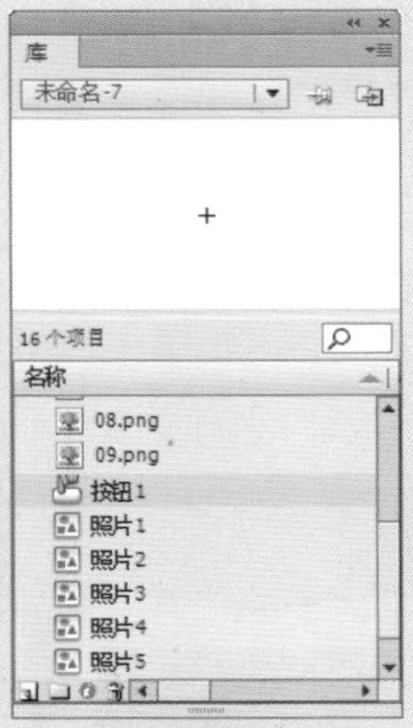

图 7-6

图 7-7

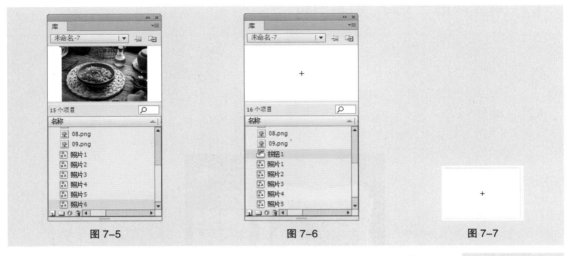

（6）在“时间轴”面板中创建新图层“图层 2”。将“库”面板中的图形元件“照片 1”拖曳到舞台中。按 Ctrl+T 组合键，在弹出的“变形”面板中，将“缩放宽度”选项和“缩放高度”选项均设为 28，按 Enter 键确认操作，效果如图 7-8 所示。选中“指针经过”帧，按 F6 键，插入关键帧。

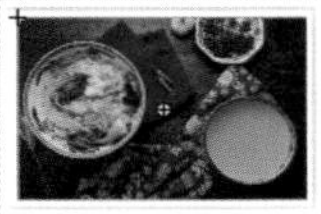

图 7-8

（7）选中“图层 2”的“弹起”帧，选中舞台中的“照片 1”实例，在图形“属性”面板中选择“色彩效果”选项组，在“样式”下拉列表中选择“Alpha”选项，并将其值设为 50%，效果如图 7-9 所示。用相同的方法制作按钮元件“按钮 2”～“按钮 6”，如图 7-10 所示。

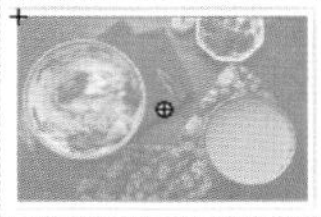

图 7-9

（8）单击舞台窗口左上方的“场景 1”图标![场景 1]，进入“场景 1”的舞台窗口。将“库”面板中的位图“01”拖曳到舞台中，效果如图 7-11 所示。选中“底图”图层的第 6 帧，按 F5 键，插入普通帧，如图 7-12 所示。

图 7-10

图 7-11

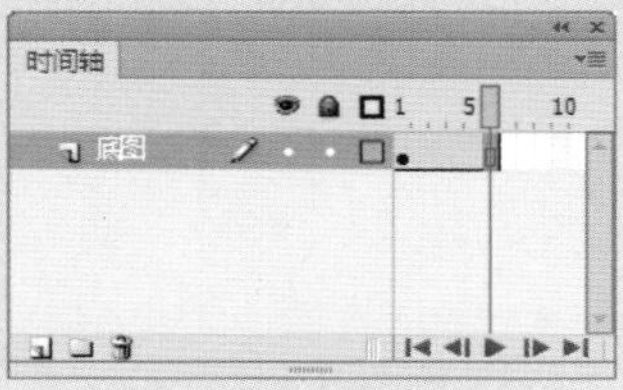

图 7-12

（9）在“时间轴”面板中创建新图层并将其命名为“照片边框”，如图 7-13 所示。将“库”面板中的位图“09”拖曳到舞台中，效果如图 7-14 所示。

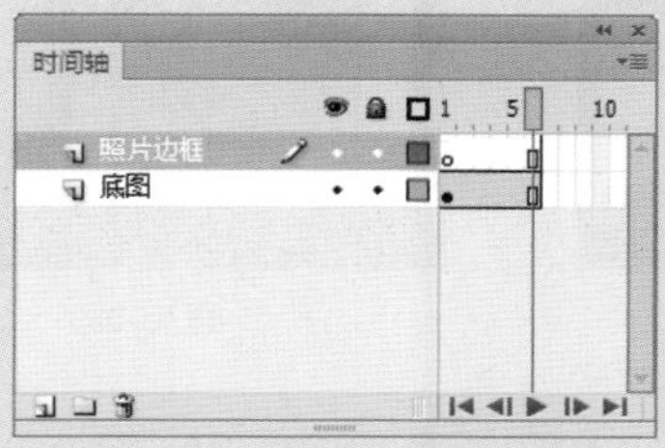

图 7-13

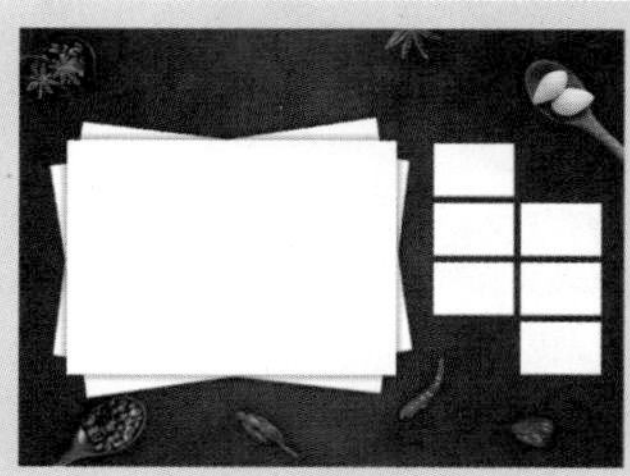

图 7-14

（10）在“时间轴”面板中创建新图层并将其命名为“照片”。将“库”面板中的图形元件“照片 1”拖曳到舞台中并放置在适当的位置，效果如图 7-15 所示。选中“照片”图层的第 2 帧，按 F7 键，插入空白关键帧，如图 7-16 所示。将“库”面板中的图形元件“照片 2”拖曳到与“照片 1”相同的位置，如图 7-17 所示。

图 7-15

图 7-16

图 7-17

（11）用相同的方法分别选中“照片”图层的第 3 帧、第 4 帧、第 5 帧、第 6 帧，按 F7 键，插入空白关键帧，并分别将图形元件“照片 3”“照片 4”“照片 5”“照片 6”拖曳到相应的帧舞台窗口中，效果如图 7-18 ~ 图 7-21 所示。

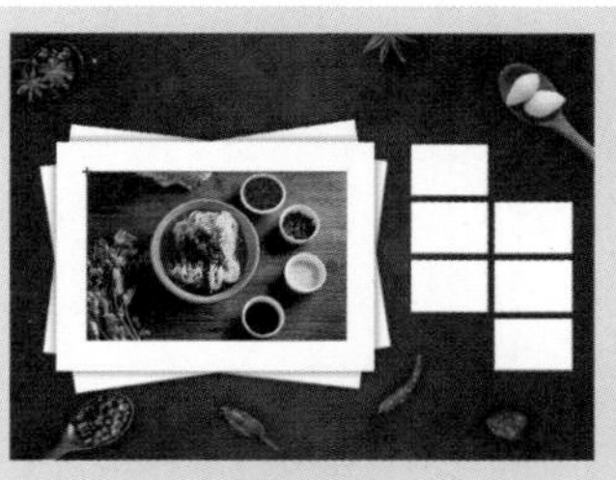

图 7-18

图 7-19

（12）在“时间轴”面板中创建新图层并将其命名为“按钮”。分别将“库”面板中的按钮元件“按钮 1”“按钮 2”“按钮 3”“按钮 4”“按钮 5”“按钮 6”拖曳到舞台中并放置在适当的位置，效果如图 7-22 所示。

（13）在“时间轴”面板中创建新图层并将其命名为“动作脚本”。选择“窗口 > 动作”命令，弹出“动作”面板，在面板的左上方将脚本语言版本设置为“Action Script 1.0 & 2.0”，在面板中单击“将新项目添加到脚本中”按钮，在弹出的下拉列表中选择“全局函数 > 时间轴控制 > stop”选项。在脚本窗口中显示出选择的脚本语言，如图 7-23 所示。设置好动作脚本后，关闭“动作”面板。在“动作脚本”图层的第 1 帧上显示出一个标记“a”，如图 7-24 所示。

（14）选中“按钮”图层，在舞台中选择“按钮 1”实例，选择“窗口 > 动作”命令，弹出“动作”面板，在动作面板中设置脚本语言（脚本语言的具体设置可以参考云盘中的实例源文件），脚本窗口中的效果如图 7-25 所示。

图 7-20

图 7-21

图 7-22

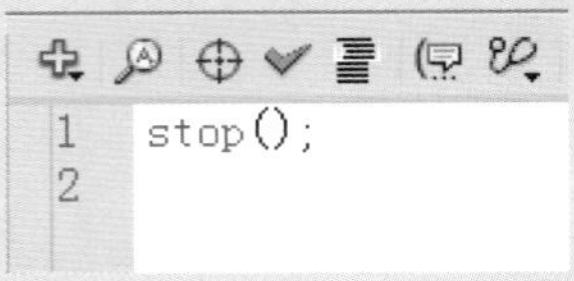

图 7-23

图 7-24

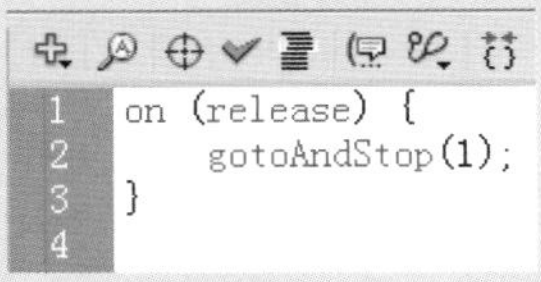

图 7-25

（15）用相同的方法为其他按钮设置脚本语言，只需将脚本语言“gotoAndStop”后面括号中的数字改成相应的帧数即可，如图 7-26 ~ 图 7-30 所示。美食相册制作完成，按 Ctrl+Enter 组合键即可查看效果，如图 7-31 所示。

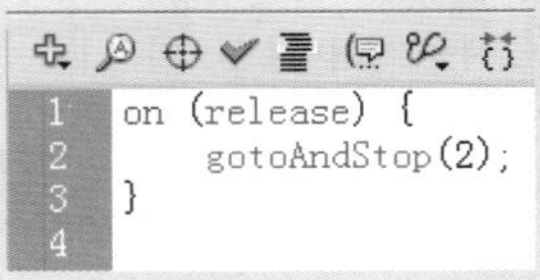

图 7-26

图 7-27

图 7-28

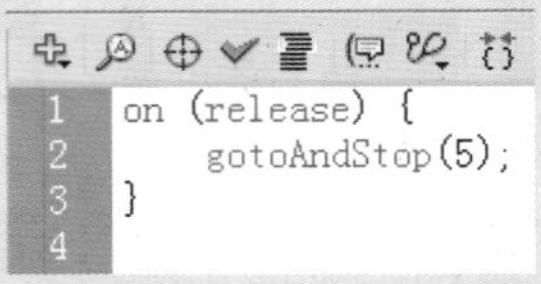

图 7-29

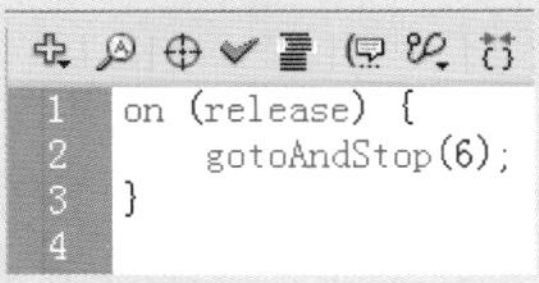

图 7-30

图 7-31

7.1.2 动作脚本中的术语

利用 Flash CS6 可以制作出生动的矢量动画，还可以利用脚本语言对动画进行编程，从而实现多种特殊效果。Flash CS6 使用动作脚本 3.0，其功能更为强大，而且还可以使用 1.0 或 2.0 版本的动作脚本。脚本可以由单一的动作组成，如设置动画的播放、停止，也可以由复杂的动作组成，如设置先计算条件再执行动作。

下面介绍动作脚本常用的术语。

（1）Actions（动作）：用于控制影片播放的语句。例如，gotoAndPlay（转到指定帧并播放）语句的作用是播放动画的指定帧。

（2）Arguments（参数）：用于向函数传递值的占位符。例如如下语句。

```
Function display(text1,text2) {
```

```
    displayText=text1+"my baby"+ text2
}
```

（3）Classes（类）：用于定义新的对象类型。若要定义类，必须在外部脚本文件中使用 Class 关键字，而不是在“动作”面板编写的脚本中使用此关键字。

（4）Constants（常量）：是一个不变的元素。例如，常数 Key.TAB 的含义始终是不变的，它代表 Tab 键。

（5）Constructors（构造函数）：用于定义一个类的属性和方法。根据定义，构造函数是类定义中与类同名的函数。例如，以下代码定义一个 Circle 类并实现一个构造函数。

```
    // 文件 Circle.as
    class Circle {
      private var radius:Number
      private var circumference:Number
    // 构造函数
      function Circle(radius:Number) {
      circumference = 2 * Math.PI * radius;
      }
    }
```

（6）Data types（数据类型）：用于描述变量或动作脚本元素可以包含的信息种类，包括字符串、数字、布尔值、影片剪辑等。

（7）Events（事件）：在动画播放时发生的动作。例如，单击按钮事件、按下键盘事件、动画进入下一帧事件等。

（8）Expressions（表达式）：具有确定值的数据类型的任意合法组合，由运算符和操作数组成。例如，在表达式 x+2 中，x 和 2 是操作数，而 + 是运算符。

（9）Functions（函数）：可重复使用的代码块，它可以接受参数并能返回结果。

（10）Handler（事件处理函数）：用来处理事件发生，管理如 mouseDown 或 load 等事件的特殊动作。

（11）Identifiers（标识符）：用于标识一个变量、属性、对象、函数或方法。标识符的第一个字符必须是字母、下划线或者美元符号（$），随后的字符必须是字母、数字、下划线或者美元符号。

（12）Instances（实例）：一个类初始化的对象。每一个类的实例都包含这个类中的所有属性和方法。

（13）Instance Names（实例名称）：脚本中用于表示影片剪辑实例和按钮实例的唯一名称。可以使用“属性”面板为舞台上的实例指定名称。

例如，“库”面板中的主元件可以命名为 counter，而 SWF 文件中该元件的两个实例可以使用实例名称 scorePlayer1_mc 和 scorePlayer2_mc。下面的代码用实例名称设置每个影片剪辑实例中名为 score 的变量。

```
    _root.scorePlayer1_mc.score += 1;
    _root.scorePlayer2_mc.score -= 1;
```

（14）Keywords（关键字）：具有特殊意义的保留字。例如，var 是用于声明本地变量的关键字。不能使用关键字作为标识符，例如，var 不是合法的变量名。

（15）Methods（方法）：与类关联的函数。例如，getBytesLoaded() 是与 MovieClip 类关联的内置方法。也可以为基于内置类的对象或为基于创建类的对象，创建充当方法的函数，例如，在以下代码中，clear() 成为先前定义的 controller 对象的方法。

```
function reset( ){
      this.x_pos = 0;
      this.y_pos = 0;
   }
   controller.clear = reset;
   controller.clear( );
```

（16）Objects（对象）：一些属性的集合。每一个对象都有自己的名称，并且都是特定类的实例。

（17）Operators（运算符）：通过一个或多个值计算出新值。例如，加法（+）运算符可以将两个或更多个值相加到一起，从而产生一个新值。运算符处理的值称为操作数。

（18）Target Paths（目标路径）：动画文件中，影片剪辑实例名称、变量等的分层结构地址。可以在“属性”面板中为影片剪辑实例命名。主时间轴的名称在默认状态下为 _root。可以使用目标路径控制影片剪辑实例的动作，或者得到和设置某一个变量的值。

例如，下面的语句是指向影片剪辑 stereoControl 内的变量 volume 的目标路径。

```
_root.stereoControl.volume
```

（19）Properties（属性）：用于定义对象的特性。例如，_visible 是定义影片剪辑是否可见的属性，所有影片剪辑实例都有此属性。

（20）Variables（变量）：用于存放任何一种数据类型的标识符。可以定义、改变变量，也可在脚本中引用变量的值。

例如，在下面的示例中，等号左侧的标识符是变量。

```
var x = 5;
var name = "Lolo";
var c_color = new Color(mcinstanceName);
```

7.1.3 “动作”面板的使用

在“动作”面板中既可以选择 ActionScript3.0 的脚本语言，也可以使用 ActionScript 1.0 或 2.0 版本的脚本语言。选择“窗口 > 动作”命令，弹出“动作”面板，面板的左上方为动作工具箱，左下方为对象窗口，右上方为功能按钮，右下方为脚本窗口，如图 7-32 所示。

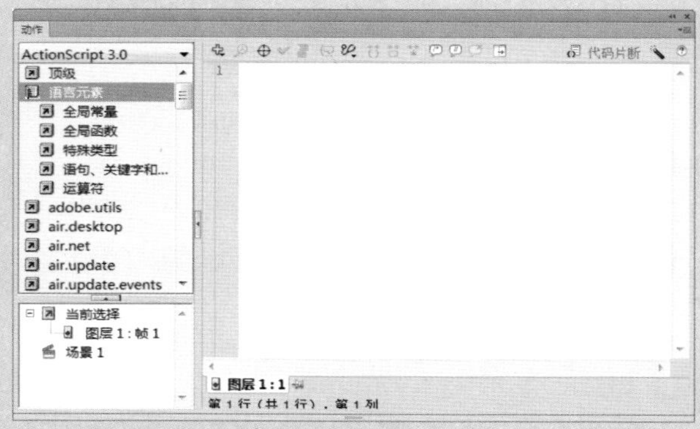

图 7-32

动作工具箱中包含语句、函数、操作符等各种类别的文件夹。单击文件夹即可显示出动作语句，双击动作语句可以将其添加到脚本窗口中，如图 7-33 所示。也可单击面板右上方的“将新项目添加到脚本中”按钮，在其下拉列表中选择动作语句添加到脚本窗口中。还可以在脚本窗口中直接编写动作语句，如图 7-34 所示。

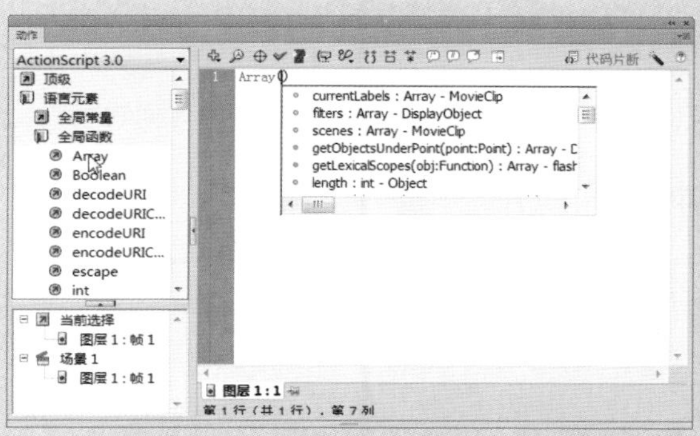

图 7-33

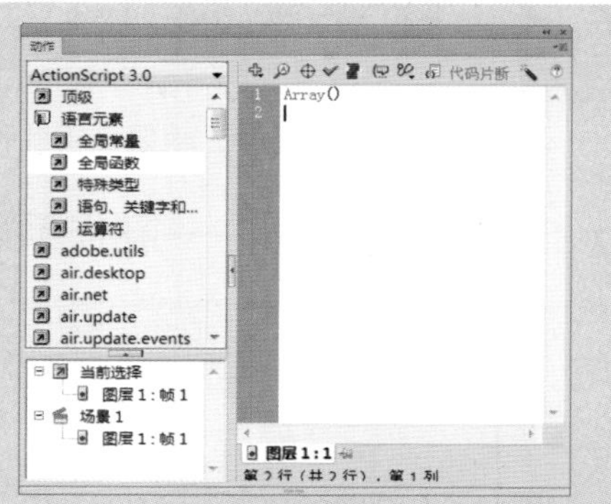

图 7-34

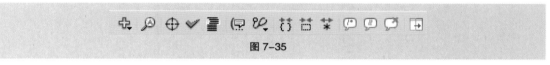

在面板右上方有多个功能按钮，分别为“将新项目添加到脚本中”按钮、“查找”按钮、“插入目标路径”按钮、“语法检查”按钮、“自动套用格式”按钮、“显示代码提示”按钮、“调试选项”按钮、“折叠成对大括号”按钮、“折叠所选”按钮、“展开全部”按钮、“应用块注释”按钮、“应用行注释”按钮、“删除注释”按钮和“显示 / 隐藏工具箱”按钮，如图 7-35 所示。

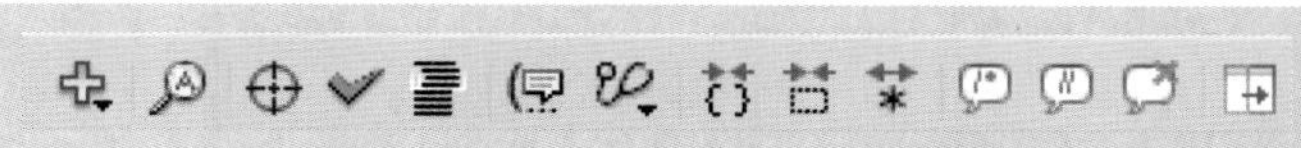

图 7-35

如果当前选择的是帧，那么在“动作”面板中设置的是该帧的动作语句；如果当前选择的是一个对象，那么在“动作”面板中设置的是该对象的动作语句。

可以在“首选参数”对话框中设置“动作”面板的默认编辑模式。选择“编辑 > 首选参数”命令，弹出“首选参数”对话框，在对话框中选择“ActionScript”选项卡，如图 7-36 所示。

在“语法颜色”选项组中，不同的颜色用于表示不同的动作脚本语句，这样可以减少脚本中的语法错误。

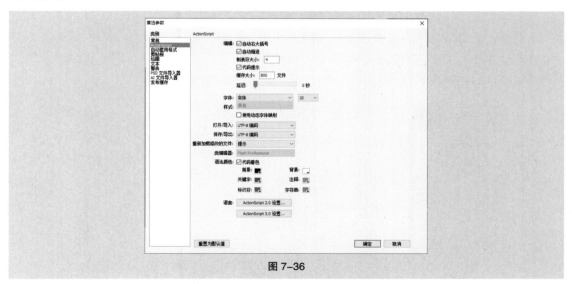

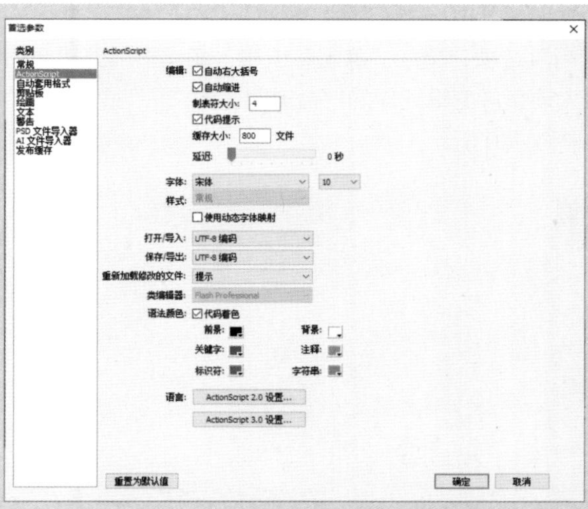

图 7-36

7.2 脚本语言

动作脚本可以将变量、函数、属性和方法组成一个整体，以控制对象产生各种动画效果。

7.2.1 课堂案例——制作系统时钟动画

【案例学习目标】使用变形工具调整图片的中心点，使用“动作”面板为图形添加脚本语言。

【案例知识要点】使用“创建元件”命令创建影片剪辑元件，使用“动作”面板添加动作脚本，如图 7-37 所示。

【效果所在位置】云盘 /Ch07/ 效果 / 制作系统时钟动画。

微课

制作系统时钟动画

图 7-37

1. 导入素材并制作影片剪辑元件

（1）选择“文件 > 新建”命令，弹出“新建文档”对话框，在“常规”选项卡中选择“ActionScript 3.0”选项，将“宽”选项设为 1181，“高”选项设为 1181，单击“确定”按钮，完成文档的创建。

（2）选择“文件 > 导入 > 导入到库”命令，在弹出的“导入到库”对话框中，选择云盘中的“Ch07 > 素材 > 制作系统时钟动画 > 01 ~ 05”文件，单击“打开”按钮，文件被导入“库”面板，如图 7-38 所示。

（3）按 Ctrl+F8 组合键，弹出“创建新元件”对话框，在“名称”文本框中输入“时针”，在“类型”下拉列表中选择“影片剪辑”选项，单击“确定”按钮，新建影片剪辑元件“时针”，如图 7-39 所示。舞台窗口也随之转换为该影片剪辑元件的舞台窗口。将“库”面板中的位图“02”拖曳到舞台中，并放置在适当的位置，如图 7-40 所示。

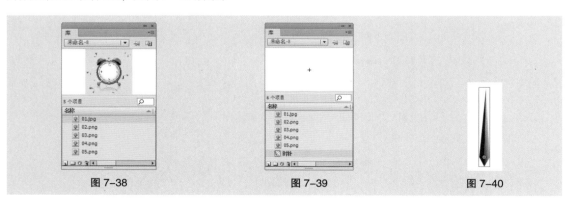

图 7-38

图 7-39

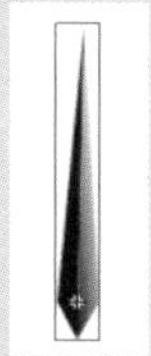

图 7-40

（4）在“库”面板中新建一个影片剪辑元件“分针”，舞台窗口也随之转换为该影片剪辑元件的舞台窗口。将“库”面板中的位图“03”拖曳到舞台中，并放置在适当的位置，如图 7-41 所示。

（5）在“库”面板中新建一个影片剪辑元件“秒针”，如图 7-42 所示。舞台窗口也随之转换为该影片剪辑元件的舞台窗口。将“库”面板中的位图“04”拖曳到舞台中，并放置在适当的位置，如图 7-43 所示。

图 7-41

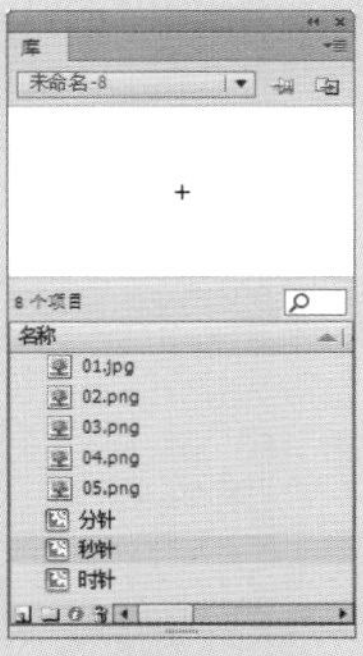

图 7-42

图 7-43

2. 确定指针位置

（1）单击舞台窗口左上方的“场景 1”图标 场景 1，进入“场景 1”的舞台窗口。将“图层 1”重新命名为“底图”。将“库”面板中的位图“01”拖曳到舞台的中心位置，效果如图 7-44 所示。

（2）在“时间轴”面板中创建新图层并将其命名为“时针”。将“库”面板中的影片剪辑元件“时针”拖曳到舞台中，并放置在适当的位置，如图 7-45 所示。保持实例处于选取状态，在“属性”面板的“实例名称”文本框中输入“hour_mc”，如图 7-46 所示。

图 7-44

图 7-45

图 7-46

（3）在“时间轴”面板中创建新图层并将其命名为“分针”。将“库”面板中的影片剪辑元件“分针”拖曳到舞台中，并放置在适当的位置，如图 7-47 所示。保持实例处于选取状态，在“属性”面板的“实例名称”文本框中输入“minute_mc”，如图 7-48 所示。

图 7-47

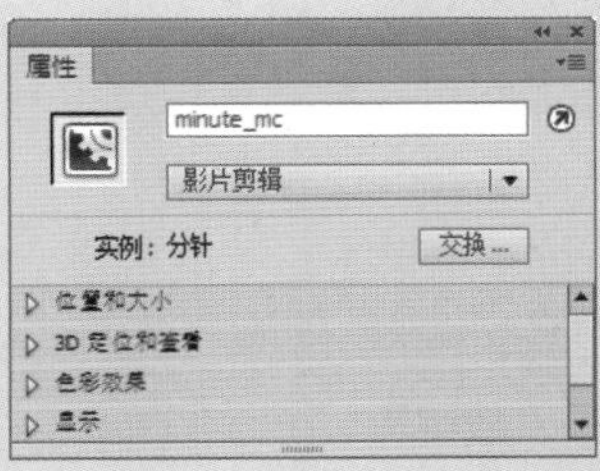

图 7-48

（4）在“时间轴”面板中创建新图层并将其命名为“秒针”。将“库”面板中的影片剪辑元件“秒针”拖曳到舞台中，并放置在适当的位置，如图 7-49 所示。保持实例处于选取状态，在“属性”面板的“实例名称”文本框中输入“second_mc”，如图 7-50 所示。

（5）在“时间轴”面板中创建新图层并将其命名为“装饰”。将“库”面板中的位图“05”拖曳到舞台中，并放置在适当的位置，如图 7-51 所示。

图 7-49

图 7-50

图 7-51

（6）在“时间轴”面板中创建新图层并将其命名为“动作脚本”。选中“动作脚本”图层的第 1 帧，按 F9 键，弹出“动作”面板，在“动作”面板中设置脚本语言，脚本窗口中的效果如图 7-52 所示。系统时钟动画制作完成，按 Ctrl+Enter 组合键即可查看效果，如图 7-53 所示。

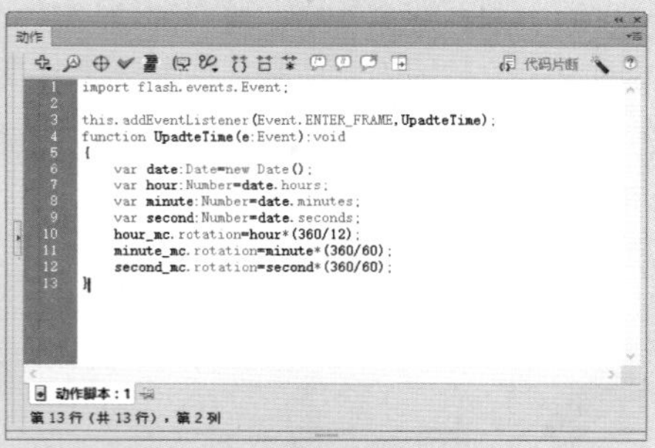

图 7-52

图 7-53

7.2.2 数据类型

数据类型描述了动作脚本的变量或元素可以包含的信息种类。动作脚本有两种数据类型：原始数据类型和引用数据类型。原始数据类型是指 String（字符串）、Number（数字）和 Boolean（布尔值），它们拥有固定类型的值，因此可以包含它们所代表元素的实际值。引用数据类型是指影片剪辑和对象，它们值的类型是不固定的，因此它们包含对该元素实际值的引用。

下面将介绍各种数据类型。

1. String（字符串）

字符串是诸如字母、数字和标点符号等字符的序列。字符串必须用一对双引号标记。字符串被当作字符而不是变量进行处理。

例如，在下面的语句中，“L7”是一个字符串。

```
favoriteBand = "L7";
```

2. Number（数字）

数字是指数字的算术值。进行正确数学运算的值必须是数字型。可以使用算术运算符加（+）、减（－）、乘（*）、除（/）、求模（%）、递增（++）和递减（--）来处理数字，也可以使用内置的 Math 对象的方法处理数字。

例如，使用 sqrt()（平方根）方法返回数字 100 的平方根。

```
Math.sqrt(100);
```

3. Boolean（布尔型）

值为 true 或 false 的变量被称为布尔型变量。动作脚本也会在需要时将值 true 和 false 转换为 1 和 0。在确定“是 / 否”的情况下，布尔型变量是非常有用的。布尔型变量在进行比较以控制脚本流的动作脚本语句中经常与逻辑运算符一起使用。

例如，在下面的脚本中，如果变量 password 为 true，则会播放该 SWF 文件。

```
var password:Boolean = true
fuction onClipEvent (e:Event) {
 password = true
   play( );
 }
```

4. Movie Clip（影片剪辑）

影片剪辑是 Flash 影片中可以播放动画的元件。它们是唯一引用图形元素的数据类型。Flash 中的每个影片剪辑都是一个 Movie Clip 对象，它们拥有 Movie Clip 对象中定义的方法和属性。通过点（.）运算符可以调用影片剪辑内部的属性和方法。

例如以下语句。

```
my_mc.startDrag(true);
parent_mc.getURL("http://www.ma*****dia.com/support/" + product);
```

5. Object（对象）

对象是指所有使用动作脚本创建的基于对象的代码。对象是属性的集合，每个属性都拥有自己的名称和值，属性的值可以是任何数据类型。通过点运算符可以引用对象中的属性。

例如，在下面的代码中，hoursWorked 是 weeklyStats 的属性，而后者是 employee 的属性。

```
employee.weeklyStats.hoursWorked
```

6. Null（空值）

空值数据类型只有一个值，即 null。这意味着没有值，即缺少数据。Null 可以用在各种情况中，如作为函数的返回值，表明函数没有可以返回的值，表明变量还没有接收到值，表明变量不再包含值等。

7. Undefined（未定义）

未定义的数据类型只有一个值，即 undefined，用于表示尚未分配值的变量。如果一个函数引用了未在其他地方定义的变量，那么 Flash 将返回未定义数据类型。

7.2.3 语法规则

动作脚本拥有自己的一套语法规则和标点符号。下面介绍相关内容。

1. 点运算符

在动作脚本中，点（.）用于表示与对象或影片剪辑相关的属性或方法，也可用于标识影片剪辑或变量的目标路径。点运算符表达式以影片剪辑或对象的名称开始，中间为点运算符，最后是要指定的元素。

例如，_x 影片剪辑属性指示影片剪辑在舞台上的 x 轴位置。表达式 ballMC._x 引用影片剪辑实例 ballMC 的 _x 属性。

又例如，submit 是 form 影片剪辑中设置的变量，此影片剪辑嵌在影片剪辑 shoppingCart 中。表达式 shoppingCart.form.submit= true 将实例 form 的 submit 变量设置为 true。

无论是表达对象的方法还是影片剪辑的方法，均遵循同样的模式。例如，ball_mc 影片剪辑实例的 play() 方法可以用下面的语句表示。

```
ball_mc.play( );
```

点语法还使用两个特殊别名，即 _root 和 _parent。别名 _root 是指主时间轴。可以使用 _root 别名创建一个绝对目标路径。例如，下面的语句调用主时间轴上影片剪辑 functions 中的函数 buildGameBoard()。

```
_root.functions.buildGameBoard( );
```

可以使用别名 _parent 引用当前对象嵌入的影片剪辑，也可使用 _parent 创建相对目标路径。例如，如果影片剪辑 dog_mc 嵌入影片剪辑 animal_mc 的内部，则实例 dog_mc 的如下语句会指示 animal_mc 停止。

```
_parent.stop( );
```

2. 界定符

大括号：动作脚本中的语句可被大括号包括起来组成语句块。例如以下语句。

```
// 事件处理函数
public Function myDate( ){
Var myDate:Date = new Date( );
currentMonth = myDate.getMMonth( );
}
```

分号：动作脚本中的语句可以以一个分号结尾。例如以下语句。

```
var column = passedDate.getDay( );
var row = 0;
```

圆括号：在定义函数时，任何参数定义都必须放在一对圆括号内。例如以下语句。

```
function myFunction (name, age, reader){
}
```

调用函数时，需要被传递的参数也必须放在一对圆括号内。例如以下语句。

```
myFunction ("Steve", 10, true);
```

可以使用圆括号改变动作脚本的优先顺序或增强程序的可读性。

3. 区分大小写

在区分大小写的编程语言中，大小写不同的变量名（如 book 和 Book）是不同的。Action Script 3.0 中标识符区分大小写，例如，下面两条动作语句是不同的。

```
cat.hilite = true;
CAT.hilite = true;
```

对于关键字、类名、变量名、方法名等，要严格区分大小写。如果关键字大小写出现错误，在编写程序时就会有错误信息提示。如果采用了彩色语法模式，那么正确的关键字将以深蓝色显示。

4. 注释

在“动作”面板中，使用注释语句可以在一个帧或者按钮的脚本中添加说明，以增强程序的可读性。注释语句以双斜线 // 开始，斜线显示为灰色，注释内容可以不考虑长度和语法，注释语句不会影响

Flash 动画输出时的文件量。例如以下语句。

```
public Function myDate( ){
  // 创建新的 Date 对象
var myDate:Date = new Date( );
currentMonth = myDate.getMMonth( );
  // 将月份数转换为月份名称
  monthName = calcMonth(currentMonth);
  year = myDate.getFullYear( );
  currentDate = myDate.getDate( );
}
```

5. 关键字

动作脚本中，某些单词具有特定用途，因此不能将它们用作变量、函数或标签的名称。如果在编写程序的过程中使用了关键字，动作编辑框中的关键字会以蓝色显示。为了避免冲突，在命名时可以展开动作工具箱中的 Index 域，检查是否使用了关键字。

6. 常量

常量中的值永远不会改变。所有的常量都可以在“动作”面板的工具箱和动作脚本字典中找到。

7.2.4 变量

变量是存储信息的容器。容器本身不会改变，但内容可以更改。当第一次定义变量时，最好为变量定义一个已知值，这就是初始化变量，通常在 SWF 文件的第 1 帧中完成。每一个影片剪辑实例都有自己的变量，而且不同的影片剪辑实例中的变量相互独立，互不影响。

变量中可以存储的常见信息类型包括 URL、用户名、数字运算的结果、事件发生的次数等。

为变量命名必须遵循以下规则。

（1）变量名在其作用范围内必须是唯一的。

（2）变量名不能是关键字或布尔值（true 或 false）。

（3）变量名必须以字母或下划线开始，由字母、数字、下划线组成，其间不能包含空格，变量名不区分大小写。

变量的作用范围是指变量在其中已知并且可以引用的区域，变量包含 3 种类型，具体如下。

（1）本地变量：在声明它们的函数体（由大括号决定）内可用。本地变量的使用范围只限于它所在的代码块，会在该代码块结束时到期，其余的本地变量会在脚本结束时到期。若要声明本地变量，可以在函数体内部使用 var 语句。

（2）时间轴变量：可用于“时间轴”面板中的任意脚本。要使用时间轴变量，应在“时间轴”面板的所有帧上都初始化这些变量。

（3）全局变量：对于文档中的每个时间轴和范围均可见。

不论是本地变量还是全局变量，都需要使用 var 语句声明。

7.2.5 函数

函数是对常量、变量等进行某种运算的方法，如产生随机数、进行数值运算、获取对象属性等。函数是一个动作脚本代码块，它可以在影片中的任何位置多次使用。如果将值作为参数传递给函数，函数将对这些值进行操作。函数也可以返回值。

可以用一行代码来代替一个可执行的代码块，以调用函数。函数可以执行多个动作，并为它们传递可选项。函数必须要有唯一的名称，以便在代码行中知道访问的是哪一个函数。

Flash CS6 具有内置的函数，可以访问特定的信息或执行特定的任务。例如，获得 Flash 播放器的版本号。属于对象的函数叫方法，不属于对象的函数叫顶级函数，可以在“动作”面板的“函数”类别中找到。

每个函数都具有自己的特性，而且某些函数需要传递特定的值。如果传递的参数多于函数所定义的参数，多余的值将被忽略。如果传递的参数少于函数所定义的参数，空的参数会被指定为 undefined 数据类型，在导出脚本时，这可能会导致出现错误。如果要调用函数，该函数必须在播放头到达的帧中。

动作脚本提供了自定义函数的方法，用户可以自行定义函数，并返回结果。在主时间轴上或影片剪辑时间轴的关键帧中添加函数时，就是在定义函数。所有的函数都有目标路径。所有的函数都需要在名称后跟一对括号，但括号中是否有参数是可选的。一旦定义了函数，就可以在任何一个时间轴中调用它，包括加载 SWF 文件的时间轴。

7.2.6 表达式和运算符

表达式是由常量、变量、函数和运算符按照运算法则组成的计算式。运算符是可以对数值、字符串、逻辑值进行运算的关系符号。运算符有很多种类，包括数值运算符、字符串运算符、比较运算符、逻辑运算符、位运算符和赋值运算符等。

1. 算术运算符及表达式

算术表达式是对数值进行运算的表达式。它由数值、以数值为结果的函数、算术运算符组成，运算结果是数值或逻辑值。

在 Flash CS6 中可以使用的算术运算符如下。

+、-、*、/　　执行加、减、乘、除运算。

=、< >　　判断两个数值是否相等或不相等。

< 、<= 、> 、> =　判断运算符前面的数值是否小于、小于等于、大于、大于等于后面的数值。

2. 字符串表达式

字符串表达式是对字符串进行运算的表达式。它由字符串、以字符串为结果的函数、字符串运算符组成，运算结果是字符串或逻辑值。

在 Flash CS6 中可以参与字符串表达式的运算符如下。

&　　连接运算符两边的字符串。

Eq 、Ne　　判断运算符两边的字符串是否相等或不相等。

Lt 、Le 、Gt 、Ge　判断运算符左边字符串的 ASCII 值是否小于、小于等于、大于、大于等于右边字符串的 ASCII 值。

3. 逻辑表达式

逻辑表达式是对结果进行判断的表达式。它由逻辑值、以逻辑值为结果的函数、以逻辑值为结果的算术表达式或字符串表达式和逻辑运算符组成，运算结果是逻辑值。

4. 位运算符

位运算符用于处理浮点数。运算时先将操作数转换为 32 位的二进制数，然后对每个操作数分别按位进行运算，运算完成后再将二进制数的结果转换为 Flash 的数值类型返回。

动作脚本的位运算符包括 &（位与）、/（位或）、^（位异或）、~（位非）、<<（左移位）、>>（右移位）、>>>（填 0 右移位）等。

5. 赋值运算符

赋值运算符的作用是为变量、数组元素或对象的属性赋值。

7.3 课堂练习——制作漫天飞雪动画

【练习知识要点】使用“椭圆”工具和“颜色”面板绘制雪花图形，使用“动作”面板添加动作脚本。

【素材所在位置】云盘 /Ch07/ 素材 / 制作漫天飞雪动画 /01。

【效果所在位置】云盘 /Ch07/ 效果 / 制作漫天飞雪动画，如图 7–54 所示。

微课

制作漫天飞雪动画

图 7–54

7.4 课后习题——制作飞舞的气泡动画

【习题知识要点】使用“椭圆”工具和“颜色”面板动画绘制透明气泡，使用“动作”面板添加动作脚本。

【素材所在位置】云盘 /Ch07/ 素材 / 制作飞舞的气泡动画 /01。

【效果所在位置】云盘 /Ch07/ 效果 / 制作飞舞的气泡动画，如图 7–55 所示。

微课

制作飞舞的气泡动画

图 7–55

08

第 8 章 交互式动画

本章介绍

Flash 动画具有交互性，通过对按钮的控制可以更改动画的播放形式。读者通过对本章的学习，可以了解如何制作交互式动画，从而实现人机交互。

学习目标

- 掌握播放和停止动画的方法。
- 掌握按钮事件的应用。
- 了解添加控制命令的方法。

第 8 章简介

技能目标

- 掌握美食页面的制作方法和技巧。
- 掌握鼠标指针跟随效果的制作方法和技巧。

素养目标

- 培养以人为本的设计理念。

8.1 播放和停止动画

Flash 动画交互就是指用户通过菜单、按钮、键盘和文字输入等方式，控制动画的播放。用户与计算机之间产生互动后，计算机可以对用户的指示作出相应的反应。交互式动画就是在播放时支持事件响应和交互功能的一种动画，动画的播放不是从头播到尾，而是由用户控制。

播放和停止动画：通过设置脚本语言控制动画的播放和停止。

8.1.1 课堂案例——制作祝福语动态海报

【案例学习目标】使用动作面板添加动作脚本。

【案例知识要点】使用“导入到库”命令导入素材，使用“创建补间形状”命令和“遮罩”命令制作文字动画效果，使用“动作”面板添加动作脚本，如图 8-1 所示。

【效果所在位置】云盘 /Ch08/ 效果 / 制作祝福语动态海报。

图 8-1

1. 导入素材并制作按钮元件

（1）选择“文件 > 新建”命令，弹出“新建文档”对话框，在“常规”选项卡中选择“ActionScript 3.0”选项，将“宽”选项设为 1125，“高”选项设为 2436，单击“确定”按钮，完成文档的创建。

（2）选择“文件 > 导入 > 导入到库”命令，在弹出的“导入到库”对话框中，选择云盘中的“Ch08 > 素材 > 制作祝福语动态海报 > 01 ~ 03”文件，单击“打开”按钮，文件被导入“库”面板，如图 8-2 所示。

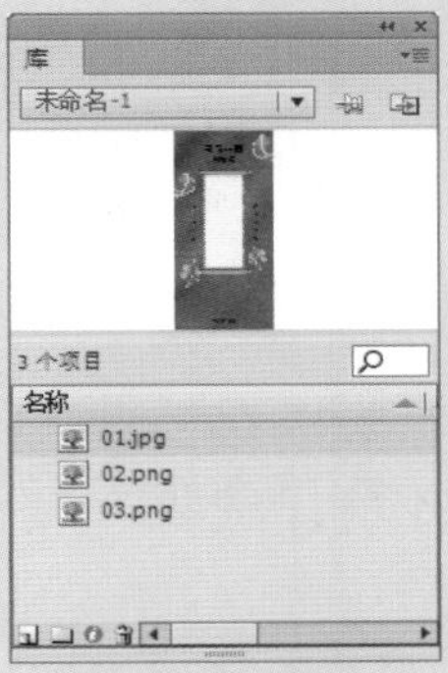

图 8-2

（3）按 Ctrl+F8 组合键，弹出“创建新元件”对话框，在“名称”文本框中输入“播放”，在“类型”下拉列表中选择“按钮”选项，如图 8-3 所示。单击“确定”按钮，新建按钮元件“播放”，如图 8-4 所示。舞台窗口也随之转换为该按钮元件的舞台窗口。

（4）将“库”面板中的位图“02”拖曳到舞台中，并放置在适当的位置，如图 8-5 所示。用相同的方法将位图“03”制作成按钮元件“停止”，如图 8-6 所示。

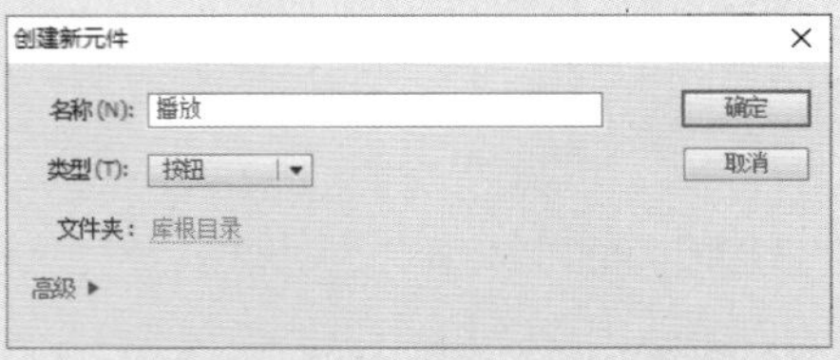

图 8-3

图 8-4

图 8-5

图 8-6

2. 制作场景动画

（1）单击舞台窗口左上方的“场景 1”图标，进入“场景 1”的舞台窗口。将“图层 1”重新命名为“底图”。将“库”面板中的位图“01”拖曳到舞台的中心位置，如图 8-7 所示。选中“底图”图层的第 160 帧，按 F5 键，插入普通帧。

（2）在“时间轴”面板中创建新图层并将其命名为“文字 1”。选择“文本”工具，在文本工具“属性”面板中，将“系列”选项设为“方正正粗黑简体”，“大小”选项设为 85，“颜色”选项设为黑色，“字母间距”选项设为 4，“行距”选项设为 38，在舞台窗口中输入需要的文字，如图 8-8 所示。

（3）在“属性”面板中，单击“改变文本方向”按钮，在弹出的下拉列表中选择“垂直”选项，在“呈现”下拉列表中选择“位图文本 [无消除锯齿]”选项，在舞台中将文字拖曳到适当的位置，效果如图 8-9 所示。

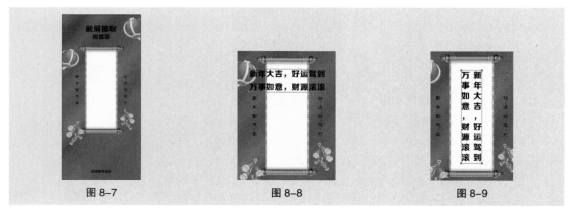

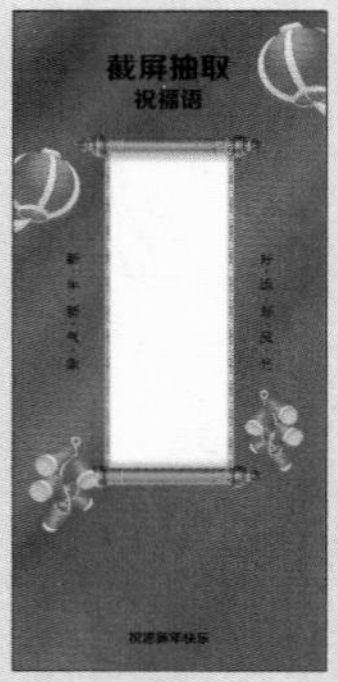

图 8-7

图 8-8

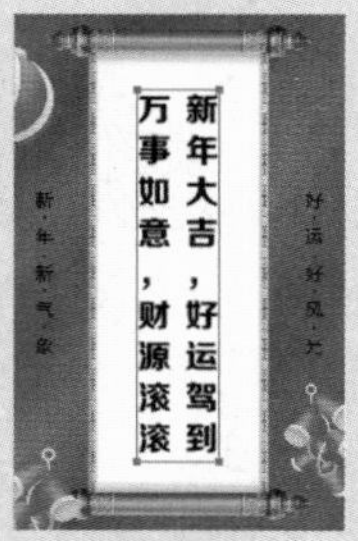

图 8-9

（4）在“时间轴”面板中创建新图层并将其命名为“遮罩 1”。选择“矩形”工具，在工具箱中将“笔触颜色”设为无，“填充颜色”设为黄色（#FFCC00），在舞台中绘制一个矩形，如图 8-10 所示。

（5）选中“遮罩 1”图层的第 25 帧，按 F6 键，插入关键帧。选择“任意变形”工具，选中舞台中的矩形，在矩形的周围将出现控制框，如图 8-11 所示。选中矩形下侧中间的控制点，按住 Alt 键的同时，将其向下拖曳到适当的位置，调整矩形的高度，效果如图 8-12 所示。

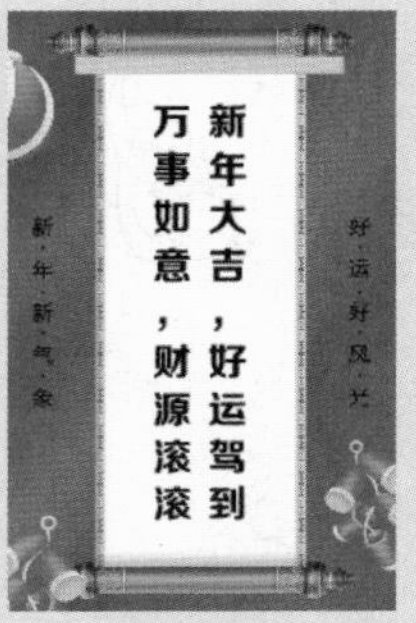

图 8-10

图 8-11

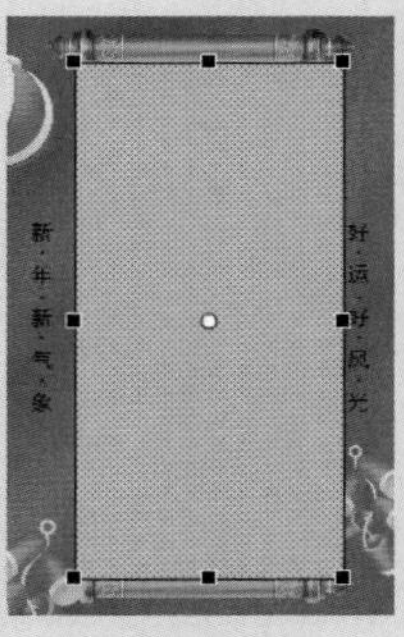

图 8-12

（6）用鼠标右键单击“遮罩 1”图层的第 1 帧，在弹出的快捷菜单中选择“创建补间形状”命令，生成形状补间动画，如图 8-13 所示。在“遮罩 1”图层上单击鼠标右键，在弹出的快捷菜单中选择“遮罩层”命令，将“遮罩 1”图层设置为遮罩层，“文字 1”图层为被遮罩层，如图 8-14 所示。选中“文字 1”图层的第 40 帧，按 F7 键，插入空白关键帧。

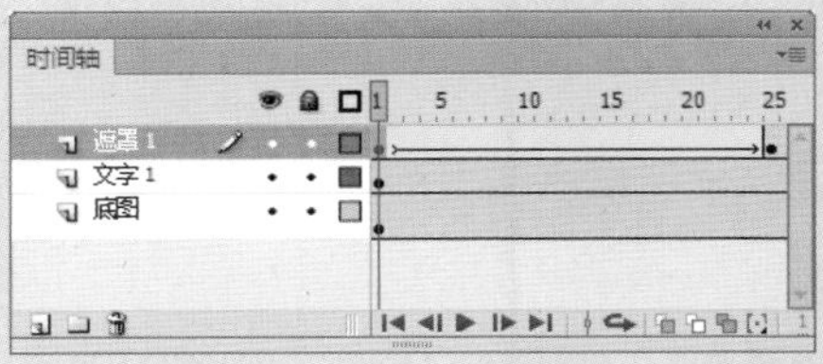

图 8-13

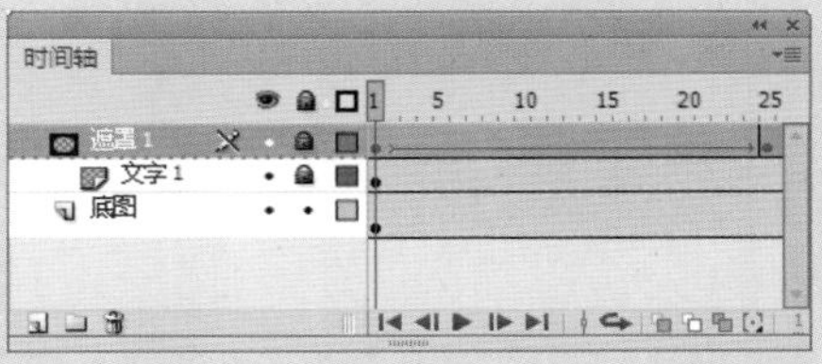

图 8-14

（7）用上述的方法制作其他文字动画，效果如图 8-15 所示。

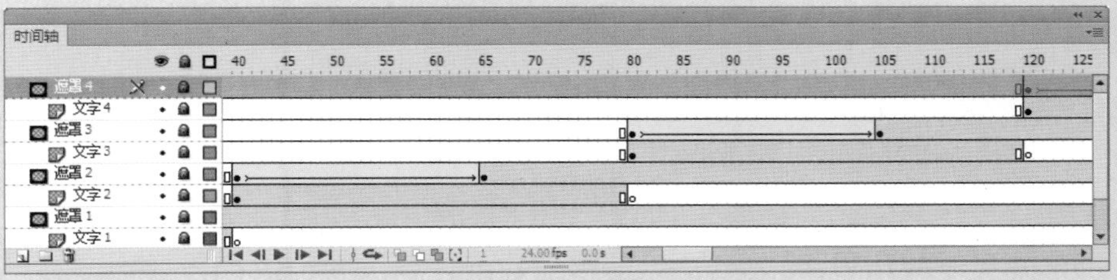

图 8-15

（8）在“时间轴”面板中创建新图层并将其命名为“按钮”。将“库”面板中的按钮元件“播放”拖曳到舞台中，并放置在适当的位置，如图 8-16 所示。在按钮“属性”面板的“实例名称”文本框中输入“start_Btn”，如图 8-17 所示。

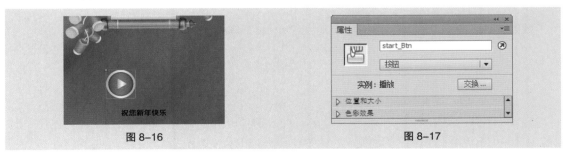

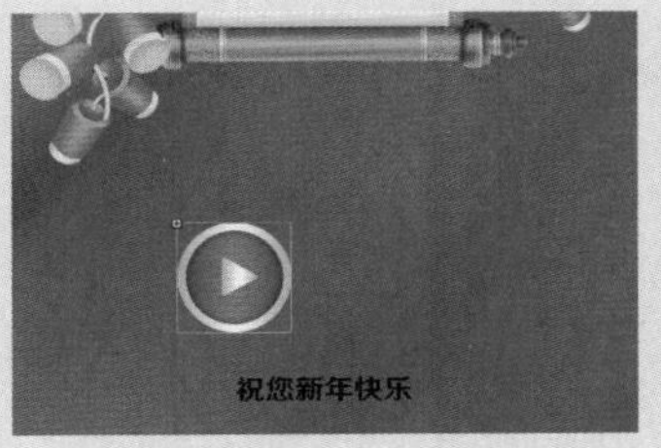

图 8-16

图 8-17

（9）将“库”面板中的按钮元件“停止”拖曳到舞台中，并放置在适当的位置，如图 8-18 所示。在按钮“属性”面板的“实例名称”文本框中输入“stop_Btn”，如图 8-19 所示。

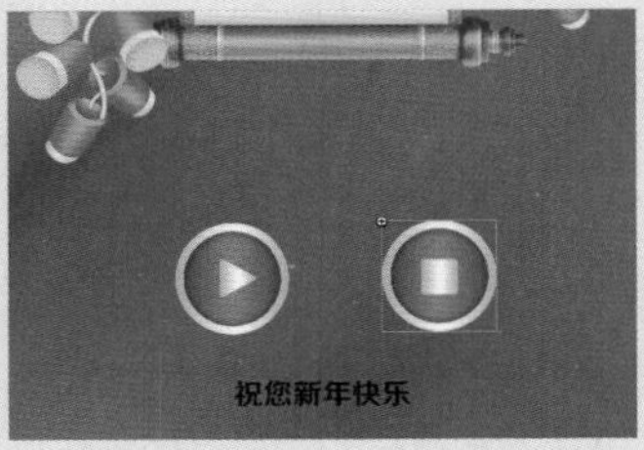

图 8-18

图 8-19

（10）在“时间轴”面板中创建新图层并将其命名为“动作脚本”。选中“动作脚本”图层的第 1 帧，选择“窗口 > 动作”命令，弹出“动作”面板（其快捷键为 F9）。在“动作”面板中设置脚本语言，脚本窗口中的效果如图 8-20 所示。

（11）选中“动作脚本”图层的第 160 帧，按 F6 键，插入关键帧。在“动作”面板中设置脚本语言，脚本窗口中的效果如图 8-21 所示。祝福语动态海报制作完成，按 Ctrl+Enter 组合键即可查看效果。

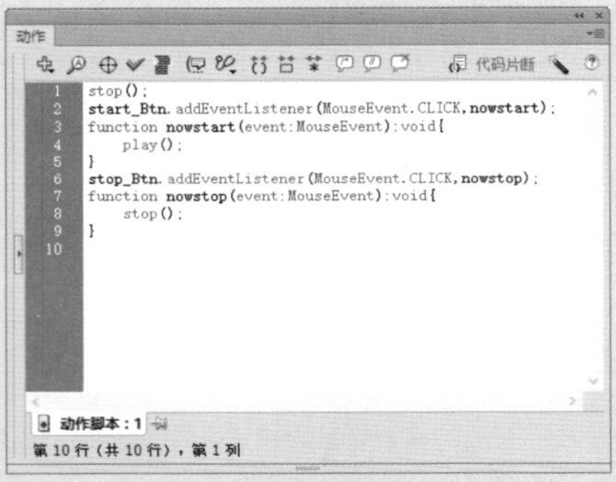

图 8-20

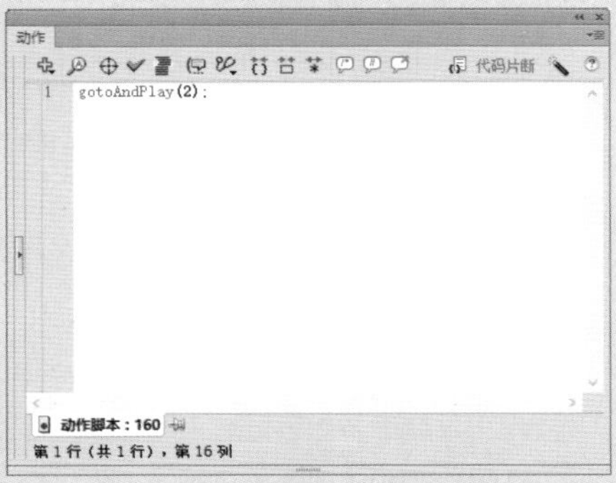

图 8-21

8.1.2 播放和停止动画

控制动画的播放和停止所使用的动作脚本如下。

（1）on：事件处理函数，指定触发动作的鼠标事件或按键事件。

示例如下。

```
on (press) {
}
```

此处的“press”代表发生的事件，可以将“press”替换为任意一种对象事件。

（2）play：用于使动画从当前帧开始播放。

示例如下。

```
on (press) {
play();
}
```

（3）stop：用于停止当前正在播放的动画，并使播放头停留在当前帧。

示例如下。

```
on (press) {
stop();
}
```

（4）addEventListener(): 用于添加事件。

示例如下。

```
所要接收事件的对象 .addEventListener(事件类型，件名称，事件响应函数的名称)；
{
// 此处是为响应事件所要执行的动作
}
```

选择“文件 > 打开”命令，在弹出的“打开”对话框中，选择“基础素材 > Ch08 > 01”文件，单击“打开”按钮打开文件，如图 8-22 所示。选中“底图”图层的第 40 帧，按 F5 键，插入普通帧。用相同的方法在“装饰”图层的第 40 帧插入普通帧，如图 8-23 所示。

图 8-22

图 8-23

在“时间轴”面板中创建新图层并将其命名为“风筝”，如图 8-24 所示。将“库”面板中的图形元件“风筝”拖曳到窗口中，并放置在适当的位置，如图 8-25 所示。选择“任意变形”工具，在“风筝”实例的周围将出现 8 个控制点，将中心点移动到图 8-26 所示的位置。

图 8-24

图 8-25

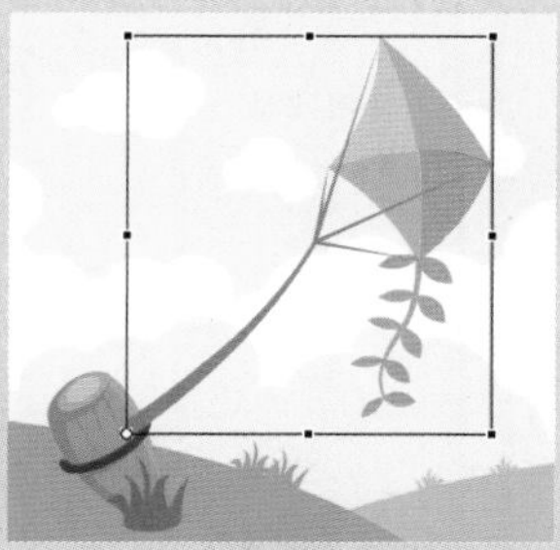

图 8-26

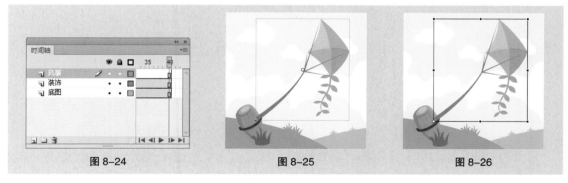

选中“风筝”图层的第 20 帧，按 F6 键，插入关键帧。在舞台中将“风筝”实例旋转适当的角度，效果如图 8-27 所示。选中“风筝”图层的第 40 帧，按 F6 键，插入关键帧。在舞台中将“风筝”实例旋转适当的角度，效果如图 8-28 所示。

分别用鼠标右键单击“风筝”图层的第 1 帧、第 20 帧，在弹出的快捷菜单中选择“创建传统补间”命令，生成传统补间动画，如图 8-29 所示。

图 8-27

图 8-28

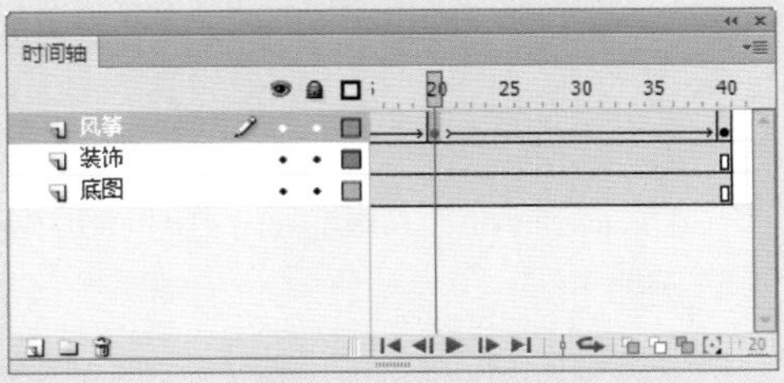

图 8-29

在“时间轴”面板中创建新图层并将其命名为“按钮”，如图 8-30 所示。将“库”面板中的按钮元件“播放”和“停止”拖曳到舞台中，效果如图 8-31 所示。

图 8-30

图 8-31

选择“选择”工具，在舞台中选中“播放”按钮实例，在“属性”面板中，将“实例名称”设为 start_Btn，如图 8-32 所示。用相同的方法将“停止”按钮实例的“实例名称”设为 stop_Btn，如图 8-33 所示。

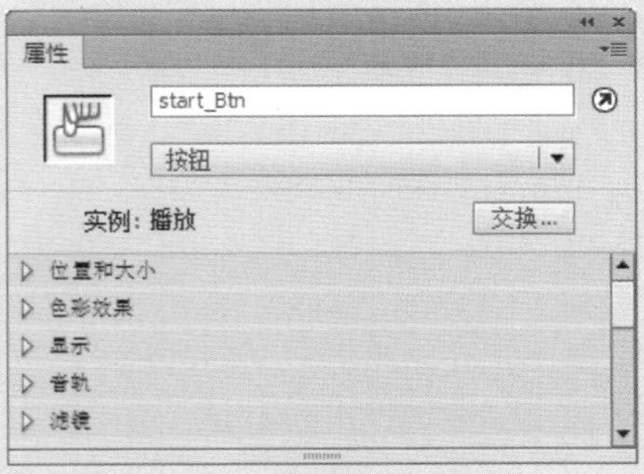

图 8-32

图 8-33

在“时间轴”面板中创建新图层并将其命名为“动作脚本”。选择“窗口 > 动作”命令，弹出“动作”面板，在“动作”面板中设置脚本语言，脚本窗口中的效果如图 8-34 所示。设置完动作脚本后，关闭“动作”面板。在“动作脚本”图层中的第 1 帧处显示了一个标记“a”，如图 8-35 所示。

在“时间轴”面板中将“风筝”图层拖曳到“装饰”图层的下方，如图 8-36 所示。按 Ctrl+Enter 组合键，查看动画效果。当单击“停止”按钮时，动画停止在当前播放的帧处，效果如图 8-37 所示。单击“播放”按钮后，动画将继续播放。

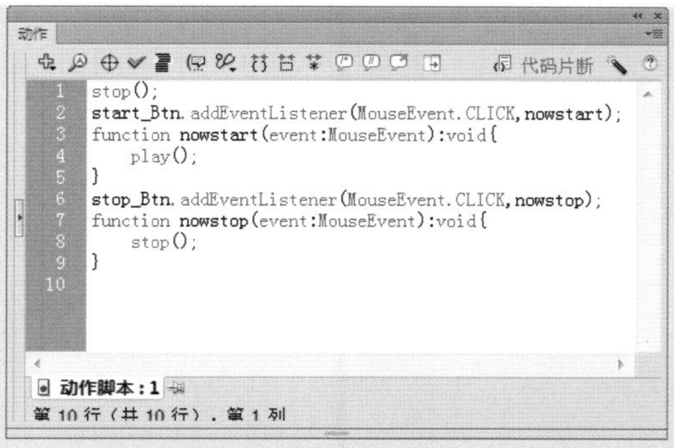

图 8-34

图 8-35

图 8-36

图 8-37

8.1.3 按钮事件

选择“文件 > 打开”命令，在弹出的“打开”对话框中，选择“基础素材 > Ch08 > 02”文件，单击“打开”按钮打开文件，如图 8-38 所示。按 Ctrl+L 组合键，弹出“库”面板，用鼠标右键单击按钮元件“按钮”，在弹出的快捷菜单中选择“属性”命令，弹出“元件属性”对话框，勾选“为 ActionScript 导出”复选框，在“类”文本框中输入类名称“playbutton”，如图 8-39 所示，单击“确定”按钮。

图 8-38

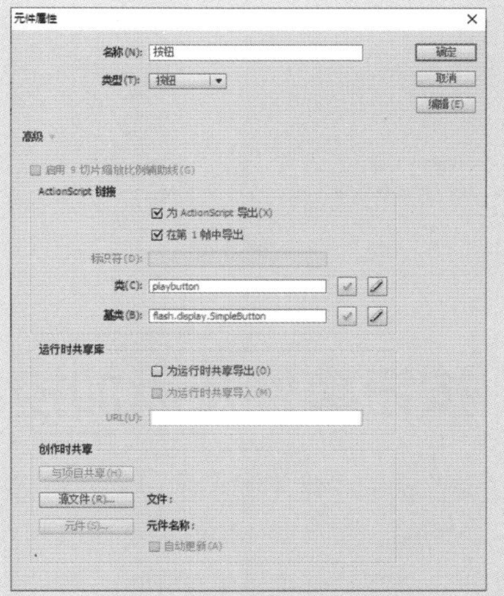

图 8-39

在“时间轴”面板中创建新图层并将其命名为“动作脚本”。选择“窗口 > 动作”命令，弹出“动作”面板。在脚本窗口中输入脚本语言，“动作”面板中的效果如图 8-40 所示。按 Ctrl+Enter 组合键即可查看效果，如图 8-41 所示。

```
stop();
//处于静止状态
var playBtn:playbutton = new playbutton();
//创建一个按钮实例
    playBtn.addEventListener( MouseEvent.CLICK, handleClick );
//为按钮实例添加监听器
var stageW=stage.stageWidth;
var stageH=stage.stageHeight;
//依据舞台的宽和高
playBtn.x=stageW/1.2;
playBtn.y=stageH/1.2;
this.addChild(playBtn);
//添加按钮到舞台中，并将其放置在舞台的左下角（"stageW/1.2""stageH/1.2"为宽和高在x轴和y轴的坐标）
function handleClick( event:MouseEvent ) {
        gotoAndPlay(2);
}
//单击按钮时跳到下一帧并开始播放动画
```

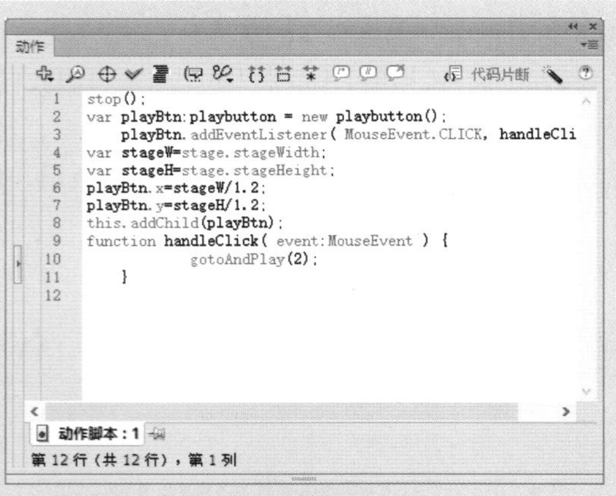

图 8-40

图 8-41

8.2 按钮事件及添加控制命令

按钮是交互动画中常用的控制方式，利用按钮可以控制动画的播放，还可以实现页面的链接、场景的跳转等功能。通过添加控制命令可以制作出鼠标跟随的动画效果。

交互按钮：交互动画中经常使用的一种控制方式。

添加控制命令，使用脚本语言添加控制命令，制作鼠标跟随效果。

8.2.1 课堂案例——制作鼠标指针跟随效果

【案例学习目标】使用绘图工具、文本工具和动作面板制作动画效果。

【案例知识要点】使用“椭圆”工具、“渐变变形”工具、“变形”面板和“颜色”面板绘制星星图形，使用“动作”面板添加动作脚本，如图 8-42 所示。

【效果所在位置】云盘 /Ch08/ 效果 / 制作鼠标指针跟随效果。

微课

制作鼠标指针跟随效果

图 8-42

1. 绘制星星

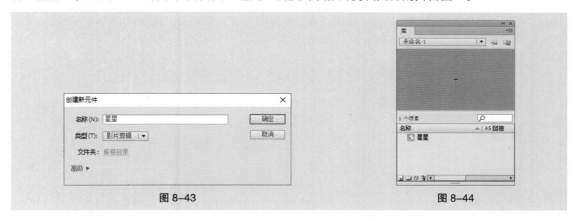

（1）选择“文件 > 新建”命令，弹出“新建文档”对话框，在“常规”选项卡中选择“ActionScript 3.0”选项，将“宽”选项设为 800，“高”选项设为 565，“背景颜色”选项设为粉色（#FF33CC），单击“确定”按钮，完成文档的创建。

（2）按 Ctrl+F8 组合键，弹出“创建新元件”对话框，在“名称”文本框中输入“星星”，在“类型”下拉列表中选择“影片剪辑”选项，如图 8-43 所示。单击“确定”按钮，新建影片剪辑元件“星星”，如图 8-44 所示。舞台窗口也随之转换为该影片剪辑元件的舞台窗口。

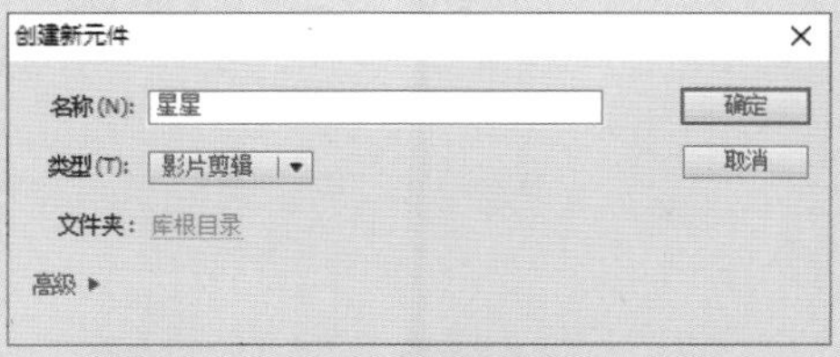

图 8-43

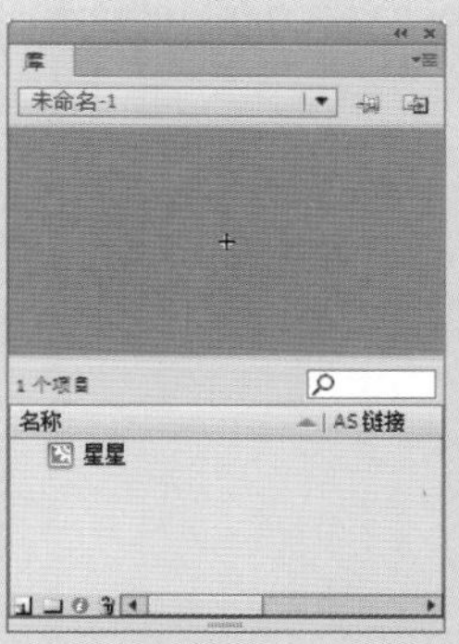

图 8-44

（3）将“图层 1”重命名为“星星”。选择“椭圆”工具，在工具箱中将“笔触颜色”设为无，“填充颜色”设为白色，在舞台中绘制 1 个椭圆形，如图 8-45 所示。选择“选择”工具，选中白色椭圆形，如图 8-46 所示。

（4）选择“窗口 > 颜色”命令，弹出“颜色”面板，选择“填充颜色”选项，在“类型”下拉列表中选择“径向渐变”选项，在色带上设置 3 个控制点，选中色带左侧的控制点，将其设为白色，并将“Alpha”选项设为 20%；选中色带中间的控制点，将其设为白色；选中色带右侧的控制点，也将其设为白色，并将“Alpha”选项设为 0%，如图 8-47 所示，效果如图 8-48 所示。

图 8-45

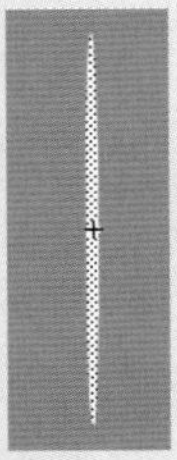

图 8-46

图 8-47

图 8-48

（5）选择“渐变变形”工具，单击渐变图形，其上出现 4 个控制点和 1 个圆形外框，如图 8-49 所示。将鼠标指针放置在图 8-50 所示的位置，向左拖曳到适当的位置，调整渐变的过渡效果，如图 8-51 所示。

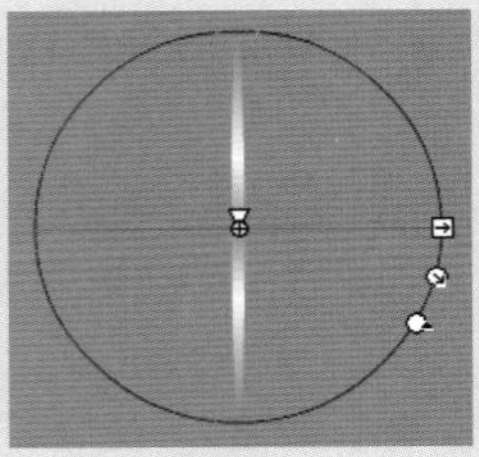

图 8-49

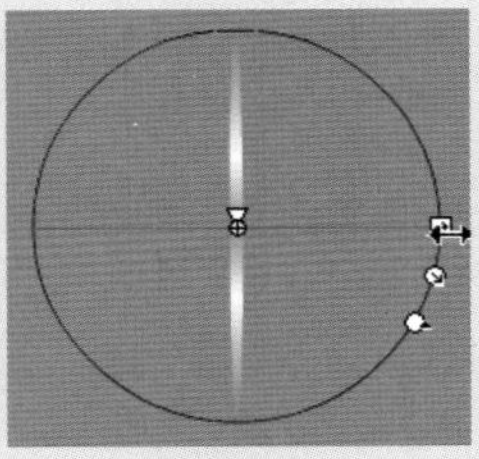

图 8-50

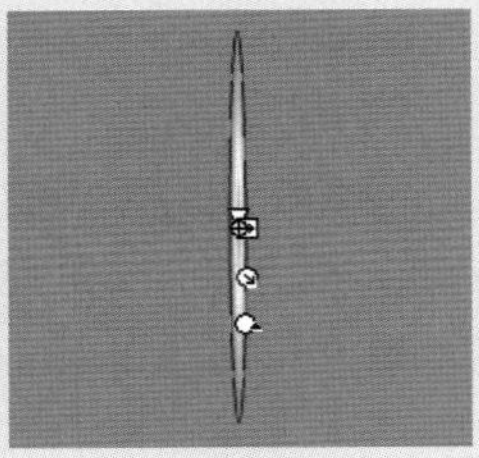

图 8-51

（6）在“时间轴”面板中单击“星星”图层，将该层中的对象全部选中，如图 8-52 所示。按 Ctrl+T 组合键，弹出“变形”面板，单击“重制选区和变形”按钮，复制图形，将“旋转”选项设为 90°，如图 8-53 所示，效果如图 8-54 所示。

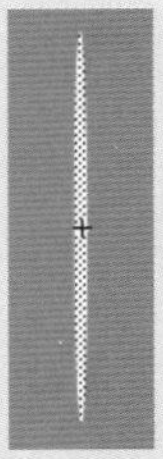

图 8-52

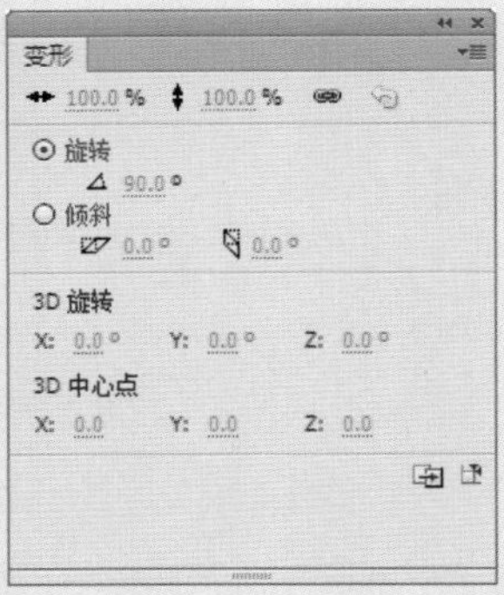

图 8-53

图 8-54

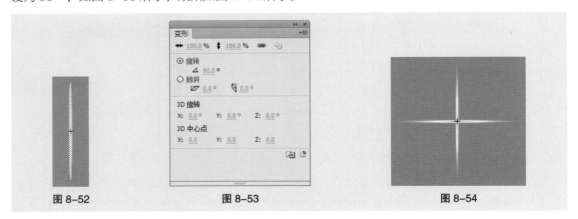

（7）在“时间轴”面板中单击“星星”图层，将该层中的对象全部选中，如图 8-55 所示。单击“变形”面板下方的“重制选区和变形”按钮，复制图形，将“缩放宽度”选项和“缩放高度”选项均设为 70，将“旋转”选项设为 45°，如图 8-56 所示，效果如图 8-57 所示。

图 8-55

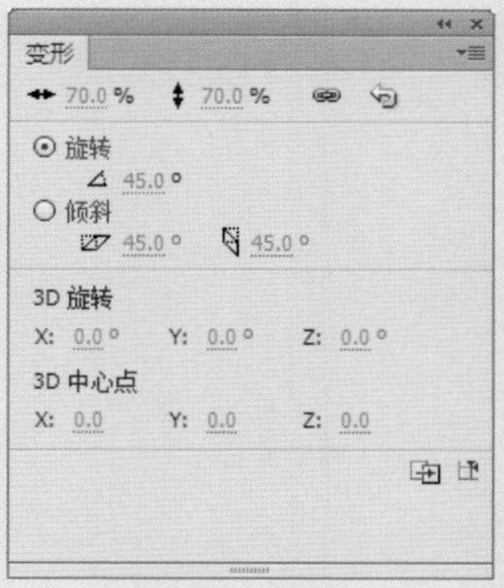

图 8-56

图 8-57

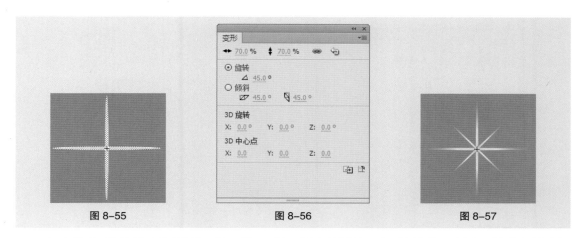

（8）选中“星星”图层的第 2 帧，按 F6 键，插入关键帧。在“颜色”面板中，选中色带中间的控制点，将其设为黄色（#E9FF1A），如图 8-58 所示，效果如图 8-59 所示。

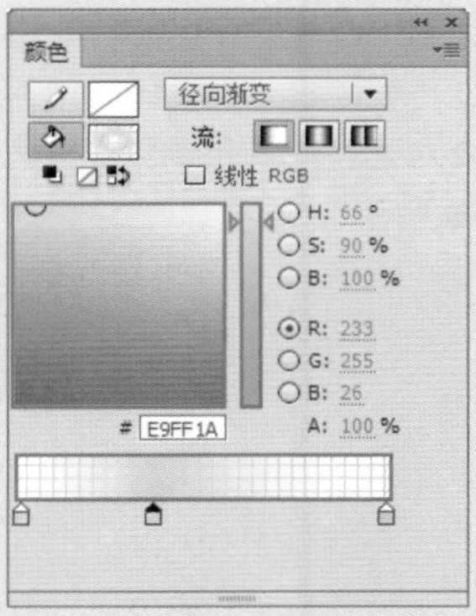

图 8-58

图 8-59

（9）选中“星星”图层的第 3 帧，按 F6 键，插入关键帧。在“颜色”面板中，选中色带中间的控制点，将其设为绿色（#1DEB1D），如图 8-60 所示，效果如图 8-61 所示。

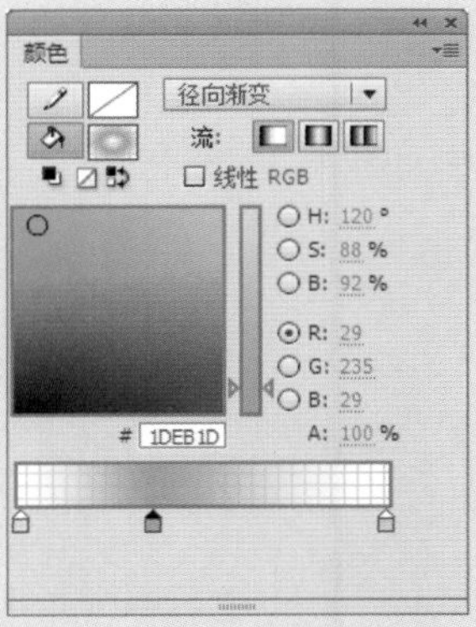

图 8-60

图 8-61

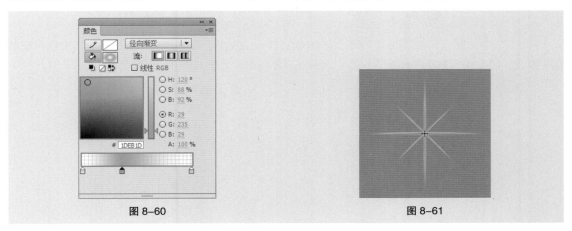

（10）选中“星星”图层的第 4 帧，按 F6 键，插入关键帧。在“颜色”面板中，选中色带中间的控制点，将其设为红色（#FF1111），如图 8-62 所示，效果如图 8-63 所示。

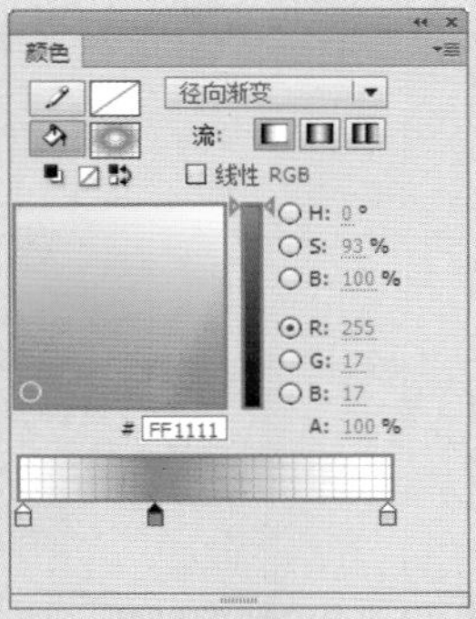

图 8-62

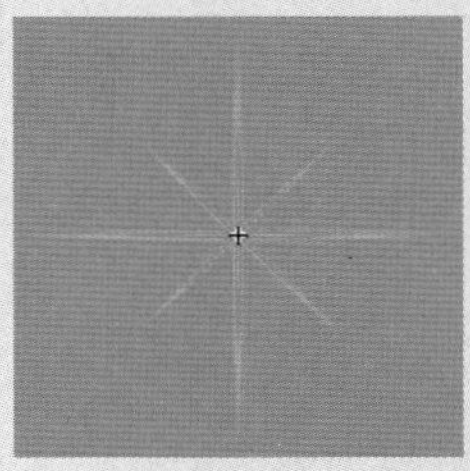

图 8-63

2. 绘制圆形

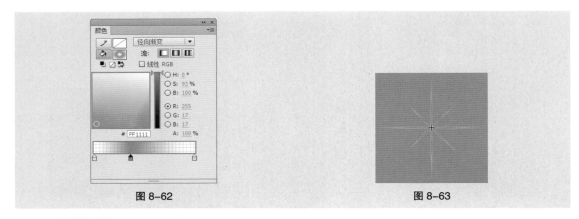

（1）在“时间轴”面板中创建新图层并将其命名为“圆点”。选择“窗口 > 颜色”命令，弹出“颜色”面板，选择“填充颜色”选项，在“颜色类型”下拉列表中选择“径向渐变”选项，将色带左边的控制点设为白色，将右边的控制点也设为白色，并将“Alpha”选项设为 0%，如图 8-64 所示。

（2）选择“椭圆”工具，在工具箱中将“笔触颜色”设为无，“填充颜色”设为刚设置的渐变色，按住 Shift 键的同时，在舞台中绘制 1 个圆形，如图 8-65 所示。

图 8-64

图 8-65

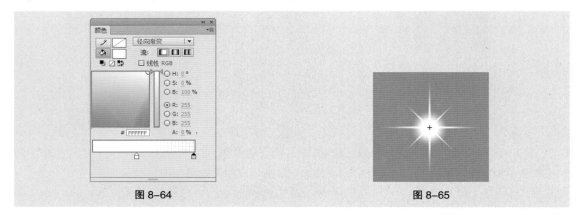

（3）选中“圆点”图层的第 2 帧，按 F6 键，插入关键帧。在“颜色”面板中，选中色带左侧的控制点，将其设为黄色（#E9FF1A），如图 8-66 所示，效果如图 8-67 所示。

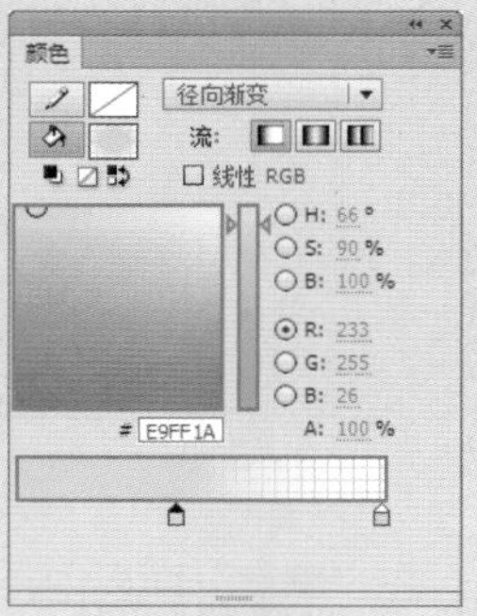

图 8-66

图 8-67

（4）选中“圆点”图层的第 3 帧，按 F6 键，插入关键帧。在“颜色”面板中，选中色带左侧的控制点，将其设为绿色（#1DEB1D），如图 8-68 所示，效果如图 8-69 所示。

图 8-68

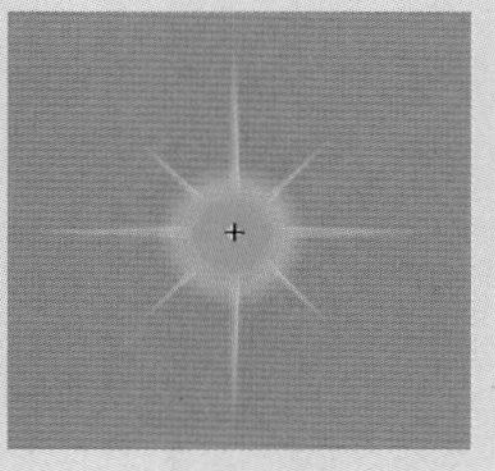

图 8-69

（5）选中“圆点”图层的第 4 帧，按 F6 键，插入关键帧。在“颜色”面板中，选中色带左侧的控制点，将其设为红色（#FF1111），如图 8-70 所示，效果如图 8-71 所示。

图 8-70

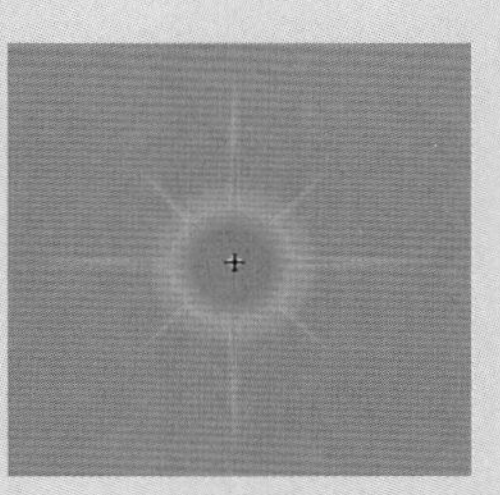

图 8-71

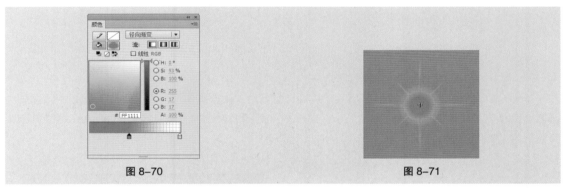

（6）在“时间轴”面板中创建新图层并将其命名为“动作脚本”。选中“动作脚本”图层的第 1 帧，选择“窗口 > 动作”命令，弹出“动作”面板。在“动作”面板中设置脚本语言，脚本窗口中的效果如图 8-72 所示。

图 8-72

（7）单击舞台窗口左上方的“场景 1”图标 场景 1，进入“场景 1”的舞台窗口。将“图层 1”重新命名为“底图”，如图 8-73 所示。按 Ctrl+R 组合键，弹出“导入”对话框，在对话框中选择“Ch08 > 素材 > 制作鼠标指针跟随效果 > 01”文件，单击“打开”按钮，将文件导入舞台，并将其拖曳到舞台中心的位置，效果如图 8-74 所示。

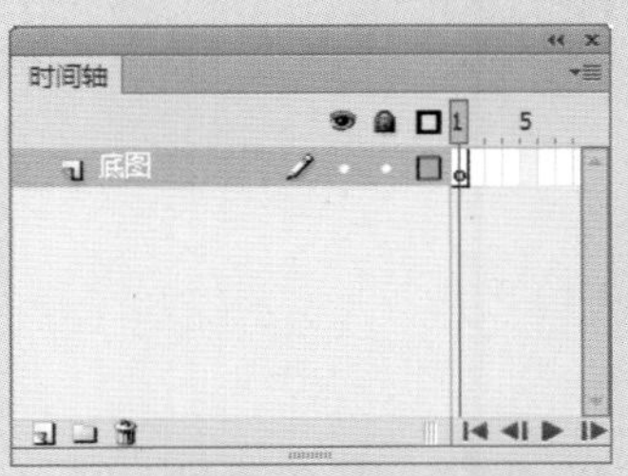

图 8-73

图 8-74

（8）在“库”面板中，用鼠标右键单击影片剪辑元件“星星”，在弹出的快捷菜单中选择“属性”命令，弹出“元件属性”对话框，勾选“为 ActionScript 导出”复选框，在“类”文本框中输入类名称“star”，如图 8-75 所示，单击“确定”按钮，“库”面板中的效果如图 8-76 所示。

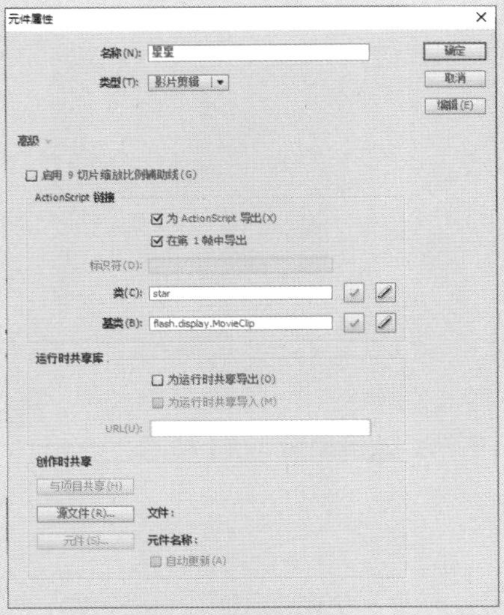

图 8-75

图 8-76

（9）在“时间轴”面板中创建新图层并将其命名为“动作脚本”。在“动作”面板中设置脚本语言，脚本窗口中的效果如图 8-77 所示。鼠标指针跟随效果制作完成，按 Ctrl+Enter 组合键即可查看效果，如图 8-78 所示。

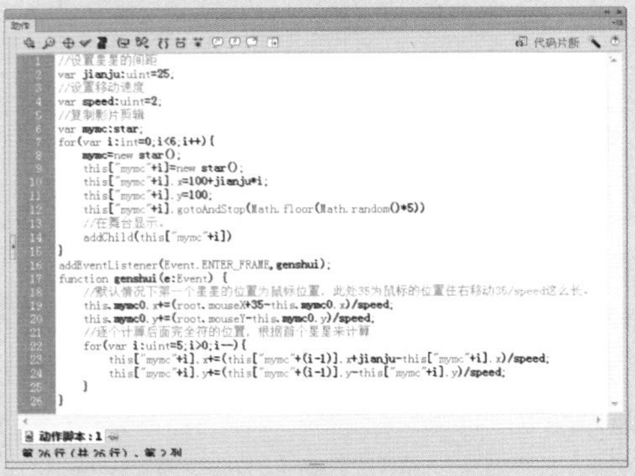

图 8-77

图 8-78

8.2.2　添加控制命令

控制鼠标跟随效果所使用的脚本如下。

```
root.addEventListener(Event.ENTER_FRAME,元件实例);
function 元件实例(e:Event) {
var h:元件 = new 元件();
//添加一个元件实例
```

```
h.x=root.mouseX;
h.y=root.mouseY;
// 设置元件实例在 x 轴和 y 轴的坐标
root.addChild(h);
// 将元件实例放入场景
}
```

选择“文件 > 打开”命令，在弹出的“打开”对话框中，选择云盘中的“基础素材 > Ch08 > 03”文件，单击“打开”按钮打开文件，效果如图 8-79 所示。调出“库”面板，如图 8-80 所示。

图 8-79

图 8-80

用鼠标右键单击“库”面板中的影片剪辑元件“图形动”，在弹出的快捷菜单中选择“属性”命令，弹出“元件属性”对话框，勾选“为 ActionScript 导出”复选框，在“类”文本框中输入类名称“Box”，如图 8-81 所示，单击“确定”按钮。

在“时间轴”面板中创建新图层并将其命名为“动作脚本”。选择“窗口 > 动作”命令，弹出“动作”面板。在“脚本窗口”中输入脚本语言，“动作”面板中的效果如图 8-82 所示。

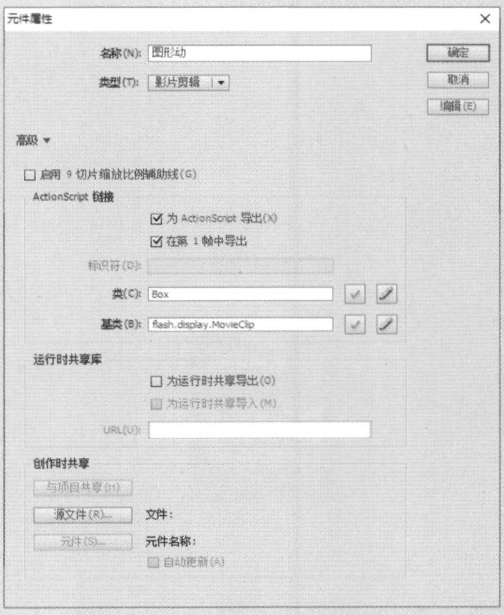

图 8-81

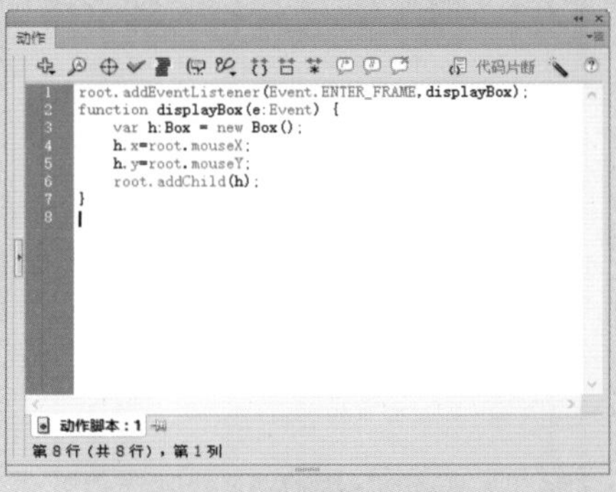

图 8-82

选择“文件 > ActionScript 设置”命令，弹出“高级 ActionScript 3.0 设置”对话框，在对话框中取消勾选“严谨模式”复选框，如图 8-83 所示，单击“确定”按钮。鼠标跟随效果制作完成，按 Ctrl+Enter 组合键即可查看效果，如图 8-84 所示。

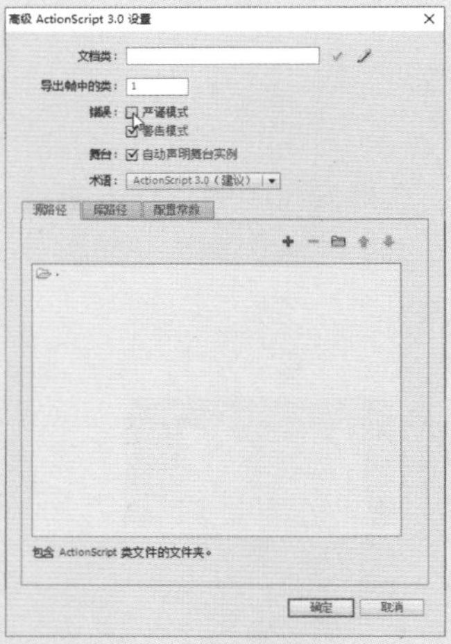

图 8-83

图 8-84

8.3 课堂练习——制作端午海报

【练习知识要点】使用“导入到库”命令导入素材，使用“创建传统补间”命令制作传统补间动画，使用“动作”面板添加脚本语言。

【素材所在位置】云盘 /Ch11/ 素材 / 制作端午海报 /01 ~ 03。

【效果所在位置】云盘 /Ch11/ 效果 / 制作端午海报，如图 8-85 所示。

图 8-85

微课
制作端午海报

8.4 课后习题——制作动态图标

【习题知识要点】使用“椭圆”工具制作圆形装饰图形，使用“文本”工具输入文本，使用“创建元件”命令制作按钮元件。

【素材所在位置】云盘 /Ch11/ 素材 / 制作动态图标 /01 ～ 09。

【效果所在位置】云盘 /Ch11/ 效果 / 制作动态图标，如图 8-86 所示。

图 8-86

微课

制作动态图标

09

第 9 章

商业案例

本章介绍

本章的综合案例都是根据真实的商业设计项目设计的。通过对这些项目进行演练，读者可以进一步掌握 Flash CS6 的使用技巧，制作出专业的设计作品。

学习目标

第 9 章简介

- 掌握使用“传统补间”命令制作传统补间动画的方法。
- 掌握使用“文本”工具和变形工具制作文字变形效果的方法。
- 掌握图形、按钮、影片剪辑元件的创建方法与应用方法。
- 掌握遮罩动画的创建方法及应用技巧。
- 掌握运用“动作”面板添加动作脚本的方法。

技能目标

- 掌握元宵节贺卡的制作方法。
- 掌握游记相册的制作方法。
- 掌握女包广告的制作方法。
- 掌握节日类动态海报的制作方法。
- 掌握家居装修 MG 动画片头的制作方法。

素养目标

- 培养商业设计思维。
- 培养学以致用的能力。

9.1 贺卡设计——制作元宵节贺卡

9.1.1 项目背景

1. 客户名称

尚佳科技有限公司。

2. 客户需求

尚佳科技有限公司在元宵节来临之际，为与合作伙伴互致问候，现需制作电子贺卡，要求贺卡风格亲切，具有元宵节特色元素，能够充分表达公司的节日问候与祝福。

9.1.2 设计要求

（1）贺卡要求运用插画的形式进行设计。

（2）使用具有元宵节特色的元素与文字装饰画面，使人感受到浓厚的节日气息。

（3）整体使用暖色调，表达温暖的祝福。

（4）设计规格均为 2598 px（宽）×1240 px（高）。

9.1.3 项目设计

本案例设计流程如图 9-1 所示。

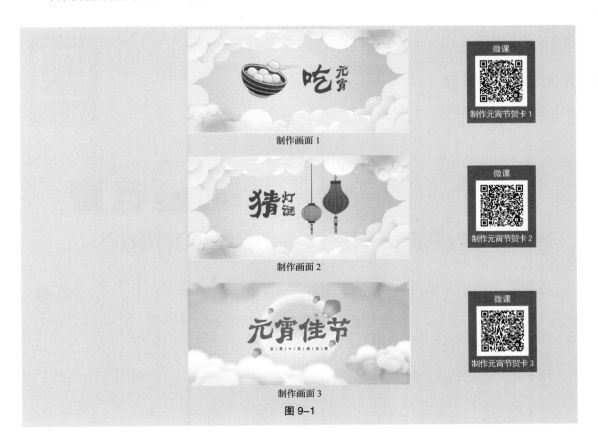

制作画面 1

微课
制作元宵节贺卡 1

制作画面 2

微课
制作元宵节贺卡 2

制作画面 3

微课
制作元宵节贺卡 3

图 9-1

9.1.4 项目要点

使用“导入到库”命令和“新建元件”命令导入素材并制作图形元件，使用“创建传统补间”命令制作传统补间动画，使用“属性”面板设置元件的不透明度及旋转角度，使用“场景”面板制作场景动画。

9.2 电子相册——制作江南游记相册

9.2.1 项目背景

1. 客户名称

麦芽摄影工作室。

2. 客户需求

麦芽摄影工作室是一个专业的摄影工作团队，该工作室致力于捕捉顾客的幸福时刻，并提供精致的电子相册。目前工作室需要制作一款新的旅游相册模板，要求相册风格雅致、清新，以江南游记为主题，既能够体现出江南水乡的特色又能够表现出工作室作品的高品质。

9.2.2 设计要求

（1）相册以秀美的江南风景图片为背景，画面简约、典雅。

（2）以相片展示挂绳的方式展示工作室作品，别出心裁。

（3）整体设计要体现出旅行所带来的轻松愉悦感。

（4）设计规格均为 800 px（宽）×600 px（高）。

微课

制作江南游记相册

9.2.3 项目设计

本案例设计流程如图 9-2 所示。

制作底图　　摆放按钮位置

图 9-2

图 9-2（续）

9.2.4 项目要点

使用“导入到库”命令和“新建元件”命令导入素材并制作按钮元件和图形元件，使用“创建传统补间”命令制作补间动画，使用“动作”面板设置动作脚本，使用“粘贴到当前位置”命令复制按钮图形。

9.3 广告设计——制作女包广告

9.3.1 项目背景

1. 客户名称

NEW LOOK。

2. 客户需求

NEW LOOK 是一家生产各类皮制商品的公司，该公司多年来一直坚持为顾客提供优质的产品。现公司推出新款女士皮包，需要制作一个网店首页海报，要求风格清新，能起到宣传新产品的作用。

9.3.2 设计要求

（1）将自然元素与新产品图片巧妙结合，营造活力感。

（2）文本内容简约，不喧宾夺主。

（3）色彩搭配自然、协调，明亮清新。

（4）设计规格均为 800 px（宽）×250 px（高）。

微课
制作女包广告

9.3.3 项目设计

本案例设计流程如图 9-3 所示。

制作底图动画

制作文字动画

最终效果

图 9-3

9.3.4 项目要点

使用“导入”命令导入素材并制作图形元件，使用“创建传统补间”命令制作补间动画，使用“属性”面板设置实例的不透明度与旋转角度，使用“变形”面板改变实例的大小及角度，使用“文本”工具输入文本内容。

9.4 海报设计——制作节日类动态海报

9.4.1 项目背景

1. 客户名称

创维有限公司。

2. 客户需求

创维有限公司是一家电商用品零售企业，销售平整式包装的家具、配件、浴室用品和厨房用品等。春节即将来临，该公司需要制作一款动态海报，以便与客户及合作伙伴联络感情。要求海报具有温馨的祝福语及春节特色元素，能够表达公司的问候与祝福。

9.4.2 设计要求

（1）海报要求运用传统民俗元素，贴合传统节日主题。

（2）使用具有春节特色的祝福文字点缀画面，表达情谊。

（3）整体运用红色调，烘托喜庆氛围。

（4）设计规格均为 1242 px（宽）×2208 px（高）。

微课

制作节日类动态海报

9.4.3 项目设计

本案例设计流程如图 9-4 所示。

制作底图动画　　制作敲鼓动画　　最终效果

图 9-4

9.4.4 项目要点

使用“导入到库”命令导入素材文件，使用“转换为元件”命令将图像转换为图形元件，使用“变形”面板、“属性”面板和“创建传统补间”命令制作敲鼓动画。

9.5 节目片头——制作家居装修 MG 动画片头

9.5.1 项目背景

1. 客户名称

安心家居装修公司。

2. 客户需求

安心是一家致力于提供高质量家居装修和设计服务的家居装修公司。该公司致力于通过精致的工艺，为每一位顾客打造梦想之家。现需要为公司制作装修 MG 动画片头，用于线上传播，要求起到宣传公司理念与特色的作用。

9.5.2 设计要求

（1）画面以家居装修元素为主，突出主题。
（2）整体色彩干净清爽，令人愉悦。
（3）文字精练，风格大气。
（4）设计规格均为 1000 px（宽）×1500 px（高）。

微课
制作家居装修
MG 动画片头

9.5.3 项目设计

本案例设计流程如图 9-5 所示。

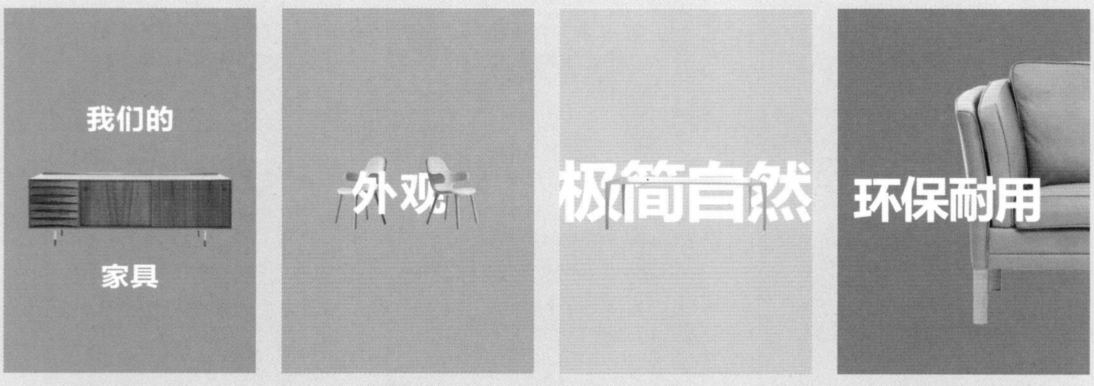

制作画面 1 动画　制作画面 2 动画　制作画面 3 动画　制作画面 4 动画

图 9-5

9.5.4 项目要点

使用“导入到库”命令等导入素材并制作图形元件，使用“文本”工具输入文字，使用“创建传统补间”命令制作补间动画。

9.6 课堂练习——制作空调扇广告

9.6.1 项目背景

1. 客户名称

戴森尔电器。

2. 客户需求

戴森尔是一家电器用品零售企业，该企业近期推出新款变频空调扇，需要为其制作一个广告，要求起到宣传作用，向客户传达新品特色及优惠信息。

9.6.2 设计要求

（1）广告以灰色调图片作为背景，以衬托宣传主体。

（2）使用直观、醒目的文字说明产品信息，突出优惠价格。

（3）整体色彩与产品颜色和谐、相衬。

（4）以少量家居装饰点缀，营造温馨感。

（5）设计规格均为 1920 px（宽）×800 px（高）。

微课 制作空调扇广告 1

微课 制作空调扇广告 2

9.6.3 项目设计

本案例设计效果如图 9-6 所示。

图 9-6

9.6.4 项目要点

使用“导入到库”命令导入素材，使用“新建元件”命令和“文本”工具制作图形元件等，使用“分散到图层”命令制作功能动画，使用“创建传统补间”命令制作补间动画，使用“属性”面板调整实例的透明度。

9.7 课后习题——制作手机广告

9.7.1 项目背景

1. 客户名称

米心手机专营店。

2. 客户需求

米心手机专营店是一家手机专卖店。该手机店最近推出了一款新手机，需要制作针对该产品的宣传广告。要求广告风格简洁、大气，体现出产品的特色。

9.7.2 设计要求

（1）广告要求选择深色背景，突出前景中的产品。

（2）产品图片与文字采用左右结构，一起构成丰富的画面。

（3）文字信息清晰，产品特色一目了然。

（4）设计规格均为 1899 px（宽）×595 px（高）。

微课

制作手机广告

9.7.3 项目设计

本案例设计效果如图 9-7 所示。

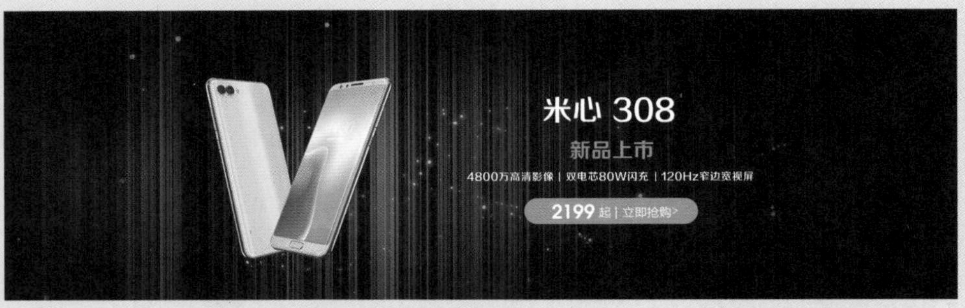

图 9-7

9.7.4 项目要点

使用“遮罩层”命令制作遮罩动画效果，使用“矩形”工具和“颜色”面板制作渐变矩形，使用“动作”面板设置动作脚本。在制作过程中，要处理好遮罩图形，并准确设置脚本语言。

扩展知识扫码阅读

设计基础

- 认识形体
- 透视原理
- 认识设计
- 认识构成
- 形式美法则
- 点线面
- 基本型与骨骼
- 认识色彩
- 认识图案
- 图形创意
- 版式设计
- 字体设计

>>>

设计应用

- 创意绘画
- 图标设计
- 装饰设计
- VI设计
- UI设计
- UI动效设计
- 标志设计
- 包装设计
- 广告设计
- 文创设计
- 网页设计
- H5页面设计
- 电商设计
- MG动画设计
- 网店美工设计
- 新媒体美工设计